建筑信息模型BIM应用丛书

Revit 操作教程
从入门到精通

刘云平　张　驰　主编

第二版

 化学工业出版社

·北京·

内 容 简 介

本书介绍了 Revit 的基础操作，包括基础篇、结构篇、安装篇及专题应用等内容。书中插图以 Revit2018、Revit2021 和 Revit2023 中文版本为例，其大部分操作适用于 Revit2016～2024。

本书可作为设计企业、施工企业及地产企业中 BIM 从业人员及 BIM 爱好者的自学用书，也可作为土木工程等相关专业普通高等院校、大中专院校、BIM 培训机构的教学用书。

图书在版编目（CIP）数据

Revit 操作教程从入门到精通 / 刘云平，张驰主编
. —2 版. —北京：化学工业出版社，2024.5
（建筑信息模型 BIM 应用丛书）
ISBN 978-7-122-45225-2

Ⅰ．①R… Ⅱ．①刘… ②张… Ⅲ．①建筑设计－计算机辅助设计－应用软件 Ⅳ．①TU201.4

中国国家版本馆 CIP 数据核字（2024）第 053559 号

责任编辑：孙梅戈　　　　　　　　文字编辑：邹　宁
责任校对：李露洁　　　　　　　　装帧设计：刘丽华

出版发行：化学工业出版社
　　　　　（北京市东城区青年湖南街 13 号　邮政编码 100011）
印　　刷：北京云浩印刷有限责任公司
装　　订：三河市振勇印装有限公司
787mm×1092mm　1/16　印张 22½　字数 603 千字
2024 年 7 月北京第 2 版第 1 次印刷

购书咨询：010-64518888　　　　售后服务：010-64518899
网　　址：http://www.cip.com.cn
凡购买本书，如有缺损质量问题，本社销售中心负责调换。

定　　价：79.00 元　　　　　　　版权所有　违者必究

编 写 人 员

主　编：刘云平（南通大学）
　　　　张　驰（南通大学）
副主编：杨　帆（南通大学）
　　　　费建峰（通州建总集团有限公司）
　　　　相　琳（南通大学）
　　　　高　远（南通大学）
参　编：陆松岩（南通大学）
　　　　钱　雷（上海财经大学）
　　　　王冬梅（南通大学）
　　　　张天宇（通州建总集团装饰有限公司）
　　　　刘家兴（江苏建筑职业技术学院）
　　　　肖天一（徐州开放大学）
　　　　费宇轩（河海大学）
　　　　张春华（上海金安泰建筑安装工程有限公司）

参编单位：通大飞扬 BIM 研究工作室
　　　　　南通飞扬工程技术咨询有限公司

基金支持：南通市课题"基于三维城市模型的通用室内人群疏散场景建模方法研究"，项目编号：JC2020174
　　　　"地理学视角下的室内三维场景日照分析模型研究"，基金号 41501422

前　　言

随着技术的推广，BIM 逐渐成为国家信息技术产业、建筑产业发展的强力支撑和重要条件，给各产业带来了更大的社会效益、经济效益和环境效益。近年来，更多的高校开设了 BIM 课程，Revit 作为一款 BIM 建模软件，已被广泛地应用于项目与教学中。在更多的场景中，如三维技术交底、管线综合等，BIM 也被广泛应用。

笔者主编的第一本书《BIM 软件之 Revit2018 基础操作教程》出版后，被多所学校选为 BIM 教材。后在增加了结构（钢筋）建模和安装建模内容的基础上，又对原有章节进行了升级，出版了《Revit 操作教程从入门到精通》，也被多所学校及 BIM 学习者选作教材或学习参考用书，受到了广大师生及 BIM 学习者的欢迎。现在，笔者在总结了更多的项目实践和教学经验之后，结合用书学生和教师的反馈，对《Revit 操作教程从入门到精通》的内容进行了增补和修订，以满足更多读者的需求。

《Revit 操作教程从入门到精通》（第二版）增加了绘图视图、详图视图和图纸视图的创建，优化了结构构件和构件图元的内容，增加了参数化的介绍和图框族的创建，增加了项目的应用介绍以及出图方面的应用。

本书的付梓是本书编委和团队集体智慧的结晶。感谢家人、同事和相关学生在我学习、研究 BIM 和编写本书过程中给予的无私帮助。感谢用书老师和学生把相关想法反馈给我。

囿于水平有限，此次修订还会存在疏漏之处，恳请广大读者多提意见，以便我们进一步改进。

刘云平

2023.12.18

第一版前言

BIM（building information modeling，建筑信息模型）技术，是一项应用于设施全生命周期的 3D 数字化技术，它以一个贯穿其生命周期都通用的数据格式，创建、收集该设施所有相关的信息并建立起信息协调的信息化模型作为项目决策的基础和共享信息的资源。随着经济全球化和建设行业的技术的迅速发展，BIM 的发展和应用引起了业界的广泛关注，BIM 技术具有操作的可视化、信息的完备性、信息的协调性、信息的互用性特点，国内 BIM 技术从单纯的理论研究、建模的初级应用，发展到规划、设计、建造和运营等各阶段的深入应用，BIM 技术已被明确写入建筑业发展"十二五"规划，并列入住房城乡建设部、科技部"十三五"规划。

Autodesk Revit 是 Autodesk 公司在建筑设计行业推出的建筑信息模型（BIM）设计解决方案，不仅是对建筑设计和施工的创新，更是一次建筑行业信息技术的革命，广泛地应用于项目的设计阶段、造价咨询阶段、施工管理阶段，项目的协同合作等。Autodesk Revit 不仅是一款建模软件，Autodesk 公司是把它作为一款从设计到建造的全生命周期的 BIM 平台打造的。

在全国建筑之乡的南通，南通大学老师于 2013 年开始筹建通大飞扬 BIM 研究工作室，以"立足通大，服务地方，报效祖国，培养人才"为使命，秉持"用心专注、专业坚持"的理念，进行 BIM 技术落地应用的研究、教学和 BIM 技术服务。2016 年由通大飞扬工作室牵头组织编写"建筑信息模型 BIM 应用丛书"，丛书涉及 BIM 基础知识和 BIM 技术在工程各阶段（设计、成本控制、施工和运维）的应用。截至 2020 年 5 月已出版《BIM 软件之 Revit2018 基础操作教程》《建筑信息模型 BIM 建模技术（初级）》《BIM 技术与工程应用》。《BIM 软件之 Revit2018 基础操作教程》自 2018 年出版以来，被 20 多家学校选作课程教材，多次重印，得到了广泛好评。团队在总结教学和实践经验基础上，结合项目应用情况，对《BIM 软件之 Revit2018 基础操作教程》进行更新，并增加了钢筋和安装方面的内容。

本书分 4 篇，正文 13 章，附录 2 章，按 Revit 软件对建筑构件的分类和模型的管理方式编写，主要内容包括 Revit 操作：基准图元、主体图元、构件图元、视图图元、注释图元、钢筋创建、水暖电的创建、族与体量、场地的创建等内容。

本书主要特色如下。

· 内容的全面性和实用性：本教程的重心放在体现内容的全面性和实用性上。

· 知识的系统性：全书的内容是一个循序渐进的过程，按照五大图元的分类，环环相扣，紧密相连。

· 编写人员的经验丰富：参编人员从事 Revit 一线教学、培训、施工现场管理、设计工作。

本书中具体操作步骤配有大量图片，内容由浅入深，易于理解。插图以 Revit 2018、Revit 2021 中文版为例（也适用于 Revit2016～Revit2019），内容包括建筑、结构（含钢筋）、安装（水暖电）专业的建模。建筑基于 Revit 五大图元分类介绍其命令。钢筋结合实际（如平法图集），安装以案例方式介绍该软件的基本操作方法和技巧，内容结构严谨，分析讲解透彻。

本书的付梓是本书编委和团队集体智慧的结晶。感谢家人、同事和相关学生在我学习、研究 BIM，编写本书过程中给予的无私帮助。

鉴于水平有限，书中不当之处在所难免，衷心希望各位读者给予批评指正，欢迎读者在使用中把问题反馈给我们。

刘云平

2021.09.24

目　　录

第3篇 安装篇

第4篇 专题应用

附　　录

第 0 章 概述

0.1 Autodesk Revit 软件简介

Revit 软件是 Autodesk 于 2002 年收购的 Revit Technology 公司的产品。收购之初，Revit 系列针对建筑、结构和机电三个专业，有三款不同的软件，分别是 Revit Architecture、Revit Structure 和 Revit MEP。收购后，Autodesk 在 Revit 2013 版本中，将三个软件合并到了一起，成为一个软件的三个功能模块。到了 2015 年，Autodesk 公司又把专门用于能量分析和日光分析的软件 Ecotect Analysis，集成到了 Revit 里，成为模型分析的一个模块。Revit 2016 版本又加入了 Fabrication，即预制构件功能，打通了从精细化设计到预制加工的通道。Revit 2017 版木中，结构模块增加了"结构连接"按钮，把钢结构设计软件 Advance Steel 中常用的 22 种钢结构节点加入到了这个按钮中，到了 Revit 2018 版本，支持的节点形式增加到了 100 多种。在协同工作方面，用于项目协作的 A360 云服务和用于团队内协作的 Collaboration，都随着 Revit 版本的更新被整合了进来。

Autodesk 的目标是让 Revit 在民用建筑领域从概念设计到精细构件加工都能应用。可以这么理解，Revit 不只是一款建模软件，Autodesk 公司是把它作为一个从设计到建造的全生命周期的 BIM 平台来打造的，应用于以下项目设计阶段：概念设计、建筑设计、结构设计、机电设计，造价咨询，施工管理等。

0.2 Revit 软件的整体架构关系和模型管理方式

Autodesk CAD 通过图层对图纸进行管理，Revit 是多个单词的合写，意思是"一处修改，处处修改"，通过把建筑构件按性质分类，对模型进行管理。每一类构件又称为类别，用族来表达，族是某一类别中图元的类，根据参数（属性）集的共用、使用上的相同和图形表示的相似来对图元进行的分组。如窗的类别下有双扇平开窗、单扇平开窗等不同的族。再对族的不同尺寸、规格或属性进行分组，称为族类型，如双扇平开窗又可细分为窗洞尺寸 900mm×1200mm 的族类型和窗洞尺寸为 1200mm×1200mm 的族类型等。三者的关系如图 0.1 所示。通过族的属性，添加相关信息，实现参数化，如图 0.2 所示。放在项目中的单个实际项，称为图元。图元是构成 Revit 模型的最小单位，分为五大类，如图 0.3 所示。每一类图元有其共性，又有各自的特性，本书按图元分类方式讲解软件基本操作。

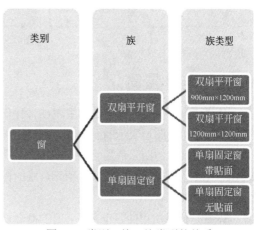

图 0.1 类别、族、族类型的关系

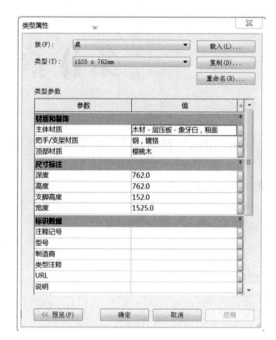

（a）项目   （b）实例属性   （c）类型属性

图 0.2　族与属性

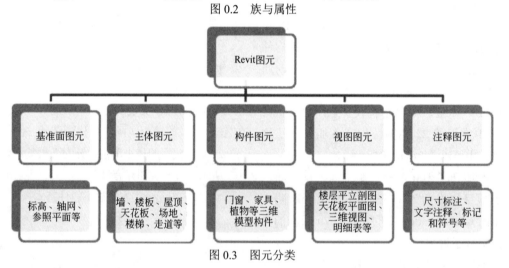

图 0.3　图元分类

0.3　族与体量简介

　　族在 Revit 中是一个包含通用属性（称作参数）集和相关图形表示的图元组，所有添加到 Revit 项目中的图元都是用族来创建的。在 Revit 中，族分为三种，如图 0.4 所示。族的概念与特征见表 0.1。

　　体量是建模所用的三维形状，用于概念设计、三维模型创建和族的创建，与体量相关的术语见表 0.2。

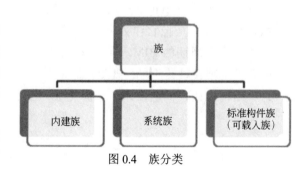

图 0.4　族分类

表 0.1　族概念与特征

名　称	基 本 概 念	举　例
内建族	在当前项目中的族，与"可载入族"的不同在于，"内建族"只能存储在当前的项目文件里，不能单独存成 RFA 文件，也不能用在别的项目文件中	项目中的专有构件、特殊构件和通用性差的构件，如台阶、局部造型
系统族	软件在项目中预定义并只能在项目中进行创建和修改的族类型。不能作为外部文件载入或创建，但可在项目和样板之间复制、粘贴或传递系统族类型	墙、楼板、屋顶、天花板、标高、轴网、图纸和视口类型的项目和系统设置、风管、管道
标准构件族（可载入族）	使用族样板在项目外创建的 RFA 文件，可以载入到项目中，具有属性可自定义的特征。因此可载入族是用户经常创建和修改的族	通常购买、提供并安装在建筑内和建筑周围的建筑构件，如门、窗、家具、卫浴装置、锅炉、热水器等

表 0.2　与体量相关的术语

术　语	说　明
体量	使用体量实例观察、研究和解析建筑形式的过程
内建体量（体量族）	内建体量随项目一起保存；它不是单独的文件，形状的族属于体量类别
体量实例	载入的体量族的实例
概念设计环境	一类族编辑器，可以使用内建和可载入族体量图元创建概念设计
体量形状	每个体量族和内建体量的整体形状
体量研究	在一个或多个体量实例中对一个或多个建筑形式进行的研究
体量面	体量实例上的表面，可用于创建建筑图元（如墙或屋顶）
体量楼层	在已定义的标高处穿过体量的水平切面。体量楼层提供了有关切面上方体量直至下一个切面或体量顶部之间尺寸标注的几何图形信息

　　族和体量是初学 Revit 易混淆的概念。从 0.2 节可知，Revit 模型的最小单位为图元，Revit 通过族对模型进行管理，并实现参数化。族通过参数的可变，充当了类与类型之间的桥梁，即通过族的参数化，让类有了各种不同的类型，如图 0.1 所示。体量没有构件的性质，只是三维的形状，主要是建筑师用于形体分析。

　　Revit 提供了两种方式（或环境）创建族与体量：内建族和可载入族（外建族）；内建体量和概念体量（可载入体量），其关系如图 0.5 所示。

图 0.5　族与体量

0.4　Revit 软件界面介绍

　　Revit 采用 Ribbon（功能区）界面，用户可以根据操作需求更快速简便地找到相应的功能按钮，如图 0.6 所示。Revit2018～2024 界面主体见图 0.7，变化不大，趋势是操作更加简便快捷。本文以 Revit2018 为例进行介绍。Revit 界面自 Revit2018 后变化不大，只是增加了功能和个别命令，如 Revit2021 主界面（Revit2020～2024 版基本相同）左上角增加了 Revit 主页按钮，单击此按键则返回到 Revit 启动界面。本书第 5 章之前和第 4 篇内容以 Revit2018 为例进行介绍。Revit2018 用户界面见图 0.6，功能见表 0.3。第 2 篇结构篇和第 3 篇安装篇以 Revit2021 为例进行介绍，除新版本所特有的功能外，本书操作适用 Revit2018～2024 各版本。

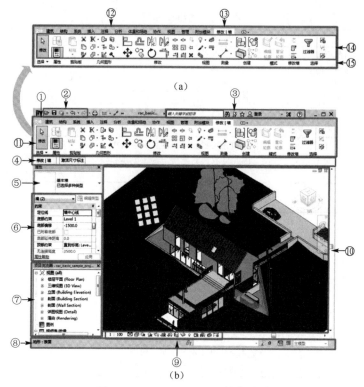

（a）

（b）

图 0.6　Revit2014～2017 版本界面

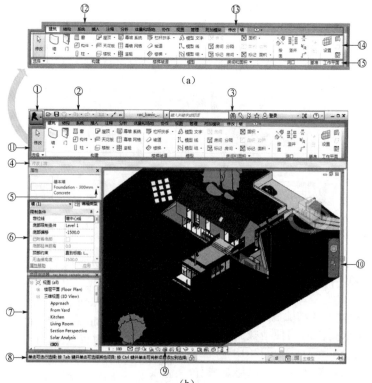

（a）

（b）

图 0.7　Revit2018～2024 界面

表 0.3　界面功能简介

序号	名　　称	功　　能
1	文件选项卡	文件选项卡上提供了常用文件操作,例如"新建""打开"和"保存"。还允许使用更高级的工具(如"导出"和"发布")来管理文件
2	快速访问工具栏	快速访问工具栏包含一组默认工具
3	信息中心	信息中心提供了一套工具,使用户可以访问许多与产品相关的信息源。根据 Autodesk 产品和配置,这些工具可能有所不同
4	选项栏	选项栏位于功能区下方。根据当前工具或选定的图元显示条件工具选项
5	类型选择器	选择要放置在绘图区域中的图元的类型,或者修改已经放置的图元的类型
6	属性选项板	是一个无模式对话框,通过该对话框,可以查看和修改用来定义图元属性的参数
7	项目浏览器	显示当前项目中所有视图、明细表、图纸、组和其他部分的逻辑层次。展开和折叠各分支时,将显示下一层项目
8	状态栏	提供有关要执行的操作的提示。当高亮显示图元或构件时,状态栏会显示族和类型的名称
9	视图控制栏	视图控制栏可以快速访问影响当前视图的功能
10	绘图区域	显示当前项目的视图(以及图纸和明细表)。每次打开项目中的某一视图时,此视图会显示在绘图区域中其他打开的视图的上面
11	功能区	创建或打开文件时,功能区会显示。它提供创建项目或族所需的全部工具
12	功能区上的选项卡	提供与选定对象或当前动作相关的工具
13	功能区上的上下文选项卡	选择不同命令,内容不同,如图 0.6(a)⑬所示
14	功能区当前选项卡上的工具	选择不同选项,显示内容不同,如图 0.6(a)⑭所示
15	功能区上的面板	如图 0.6(a)⑮所示

0.4.1　应用程序菜单

在 Revit2018 版之前,如 Revit2014～2017,应用程序菜单通过单击 打开,见图 0.8(a)。而 Revit2018 通过单击文件打开应用程序菜单,见图 0.8(b)。应用程序菜单提供对常用文件操作的访问,如"新建""打开"和"保存"菜单。还允许使用更高级的工具(如"导出"和"发布")来管理文件。单击右下角的"选项",弹出"选项"对话框,进行个性化设置,如图 0.9 所示,2018 版增加了检查拼写❶。

　　(a)　　　　　　　(b)　　　　　　　(c)

图 0.8　应用程序菜单

Revit2020～2022 在应用程序菜单中删除了"Suit 工作流和发布"

0.4.2　功能区

功能区在创建或打开项目文件时会显示。它提供创建项目或族所需的全部工具。调整窗口大小时,功能区中的工具会根据可用空间来自动调整大小。该功能使所有按钮在大多数屏幕尺寸下都可见,如图 0.6(a)和图 0.7(a)所示。Revit2020～2022 增加了"钢"选项卡,相应功能区面板也增加了新的功能,如"窗口-选项卡视图" 、"导入-PDF" 及"行进路径布线分析" 。

---

❶ 本书以 Revit2018 为例进行讲解,如是 2018 前版本,应用程序菜单通过单击 打开,其余各处不再说明。

（a）

（b）

图 0.9　选项对话框

0.4.2.1　修改功能区的显示方式

　　单击功能区选项卡右侧的向下箭头并选择所需的行为："最小化为选项卡""最小化为面板标题""最小化为面板按钮"或"循环浏览所有项"，如图 0.10（a）所示；单击功能区选项卡右侧的向上箭头来修改功能区的显示，如图 0.10（b）所示，将循环切换图 0.10（a）显示选项。

0.4.2.2　功能区的 3 种类型的按钮

　　（1）展开面板

　　面板标题旁的实心三角形箭头 ▼ 表示该面板可以展开，来显示相关的工具和控件，如图 0.11 所示。

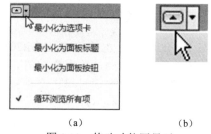
（a）　　　　　　（b）

图 0.10　修改功能区显示

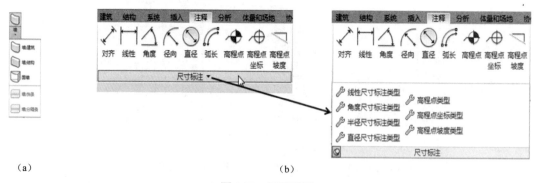

（a）　　　　　　　　　　　　　　　（b）

图 0.11　展开面板

　　（2）对话框启动器

　　单击面板底部的对话框启动器箭头 ↘ 将打开一个对话框，如图 0.12 所示。

　　（3）上下文功能区选项卡

　　使用某些工具或者选择图元时，上下文功能区选项卡中会显示与该工具或图元的上下文相关的工具。退出该工具或清除选择时，该选项卡将关闭，如图 0.13 所示。

0.4.2.3　选项栏

　　大多数情况下，上下文选项卡与选项栏同时出现、退出。选项栏的内容根据当前命令或选择图元变化，如图 0.14 所示。

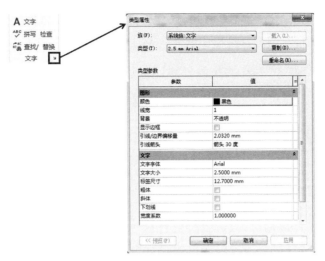

图 0.12　对话框启动器

图 0.13　上下文选项卡

图 0.14　选项栏

0.4.2.4　选项卡基本操作

（1）从功能区删除选项卡

① 单击文件 ➤ "选项"。

② 在"用户界面"选项卡上，清除勾选相应的复选框以便从功能区中隐藏选项卡，如图 0.15 所示。

图 0.15　删除选项卡

（2）在功能区上移动选项卡

按住 Ctrl 键及鼠标左键或直接按住鼠标左键拖动选项卡，可将选项卡标签拖动到功能区上的其他位置，如图 0.16 所示。

（a）移动前

（b）移动后

图 0.16　移动选项卡前后

0.4.2.5　功能区工具提示

将光标停留在功能区的某个工具之上时，默认情况下，Revit 会显示工具提示。工具提示提供该工具的简要说明。如果光标在该功能区工具上再停留片刻，则会显示附加的信息（如果有），如图 0.17 所示。出现工具提示时，按 F1 键可以获得上下文相关帮助，其中包含有关该工具的详细信息。

图 0.17　工具提示

0.4.3　快速访问工具栏

快速访问工具栏包含一组默认工具，如图 0.18（a）所示。可以对该工具栏进行自定义，使其显示最常用的工具。

0.4.3.1　移动快速访问工具栏

快速访问工具栏可以显示在功能区的上方或下方。要修改位置，应在快速访问工具栏上单击"自定义快速访问工具栏"下拉列表 ▶ "在功能区下方显示快速访问工具栏"，如图 0.18（b）所示。或在快速访问工具栏的某个工具上单击鼠标右键，然后选择"在功能区下方显示快速访问工具栏"，如图 0.18（c）所示。

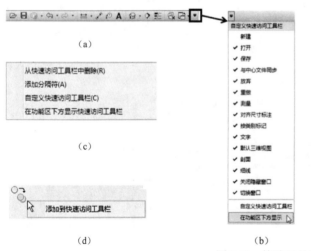

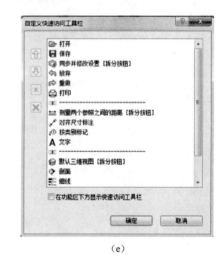

图 0.18　快速工具栏

0.4.3.2　将工具添加到快速访问工具栏

在功能区内浏览以显示要添加的工具。在该工具上单击鼠标右键，然后单击"添加到快速访问工具栏"，如图0.18（d）所示。

> 1.上下文选项卡上的某些工具无法添加到快速访问工具栏中。
>
> 2.如果从快速访问工具栏删除了默认工具，可以单击"自定义快速访问工具栏"下拉列表并选择要添加的工具，即可重新添加这些工具。

0.4.3.3　自定义快速访问工具栏

要快速修改、快速访问工具栏，请在快速访问工具栏的某个工具上单击鼠标右键，然后选择下列选项之一。

- 从快速访问工具栏中删除：删除工具。
- 添加分隔符：在工具的右侧添加分隔符线。
- 自定义快速访问工具栏：进行工具栏的设置。

要进行全面的修改，可在"自定义快速访问工具栏"对话框[图0.18（e）]中，执行下列操作，如表0.4所示。

表0.4　快速访问工具栏自定义操作

目　　标	操　　作
在工具栏上向上（左侧）或向下（右侧）移动工具	在列表中，选择该工具，然后单击 ⬆（上移）或 ⬇（下移）将该工具移动到所需位置
添加分隔线	选择要显示在分隔线上方（左侧）的工具，然后单击 ▯▮（添加分隔符）
从工具栏中删除工具或分隔线	选择该工具或分隔线，然后单击 ✖（删除）

0.4.4　项目浏览器

"项目浏览器"用于显示当前项目中所有视图、明细表、图纸、族、组和其他部分的逻辑层次，展开分支时，将显示下一层项目，如图0.19（a）所示。

若要打开"项目浏览器"，请单击"视图"选项卡 ▶ "窗口"面板 ▶ "用户界面"下拉列表 ▶ "项目浏览器"，如图0.19（b）所示。

0.4.5　状态栏

状态栏沿应用程序窗口底部显示有关要执行的操作的提示，如图0.20（a）为输入墙时状态栏的提示，图0.20（b）所示为打开大文件时状态栏的提示，当高亮显示图元或构件时，状态栏会显示族和类型的名称。

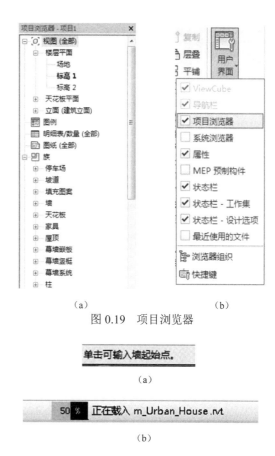

（a）　　　　　　　（b）

图0.19　项目浏览器

（a）

（b）

图0.20　状态栏提示

0.4.6　属性选项板

"属性"选项板是一个无模式对话框，通过该对话框，可以查看和修改用来定义图元属性的参数，如图0.21（a）所示。如果关闭了"属性"选项板，则可以使用下列任意一种方法重新打开它：

- 单击"修改"选项卡 ▶ "属性"面板 ▶ 🔲（属性），如图0.21（b）所示；

- 单击"视图"选项卡 ▶ "窗口"面板 ▶ "用户界面"下拉列表 ▶ "属性"，如图 0.21（c）所示；
- 在绘图区域中单击鼠标右键并勾选"属性"，如图 0.21（d）所示。

0.4.7　视图控制栏

视图控制栏可以快速访问影响当前视图的功能工具，位于视图窗口底部、状态栏的上方，如图 0.22 所示。

| （a） | （b） | （c） | （d） |

图 0.21　属性选项板

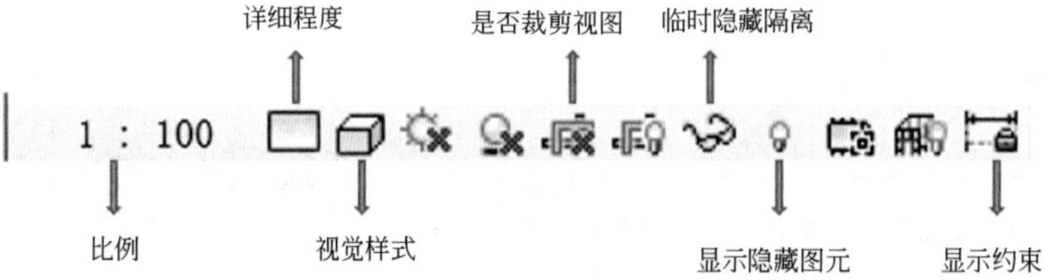

图 0.22　视图控制栏

0.4.8　绘图区域

绘图区域显示项目的当前视图（如图纸和明细表）。每次打开项目中的某一视图时，新打开的视图会显示在绘图区域中其他打开的视图的上面。其他视图仍处于打开的状态，但是这些视图在当前视图的下面。使用"视图"

选项卡 ▶ "窗口"面板中的工具可排列项目视图，使其适合于用户的工作方式，如图 0.23（a）所示。如要关闭隐藏的窗口，单击"视图"选项卡 ▶ "窗口"面板 ▶ 🗗（关闭隐藏窗口），如图 0.23（a）所示。

| （a） | （b） |

图 0.23　绘图区域

绘图区域背景的默认颜色是白色；可单击"文件"选项卡 ▶ 选项 ▶ "图形"选项卡，将该颜色设置为黑色或其他颜色，如图 0.23（b）所示。

0.4.9 导航栏

导航栏用于访问导航工具，包括 ViewCube 和 SteeringWheels 控制盘，如图 0.24（a）和（b）所示，（a）为标准导航栏（不单独显示 ViewCube 时），图 0.24（b）为启用了 3DConnexion 三维鼠标的导航栏。

使用 ViewCube 可以导航三维视图。通过此导航工具，可以调整模型的方向及模型的视点，如图 0.24（c）和（d）所示，图 0.24（d）为带指南针的 ViewCube。

SteeringWheels 是（跟随光标的）追踪菜单，从该菜单可以通过单个工具访问不同的二维和三维导航辅助工具，如图 0.24（e）所示。SteeringWheels 将多个常用导航工具结合到一个界面中，是特定于任务的，允许在不同的视图中导航和定向模型，从而为用户节省时间。

图 0.24　导航视图工具

要激活或取消激活导航栏，单击"视图"选项卡 ▶ "窗口"面板 ▶ "用户界面"下拉列表，然后选中或清除"导航栏"。下面将分别讲述 ViewCube 和 SteeringWheels 控制盘的相关设置和操作。

0.4.9.1　ViewCube

ViewCube 工具是一种可单击、可拖动的永久性界面，可用于在模型的标准视图和等轴测视图之间进行切换。显示 ViewCube 工具后，它将以非活动状态显示在窗口中的一角。ViewCube 工具更改视图模型方向和角度时，绘图区域中的模型也同步变化。将光标放置到 ViewCube 工具上时，该工具变为活动状态。

（1）ViewCube 的设置

可通过"文件"选项卡 ▶ 选项，单击"ViewCube"选项卡，对"ViewCube"的外观、操作和指南针的显隐进行控制，如图 0.25 所示。各选项的含义见表 0.5。

（2）ViewCube 的选项

通过在 ViewCube 上单击鼠标右键可打开 ViewCube 菜单，如图 0.26 所示。使用 ViewCube 菜单可以恢复和定义模型的主视图，在视图投

影模式之间切换，并更改 ViewCube 的交互行为、外观和其主要选项。

0.4.9.2　SteeringWheels

SteeringWheels 将多个常用导航工具结合到一个界面中，允许用户在不同的视图中导航和定向模型，从而节约时间。其主要功能和使用方法如图 0.27 所示。

图 0.25　ViewCube 设置

表 0.5　ViewCube 设置项定义

选　项	定　义
ViewCube 外观	
显示 ViewCube	在三维视图中显示或隐藏 ViewCube
显示位置	指定哪些视图显示 ViewCube
屏幕位置	指定 ViewCube 在绘图区域中的位置
ViewCube 大小	指定 ViewCube 的大小
不活动时的不透明度	指定未使用 ViewCube 时它的不透明度。如果选择了 0%，则除非将光标移至 ViewCube 屏幕位置上方，否则 ViewCube 不会显示在绘图区域中
拖曳 ViewCube 时	
捕捉到最近的视图	选择了该选项时，将捕捉到最近的 ViewCube 视图方向。ViewCube 视图方向是 26 个视图选项之一（ViewCube 的某一面、边缘或角）
在 ViewCube 上单击时	
视图更改时布满视图	如果在绘图区域中选择了图元或构件，并在 ViewCube 上单击，则视图将相应地进行旋转，并进行缩放以匹配绘图区域中的该图元
切换视图时使用动画过渡	切换视图方向时显示动画操作

续表

选　项	定　义
保持场景正立	使 ViewCube 和视图的边垂直于地平面。如果取消选择该选项，可以按 360° 旋转动态观察模型，在编辑一个族时该功能可能很有用
指南针	
显示带有 ViewCube 的指南针	显示或隐藏 ViewCube 指南针

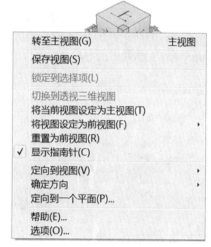

图 0.26　ViewCube 主要选项

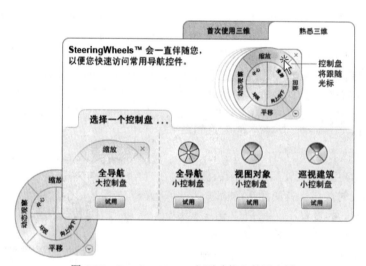

图 0.27　SteeringWheels 主要功能和使用方法

0.4.10　信息中心

信息中心提供了一套工具，使用户可以访问许多与产品相关的信息源，根据 Autodesk 产品和配置，这些工具可能有所不同，如图 0.28 所示。

图 0.28　信息中心

0.5 Revit 图元常用绘制工具

0.5.1 绘制的基本术语

若要创建特定图元或定义几何图形（如拉伸、洞口和区域），可通过绘制功能来绘制。绘制的关键术语有：绘制、草图、草图模式、基于草图的图元，具体含义如下。

- 绘制：Revit 中绘制图元的过程。
- 草图模式：Revit 中的一种环境，使用该环境可绘制其尺寸或形状不能自动确定的图元，例如创建或编辑屋顶、楼板，或编辑屋顶和楼板轮廓。进入草图模式时，功能区显示正在创建或编辑的草图类型所需的工具。
- 基于草图的图元：通常使用草图模式创建的图元（如墙、楼板、天花板和拉伸屋顶）。也有一些不需要使用草图模式进行绘制的图元（如门窗）。
- 草图：包含基于草图的所有图元。

0.5.2 草图模式的通用选项

创建尺寸或形状无法自动确定的图元（例如，屋顶、拉伸或洞口）时，将进入草图模式。在草图模式中，只能使用可用于该草图的绘制工具，工具因所绘制的图元类型而异。

绘制草图时，可以绘制线，也可以使用"拾取"选项（墙、面、线、边）。如果采用绘制方法，可以通过单击并移动光标来创建图元；如果使用"拾取"选项，可以选择现有的墙、面、线或边。草图绘制的通用选项见表 0.6。

表 0.6　草图绘制的通用选项

选　项	用　途
绘制选项[1]	绘制草图
拾取选项[2]	选择现有墙、线或边。使用"拾取线"时，选项栏上有一个"锁定"选项（用于某些图元），可以将拾取的线锁定到边（注：可以使用 Tab 键切换到可用的链）
拾取面	通过选择体量图元或常规构件的面添加墙
拾取墙	通过拾取现有的墙，添加和绘制线，如楼板边线
链	连续绘制线段，即使上一条线的终点成为下一条线的起点[注：圆形、多边形或圆角命令时，自动为连接（默认勾选链）]
偏移	根据指定的值偏移绘制或拾取的线
半径	预设半径值，预设半径对图元或草图施加了限制条件，这样需要较少的单击就可完成绘制。如使用预设半径，可以单击一点创建一个圆，或单击两点创建一个圆角；或者连接线（使用或不使用链选项）；也可以在绘制矩形或者使用"圆角弧"草图选项绘制圆角时，指定角的圆弧（圆角的半径）

① 例如，／（线）或 □（矩形）。
② 例如，❋（拾取线）。

0.5.3 常用的绘制命令

项目中绘制命令常用于墙、迹线屋顶、拉伸屋顶、楼板、详图线等的绘制。每种图元创建的绘制命令如图 0.29 所示。其基本绘制操作命令如直线、圆、弧线的操作方式基本相同。

（a）墙　　　　　　（b）迹线屋顶　　　　　　（c）楼板　　　　　（d）拉伸屋顶迹线

图 0.29　绘制命令

0.6 Revit 图元常用编辑操作

0.6.1 撤销操作

使用"撤销"工具可取消最近的一个操作或一系列操作。

（1）撤销单个操作

单击快速访问工具栏上的 ↺（撤销），Revit 将取消最近执行的一个操作。

> 注：编辑文字注释时，请单击"修改 | 文字注释" ▶ "编辑文字" ▶ "撤销"面板 ▶ ↩（Undo）。文字注释不具备可执行多个撤销操作的向下滚动功能。可以反复单击"撤销"逐步后退。

（2）撤销多个操作

要撤销多个操作，应执行下列步骤：

① 在快速访问工具栏上，单击"撤销"工具（↺）旁的下拉列表；

② 向下滚动查找要取消的操作；

③ 选择相应的操作。

0.6.2 重做操作

使用"恢复"工具可恢复由"撤销"工具所取消的所有操作。恢复这些操作后，当前工具将继续执行。

0.6.2.1 恢复单个操作

要恢复单个操作，单击快速访问工具栏上的 ↻（恢复），Revit 会恢复用户之前使用"撤销"工具取消的操作。

> 注：编辑文字注释时，请单击"修改 | 文字注释" ▶ "撤销"面板 ▶ ↪（恢复）。文字注释不具备可执行多个恢复操作的向下滚动功能。可以反复单击"恢复"逐步后退到编辑。

0.6.2.2 恢复多个操作

恢复多个 Revit 操作，步骤如下：

① 在快速访问工具栏上，单击"恢复"工具（↻）旁的下拉列表；

② 向下滚动查找要恢复的操作；

③ 选择相应的操作。

Revit 会撤销在所选操作之前执行的所有操作（包括所选操作）。

> 提示：也可以使用快捷键 Ctrl+Z 一次恢复一个操作。

0.6.2.3 取消操作

取消操作指退出已经启动的操作，有如下几种方法：

- 按 Esc 键一次或两次；
- 单击鼠标右键，然后单击"取消"；
- 在"选择"面板上，单击 ↖（修改）。

0.6.2.4 重复上次或最近使用的命令

要重复命令，请执行下列操作之一：

- 在绘图中单击鼠标右键，然后单击"重复[上一个命令]"，如图 0.30 所示；
- 在绘图中单击鼠标右键，然后单击"最近使用的命令" ▶ "<命令名称>"，选择要重复的命令，列表中最多显示五个最近使用的命令，如图 0.30 所示；
- 按 Enter 键可调用上次使用的命令；
- 为"重复上一个命令"指定快捷键。

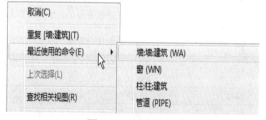

图 0.30 重复命令

> 注：下列命令不会出现在"最近使用的命令"列表中：工具设置、画布和视图中的命令、修改、恢复/撤销、复制/剪切/粘贴、完成/取消以及某些选项栏命令。

0.6.3 图元阵列

阵列工具用于创建选定图元的线性复制或以指定圆心为中心进行复制，可指定阵列中的图元之间的距离或角度。

0.6.3.1 线性阵列

① 启动命令，执行以下操作之一：

- 选择要阵列的图元，然后单击"修改 | <图元>"选项卡 ▶ "修改"面板 ▶ ⊞（阵列）；

- 单击"修改"选项卡 ▶ "修改"面板 ▶ ⊞⊞ （阵列），选择要阵列的图元，然后按 Enter 键或空格键，以结束选择。

② 在选项栏上单击 ⊞↓（线性），如图 0.31 （a）所示。

③ 选择所需的选项，如图 0.31（a）所示。

- 成组并关联：将阵列的每个成员包括在一个组中。如果未选择此选项，Revit 将会创建指定数量的副本，而不会使它们成组，在放置后，每个副本都独立于其他副本。
- 数字：指定阵列中所有选定图元的副本总数，包含副本。
- 移动到："第二个"或"最后一个"。
  ➢ 第二个：指定阵列中每个成员间的间距，其他阵列成员出现在第二个成员之后。
  ➢ 最后一个：指定阵列的整个跨度。阵列成员会在第一个成员和最后一个成员之间以相等间隔分布。
- 约束：用于限制阵列成员沿着与所选的图元垂直或共线的矢量方向移动。

注：不能将详图构件与模型构件组合在一起。

1. 如果选择"移动到：第二个"，则将按如下步骤放置阵列成员。

（1）在绘图区域中单击以指明测量的起点，如图 0.31（b）所示。

（2）在成员之间将光标移动到所需的距离，移动光标时，会显示一个框，代表所选图元，该框将沿捕捉点移动，尺寸标注将显示在第一个单击位置与当前光标位置之间，如图 0.31（c）所示。

（3）再次单击以放置第二个成员，或者键入尺寸标注并按 Enter 键。

2. 如果选择"移动到：最后一个"，则将按如下所示放置阵列成员。

（1）在绘图区域中单击以指明测量的起点。

（2）将光标移动到所需的最后一个阵列成员的位置。移动光标时，会显示一个框，代表所选图元，该框将沿捕捉点移动。尺寸标注将显示在第一个单击位置与当前光标位置之间。

（3）再次单击以放置最后一个成员，或者指定尺寸标注并按 Enter 键。

④ 如果在选项栏上选择了"成组并关联"，则会出现一个数字框，指明要在阵列中创建的副本数，如图 0.31（d）所示。如果需要，可修改该数字并按 Enter 键，Revit 会创建指定数目的选定图元的副本，然后使用适当的间距放置它们。

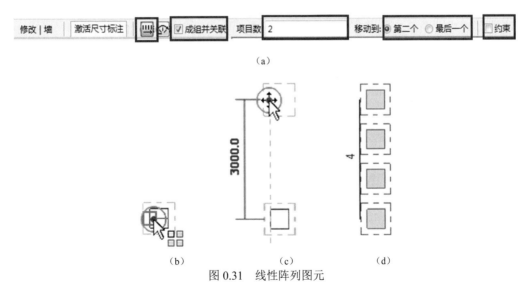

（a）

（b）　　　　（c）　　　　（d）

图 0.31　线性阵列图元

0.6.3.2　半径阵列

① 启动命令，执行下列操作之一：

- 选择要在阵列中复制的图元，然后单击"修改 ｜ <图元>"选项卡 ▶ "修改"面板 ▶ ⊞⊞

（阵列）；

● 单击"修改"选项卡 ▶ "修改"面板 ▶ ▦（阵列），选择要在阵列中复制的图元，然后按 Enter 键或空格键，以结束选择。

② 在选项栏上单击 ⟳ （半径），如图 0.32（a）所示。

③ 选择所需的选项，如"0.6.3.1 创建线性阵列"中所述，如图 0.32（a）所示。

④ 定位旋转中心：通过拖动旋转中心控制点（●），将其重新定位到所需的位置，如图 0.32（b）所示；也可以单击选项栏上的"旋转中心：地点"，如图 0.32（a）所示，然后单击以选择一个位置。

> 注：阵列成员将放置在以该点进行测量的弧形周围。在大部分情况下，都需要将旋转中心控制点从所选图元的中心移走或重新定位。该控制点会捕捉到相关的点和线，如墙或墙与线的交点，也可将其定位到开放空间中。

⑤ 将光标移动到半径阵列的弧形开始的位置（一条自旋转符号的中心延伸至光标位置的线），如图 0.32（c）所示。

> 注：如果要指定旋转的角度（而不是绘制出角度），请在选项栏上指定"角度"值，然后按 Enter 键，跳过剩余的步骤。

⑥ 确定旋转角度：单击以指定第二条旋转放射线，旋转时，会显示临时角度标注，并会出现一个预览图像，表示选择集的旋转，如图 0.32（d）所示；也可在绘图区域直接输入旋转角度，如图 0.32（e）所示。

⑦ 单击可放置第二条射线，完成阵列；或输入角度单击 Enter 键，如图 0.32（f）所示。

> 注：1.如果在选项栏上选择"移动到：第二个"，则第二条射线会定义阵列的第二个成员的位置，将使用相同的间距放置其他阵列成员。
>
> 2.如果选择了"移动到：最后一个"，则第二条射线会定义最后一个阵列成员的位置，其他阵列成员将在第一个和最后一个成员之间以相等间隔排列。
>
> 3.如果在选项栏上选择了"成组并关联"，半径阵列上会出现控制柄。使用两个端点控制柄可调整弧形的角度，使用中间的控制柄可将阵列拖曳到新位置。使用顶部的控制柄可调整阵列半径的长短，单击顶部控制柄旁的数字，可修改阵列的项目数，如图 0.32（f）所示。

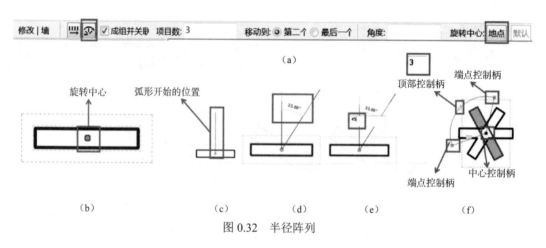

图 0.32 半径阵列

0.6.3.3 组编辑

阵列成组后，选中相应组，可以单击功能区 ⬚（解组）后对每个图元进行相应的编辑，编辑方法参照后面对应的图元，如图 0.33（a）所示。也可单击功能区 ⬚（编辑组）对成组后的图元进行编辑，如图 0.33（b）所示。

（1）添加/删除图元

① 在绘图区域中选择要修改的组。如果要修改的组是嵌套的，按 Tab 键，直到高亮显示该组，然后单击选中它。

② 单击"修改|模型组"选项卡或"修改 | 附着的详图组"选项卡 ➤"组"面板 ➤ 🔲（编辑组），如图0.33（a）所示。

注：双击组也可以进入编辑模式，具体取决于"选项"中为"组"指定的双击动作。

③ 在"组编辑器"面板上，单击 🔲（添加）将图元添加到组，或者单击 🔲（删除）从组中删除图元，如图0.33（b）所示。

④ 在绘图区域选择要添加到组的图元或者要从组中删除的图元。

⑤ 完成后，单击 ✅（完成）。

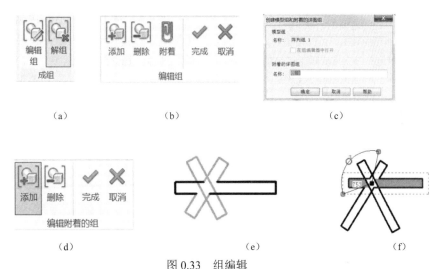

（a）　　　　　　　（b）　　　　　　　　　（c）

（d）　　　　　　　　（e）　　　　　　　　（f）

图0.33　组编辑

（2）创建附着的详图组

阵列成组的模型图元不能同时把详图（视图专有）图元也阵列在一个组内。要在组内包含详图图元，通过"附着"的方式，把详图图元包含在组内。

① 选择阵列的模型组，然后单击"修改 | 模型组"选项卡 ➤"组"面板 ➤"编辑组"。单击"编辑组"面板 ➤ 📎（附着），如图0.33（b）所示。

② 在"创建模型组和附着的详图组"对话框中，输入模型组的名称（如有必要），并输入附着的详图组的名称，如图0.33（c）所示。

③ 在绘图区域选择要添加到组的详图图元或者要从组删除的详图图元，如图0.33（d）所示。

④ 完成选择后，单击✅（完成）。

（3）编辑组中的图元

① 在绘图区域中选择要修改的组。如果要修改的组是嵌套的，按Tab键，直到高亮显示该组，然后单击选中它。

② 单击"修改 | 模型组"选项卡或"修改 | 附着的详图组"选项卡 ➤"组"面板 ➤ 🔲（编辑组），如图0.33（a）所示。

③ 在绘图区域编辑组中的一个图元，如图0.33（e）所示。

④ 完成后，单击 ✅（完成），结果如图0.33（f）所示。

0.6.4　图元移动

可以使用功能区选项、键盘操作和屏幕上的图元控制，在绘图区域中移动图元，可单独移动或与其他图元一起移动。下面以修改面板"移动"工具为例讲述移动图元的操作。

① 启动命令，执行下列操作之一，如图0.34（a）所示。

● 选择要移动的图元，然后单击"修改 | <图元>"选项卡 ➤"修改"面板 ➤ ✥（移动）；

- 单击"修改"选项卡 ➤ "修改"面板 ➤ ✛ （移动），选择要移动的图元，然后按 Enter 键或空格键，结束选择。

② 在选项栏上单击所需的选项，如图 0.34（b）所示。

- 约束：单击"约束"可限制图元沿着与其垂直或共线的矢量方向的移动；
- 分开：单击"分开"可在移动前中断所选图元和其他图元之间的关联。例如，要移动连接到其他墙的墙时，该选项很有用。也可以使用"分开"选项将依赖于主体的图元从当前主体移动到新的主体上。例如，可以将一扇窗从一面墙移到另一面墙上。使用此功能时，最好清除"约束"选项。

③ 单击一次以输入移动的起点，将会显示该图元的预览图像。

④ 沿着希望图元移动的方向移动光标。

⑤ 光标会捕捉到捕捉点。此时会显示尺寸标注作为参考，如图 0.34（c）所示。

⑥ 再次单击以完成移动操作，或者如果要更精确地进行移动，请键入图元要移动的距离值，然后按 Enter 键，结果如图 0.34（d）所示。

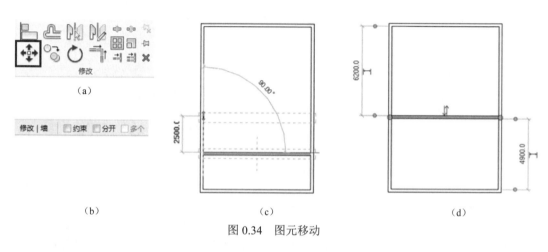

（a）

（b）

（c）

（d）

图 0.34　图元移动

0.6.5　图元复制

有多种方法可用于复制一个或多个选定图元：

- 选择一个图元，然后在按住 Ctrl 键的同时，拖曳图元进行复制；
- 使用"复制"工具复制图元；
- 使用剪贴板，分别通过 Ctrl+C 和 Ctrl+V 来复制和粘贴图元；
- 使用"创建类似实例"工具可添加选定图元的一个新实例；
- 生成图元的镜像副本（使用带"复制"选项的"镜像"工具）；
- 复制图元阵列。

0.6.6　图元删除

使用"删除"工具可将选定图元从图形中删除，可执行下列操作之一：

- 选择要删除的图元，然后单击"修改 | <图元>"选项卡 ➤ "修改"面板 ➤ ✖ （删除）；
- 单击"修改"选项卡 ➤"修改"面板 ➤ ✖（删除），选择要删除的图元，然后按 Enter 键或空格键；
- 选中要删除的图元，单击 Delete 键。

0.6.7　图元修改

可以使用多个工具来操作、修改和管理图元显示在绘图区域中的方式。如使用"匹配类型"工具修改图元类型、修改图元的线样式、修改图元的剖切面轮廓、连接几何图形、拆分图元等，限于篇幅就不一一讲解了，读者可在掌握后面的内容后自行练习。

第1篇
基础（建筑）篇

第1章 基准图元

基准图元主要包括标高、轴网、参照平面，其作用是在建模过程中提供定位、基准面、工作平面。其中参照平面还用于参数驱动。

1.1 标高

标高，可定义垂直高度或建筑内的楼层层高及生成平面视图，Revit 中标高并非必须作为楼层层高，也可作为辅助定位平面。

制图规定标高符号应以直角等腰三角形表示，如图 1.1（a）所示，用细实线绘制，当标注位置不够，也可按图 1.1（b）所示标注。标高符号的具体画法应符合图 1.1（c）和（d）的要求，标高数字应以 m 为单位，注写到小数点后三位。在总平面图中，标高数字等详细要求可参见《房屋建筑制图统一标准》（GB/T 50001—2017）。

Revit 中，标高由标高线和标头两大块组成，各部分名称及作用如图 1.2 所示。标高线与标高标头都是由族组成的。

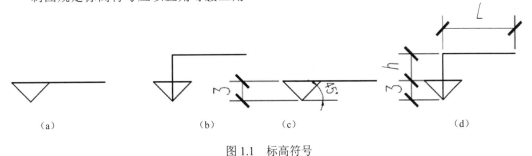

图 1.1 标高符号

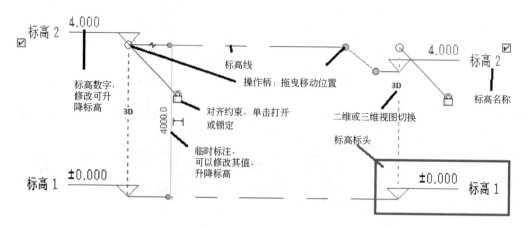

图 1.2　Revit 中标高各部名称

要添加标高，必须处于剖面视图或立面视图中（通常在立面图中添加标高），创建标高后，就创建一个关联的平面视图。

标高创建方法："建筑"选项卡▶"基准"面板▶（标高），或"结构"选项卡▶"基准"面板▶（标高）或快捷命令"LL"，命令启动后在立面或剖面图中相应位置绘制即可。

如需对已创建的标高进行修改，须切换到立面（或剖面）视图，单击选择要修改的标高，通过修改其类型属性或实例属性，对所选择的标高相关参数进行修改。如在立面视图中单击标高，打开属性对话框（为实例属性），如图 1.3（a）所示，实例属性中参数只改变所选标高的特性。单击属性栏中的编辑类型，即打开类型属性，如图 1.3（b）所示，改变类型属性中的参数，改变的是所选标高类型的名称。

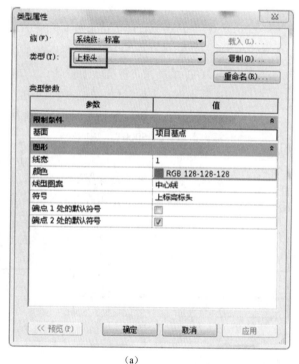

（a）

（b）

图 1.3　标高类型属性与实例属性

（1）标高练习1：创建如图1.4（a）所示标高

① 新建项目，选择建筑样板。

② 打开立面视图，如默认建筑标高样板，如图1.4（b）所示，模板设有相应标高符号族，单击"插入"选项卡 ▶ "从库中载入"面板 ▶ 🔻（载入族）▶注释▶符号▶建筑，如图1.4（c）所示，选中要载入的标高符号。

③ 选中要修改的标高，单击实例属性栏中的编辑类型，如图1.5（a）所示，在类型属性对话框中，通过复制方式，新建新的标高类型，如图1.5（b）和（c）所示，类型名称为"8mm标头_上"，在符号值中选"载入的符号族：标高标头_上"。同理建

"8mm标头_下"，8mm标头正负零。

④ 单击默认的标高值与标高名称，按题目要求修改，如图1.6（a）所示。

⑤ 通过复制方式新建F3和F4的标高，如图1.6（b）所示。

⑥ 通过复制和阵列方式新建的标高，并没有自动生成楼层平面视图，如图1.6（c）所示。

⑦ 单击"视图"选项卡 ▶ "创建"面板 ▶ "平面视图" 🔳 ▶（楼层平面），如图1.7（a）所示，打开创建楼层平面视图对话框，如图1.7（b）所示，选择要创建的标高名称。

⑧ 在图1.7（b）中，选择要创建的标高名称，单击确定，结果如图1.7（c）所示。

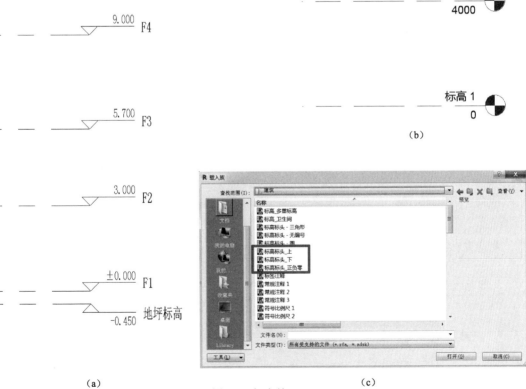

图1.4　标高练习1-1

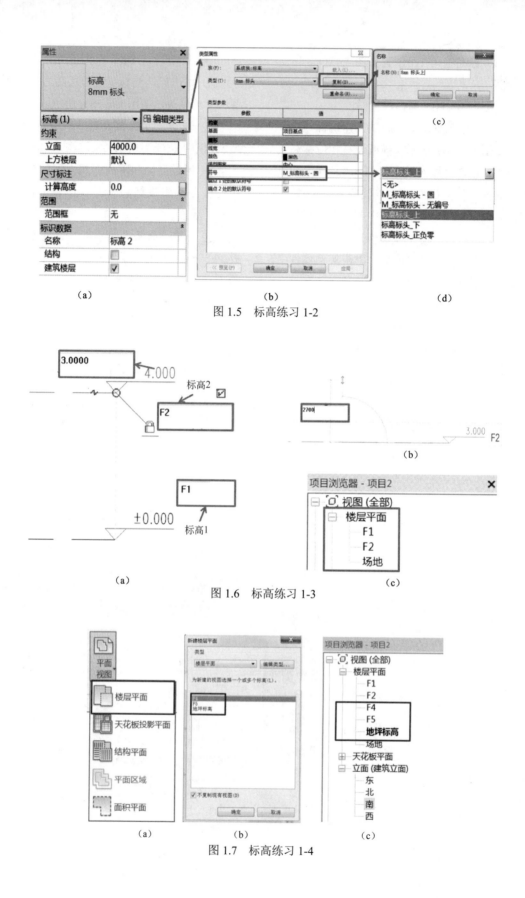

图 1.5　标高练习 1-2

图 1.6　标高练习 1-3

图 1.7　标高练习 1-4

（2）标高练习 2：创建多层标高

标高练习 2：创建标高，共 47 层，首层高 4.2m，2～3 层层高 4m，4～6 层层高 3.8m，7～47 层层高 3.6m。

① 新建项目，选择样板。

② 按标高练习 1 步骤②～④，修改标高符号或标高 1 和标高 2 的值，用绘制或复制的方法创建 2～6 层标高。

③ 用阵列的方法创建 7～47 层标高。

> 标高的修改和应用练习：对齐约束、标头更改、标注、尺寸调整、锁定、EQ 应用等。

1.2　轴网

轴网在平面图中起定位作用，由轴线、轴头、编号组成。轴线编号应注写在轴线端部的圆内。圆用细实线绘制，直径为 8mm 或 10mm。定位轴线圆的圆心应在定位轴线的延长线上或延长线的折线上。横向编号应为阿拉伯数字，从左至右顺序编写；纵向编号应为大写拉丁字母，从下至上顺序编写，I、O、Z 不得用作轴线编号。详细要求可参见《房屋建筑制图统一标准》（GB/T 50001—2017）。

Revit 中轴线在平、立、剖面视图中均可创建与编辑（在立面与剖面视图中不能创建倾斜轴线）。轴线创建方法："建筑"选项卡 ▶ "基准"面板 ▶ 🞗（轴网）；或"结构"选项卡 ▶ "基准"面板 ▶ 🞗（轴网）；或使用快捷命令 GR。

在 Revit 中轴网确定了一个不可见的工作平面，轴网编号及符号样式均可定制修改。轴线各部分名称如图 1.8 所示。与标高类似，轴线属性的参数值也可通过修改实例属性及类型属性来修改，通过拖曳操作柄或修改临时尺寸数值更改位置。

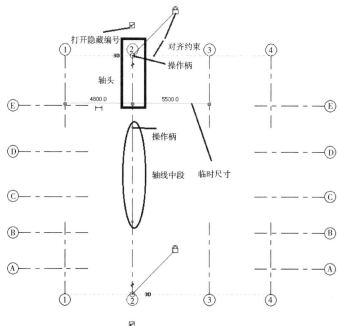

图 1.8　轴线各部分名称

单击轴线，其属性即为实例属性，如图 1.9（a）所示，实例属性中参数只改变所选轴线的特性。单击属性栏中的编辑类型，即打开类型属性，如图 1.9（b）所示，修改类型属性中的参数，改变的是图 1.9（a）所示框中类型名称的特性。

以下为轴网练习。根据图 1.10 给定数据创建标高与轴网，显示方式参考图 1.10。

① 以 Revit 默认样板——建筑样板，新建项目。

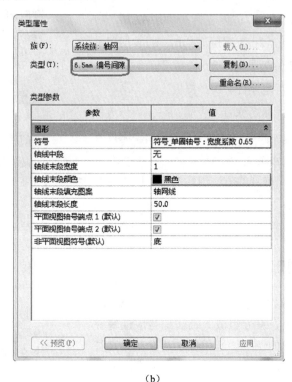

（a）　　　　　　　　　　　　（b）

图 1.9　轴线类型和实例属性框

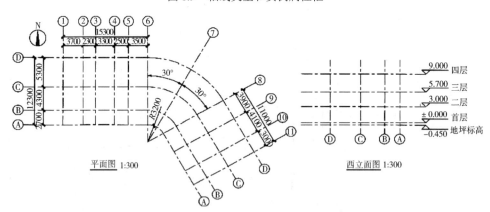

图 1.10　实例 1 标高轴网创建

② 打开西立面视图，按图 1.10 所示标高值建立标高，并命名。结果如图 1.11（a）所示。

③ 选中地坪标高，打开类型属性编辑对话框，线型图案选"中心线"，见图 1.12，结果如图 1.11（b）所示。

④ 创建横向轴网，结果如图 1.13（a）所示，做两个参照平面，相距 3200mm，延长⑥号轴线与下面参照平面相交，确定圆

心，如图 1.13（b）所示。

⑤ 创建⑦号轴线，与⑥号轴线夹角为30°，以⑦号轴线为轴镜像创建⑧号轴线，如图 1.13（c）所示。

⑥ 通过拾取线方式，在选项栏输入偏移距离，创建⑨号轴线，如图 1.14（a）所示，并通过创建参照平面（间距 3.2m），调整⑨号轴线，如图 1.14（b）所示。

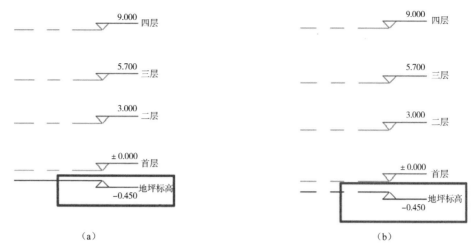

（a）　　　　　　　　　　　　　　　　（b）

图 1.11　标高建立

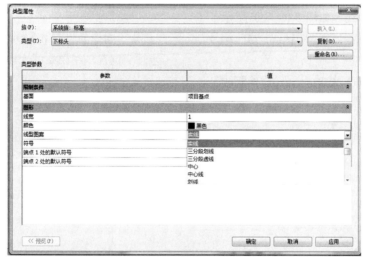

图 1.12　标高类型属性对话框

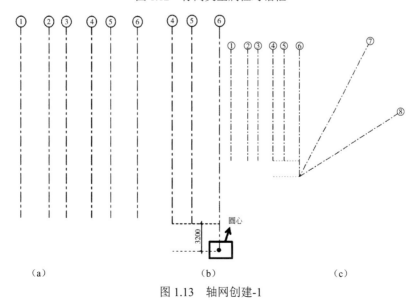

（a）　　　　　　　　　　（b）　　　　　　　　　　（c）

图 1.13　轴网创建-1

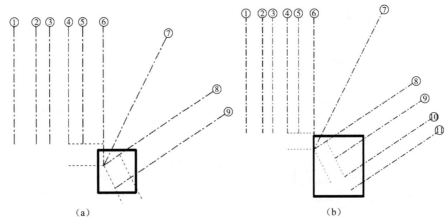

(a)　　　　　　　　　　　　　　　　　(b)

图 1.14　轴网创建-2

⑦ 启动多段轴网，如图 1.15（a）、（b）所示，创建Ⓐ轴线，如图 1.15（c）所示，确定，则创建为编号为⑫的轴线，修改编号为Ⓐ即可。

⑧ 启动多段轴线功能，单击"拾取线"，在选项栏中输入偏移值，通过单击Ⓐ轴线即可创建Ⓑ轴线。

⑨ 同理创建Ⓒ和Ⓓ轴线，调整①～⑪号轴头位置，结果如图 1.16 所示。

图 1.15　轴网创建-3

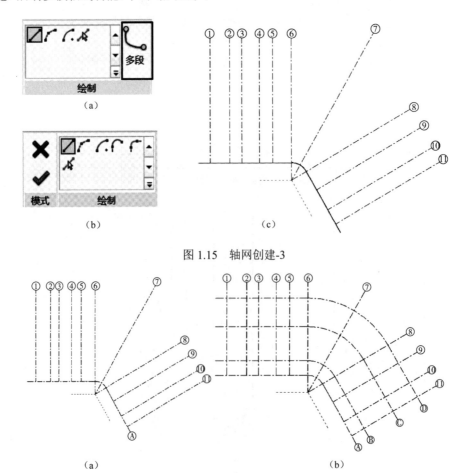

(a)　　　　　　　　　　　　　　　　　(b)

图 1.16　轴网创建-4

1.3 参照平面

参照平面主要用于建模时的定位及参数驱动，在 Revit 中默认为绿色的虚线。创建方法："建筑"选项卡 ➤ "工作平面"面板 ➤ （参照平面）或"结构"选项卡 ➤ "工作平面"面板 ➤ （参照平面）或"系统"选项卡 ➤ "工作平面"面板 ➤ （参照平面）或族编辑器："创建"选项卡 ➤ "基准"面板 ➤ （参照平面）或使用快捷命令 RP。

目前 Revit 只支持直线的参照平面，其组成及名称如图 1.17 所示。

参照平面在空间为一无限延伸的平面，

可通过"工作平面"面板中的设置、显示和查看来对其进行控制，以方便建模。图 1.18 显示了参照平面在平面与三维视图中的关系，在三维视图中显示为空间的面如图 1.18 中①所示。

参照平面，用于创建模型时进行定位，在族创建中实现参数驱动。为方便选择，可对参照平面进行命名：选中所创建的参照平面，在属性栏"名称"右边输入相应的"参照平面名称"，如图 1.19 所示。参照平面命名后，在工作平面单击设置，可通过名称选择参照平面，如图 1.20 所示，具体步骤参照"1.4.1 指定工作平面"相关内容。

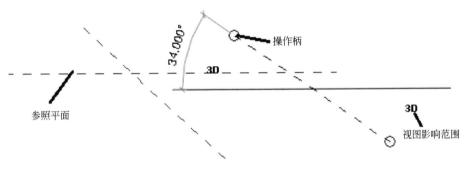

图 1.17　参照平面

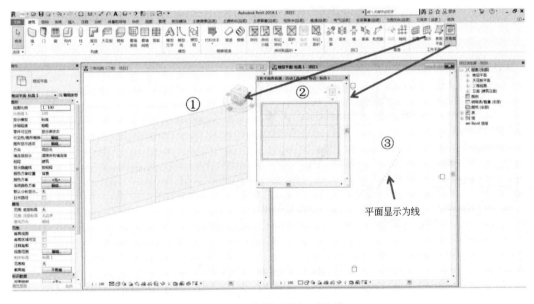

图 1.18　参照平面相互关系

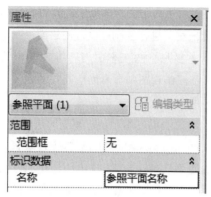

图 1.19 参照平面属性

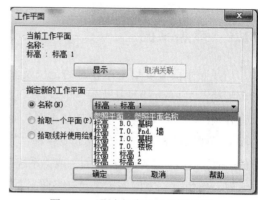

图 1.20 通过名称选择参照平面

1.4 工作平面介绍

Revit 中工作平面是一个用作视图或绘制图元起始位置的虚拟二维表面,基准图元所确定的面、体量的面、三维图元的面等均可作为工作平面。工作平面的主要用途如下:

- 作为视图的原点;
- 绘制图元;
- 在特殊视图中启用某些工具(例如在三维视图中启用"旋转"和"镜像");
- 用于放置基于工作平面的构件,如图 1.21(b)所示。

每个视图都与工作平面相关联,族和图元都是基于某个平面放置,如图 1.21 所示。

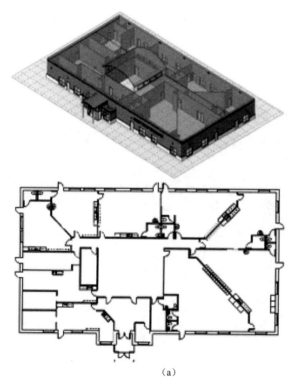

(a)

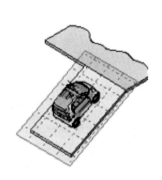

(b)

图 1.21 工作平面与平面视图

默认情况下,工作平面是不显示的,如要显示,只需在功能区上,单击 ▦(显示)。

即可让工作平面显示,再单击 ▦(显示),则隐藏显示的工作平面。

1.4.1　指定工作平面

在建模过程中，可根据不同情况选择相应的工作平面。Revit 提供了按名称、按拾取平面或按拾取平面中要选择的线来选择工作平面，具体步骤如下。

① 在功能区上，单击 ▦（设置），如图 1.22（a）所示：

- "建筑"选项卡 ▶ "工作平面"面板 ▶ ▦（设置）；
- "结构"选项卡 ▶ "工作平面"面板 ▶ ▦（设置）；
- "系统"选项卡 ▶ "工作平面"面板 ▶ ▦（设置）；
- 族编辑器："创建"选项卡 ▶ "工作平面"面板 ▶ ▦（设置）。

② 在"工作平面"对话框中的"指定新的工作平面"下，选择下列选项之一，如图 1.22（b）所示。

- 名称：从列表中选择一个可用的工作平

面，然后单击"确定"。列表中包括标高、网格和已命名的参照平面。

- 拾取一个平面：Revit 会创建与所选平面重合的平面，选择此选项并单击"确定"，然后将光标移动到绘图区域上以高亮显示可用的工作平面，再单击以选择所需的平面。可以选择任何可以进行尺寸标注的平面，包括墙面、链接模型中的面、拉伸面、标高、网格和参照平面。

- 拾取线并使用绘制该线的工作平面：Revit 可创建与选定线的工作平面共面的工作平面。选择此选项并单击"确定"，然后将光标移动到绘图区域上以高亮显示可用的线，再单击以选择。

> 注：在概念设计环境中，从"选项栏"的"放置平面"下拉列表中拾取一个平面，如图 1.22（c）所示。

③ 如果选定平面垂直于当前视图，则会打开"转到视图"对话框。选择一个视图，并单击"打开视图"即可。

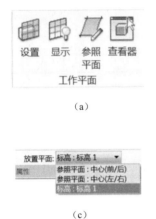

（a）

（c）

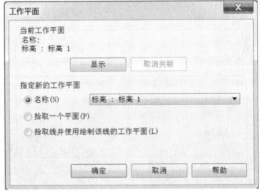

（b）

图 1.22　指定工作平面

1.4.2　设置工作平面

使用工作平面时，可以更改工作平面网格的间距、调整网格大小和旋转网格，步骤如下。

① 如有必要，请单击 ▦（显示）以显示工作平面，如图 1.22（a）所示。

② 单击工作平面的边界，以便将其选中，如图 1.23（a）所示。

③ 对选中的工作平面，可执行下列步骤

之一。

- 修改网格间距：在选项栏上为"间距"输入一个值，以指定网格线之间的所需距离，如图 1.23（b）所示。

- 调整大小并移动网格：要移动网格，请拖动网格的一个边。要调整网格大小，请拖动夹点，如图 1.23（a）所示。

- 旋转网格：单击"修改 | 工作平面网格"选项卡 ▶ "修改"面板 ▶ ↻（旋转），然后旋转网格，如图 1.23（c）和（d）所示。

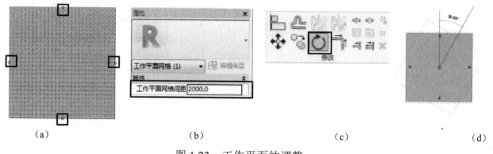

（a）	（b）	（c）	（d）

图 1.23　工作平面的调整

1.4.3　修改工作平面与图元的关系

图元与工作平面的关系：关联和不关联。当图元与工作平面相关联时，则只能在相关联的平面上移动图元，如要自由移动图元，则要取消图元与工作平面的关联，如果让图元只能基于工作平面移动，则要建立关联。

1.4.3.1　修改图元与工作平面的关系

① 在视图中选择基于工作平面的图元，基于工作平面的图元包括族编辑器中的实心几何图形和项目中的拉伸屋顶。

② 执行以下操作之一。

- 选中相应图元，单击 （取消关联工作平面），它显示在选定图元附近的绘图区域中，如图 1.24（a）所示，取消后再次选择图元，则无关联标志，如图 1.24（b）所示。
- 使用"编辑工作平面"工具：
  - ➤ ① 单击"修改 | <图元>"选项卡 ▶ "工作平面"面板 ▶ （编辑工作平面），如图 1.24（c）所示。
  - ➤ ② 在"工作平面"对话框中，单击"取消关联"，如图 1.24（e）所示。

③ 要将图元与工作平面重新关联，应使用"编辑工作平面"工具指定新的工作平面。

> 注：1. 如果"取消关联"按钮显示为灰色，如图 1.24（d）所示，则图元当前与工作平面不关联，或者它不是基于工作平面的图元；
> 2. 在"属性"选项板中，取消关联的图元的工作平面的参数值为 <不关联>，如图 1.24（e）所示。

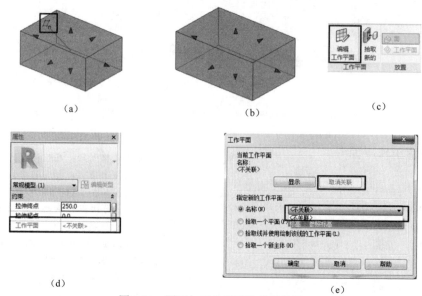

（a）	（b）	（c）
（d）		（e）

图 1.24　图元与工作平面的关联设置

1.4.3.2 为图元指定新的工作平面

① 在视图中选择基于工作平面的图元，如图 1.25（a）所示。

② 单击"修改 |<图元>"选项卡 ► "工作平面"面板 ► 🖽（编辑工作平面），如图 1.24（c）所示。

> 注：使用"编辑工作平面"选项时，新的工作平面须平行于现有的工作平面。如果需要选择不平行于现有工作平面的工作平面，请使用"拾取新的工作平面"选项。

③ 在"工作平面"对话框中，选择"拾取一个工作平面"，如图 1.25（b）所示，然后将光标移动到绘图区域上以高亮显示可用的工作平面，如图 1.25（c）所示，再单击以选择所需的平面，结果如图 1.25（d）所示。

> 注：新拾取的面，必须是与原工作平面平行，且平行移动的主体。

④ 如要指定任意新的平面，如不平行原工作平面的面，则选择相应的图元文字，单击拾取图，选择面如图 1.25（e）所示，单击相应的面，结果如图 1.25（f）所示。

1.4.3.3 为图元指定新的主体

可以将基于工作平面或基于面的构件或图元移动到其他工作平面或面上，基于工作平面的图元包括线、梁、模型文字和族几何图形。

① 在绘图区域中，选择基于工作平面或基于面的图元或构件。

② 单击"修改 |<族类别>"选项卡 ► "工作平面"面板 ► 🗗（拾取新工作平面）或 🖽（编辑工作平面），选择"拾取一个新主体"，如图 1.26（a）所示。

③ 在"放置"面板上，选择下列选项之一。

- 🗗 垂直面（放置在垂直面上）：此选项仅用于某些构件，仅允许放置在垂直面上，如图 1.26（b）所示。
- 🗗 面（放置在面上）：此选项允许在面上放置，且与方向无关，如图 1.26（c）所示。
- 工作平面（放置在工作平面上）：此选项需要在视图中定义活动工作平面，可以在工作平面上的任何位置放置构件，如图 1.26（d）所示。

④ 在绘图区域中，移动光标直到高亮显示所需的新主体（面或工作平面），且构件的预览图像位于所需的位置，然后单击以完成移动。

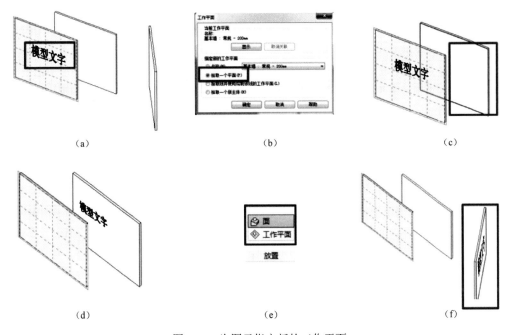

（a）　　　　　　　　（b）　　　　　　　　（c）

（d）　　　　　　　　（e）　　　　　　　　（f）

图 1.25　为图元指定新的工作平面

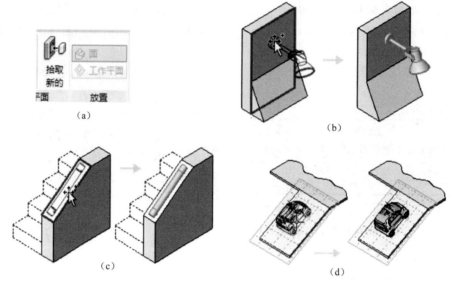

图 1.26　拾取新的主体

1.5　Revit 基准范围和可见性

基准是用来确定对象上几何关系所依据的点、线或面。在 Revit 中，标高、轴网和参照平面都是基准，且是三维存在的，其所确定的面称为基准面，如标高确定一个空间上水平的基准面。

标高、轴网和参照平面的基准面在默认情况下并不是在所有视图中都是可见的。如果基准与视图平面不相交，则此基准在该视图中不可见。

> 注：视图在计算机中指计算机数据库中的一个虚拟的表；在制图中指物体向投影面投影而得到的图形。

基准面可以做如下方面的修改：

- 调整范围的大小，使基准面在有些视图中是可见的，在有些视图中是不可见的；
- 在一个视图中修改基准范围，然后将此修改扩散到基准可见的任意所需平行视图中；
- 使用范围框来控制基准的可见性。

下面将对基准的可见性、范围的调整及基准与视图的关系做简单介绍。

1.5.1　项目视图中基准的可见性

如果基准与视图平面不相交，则该基准在该视图中不可见，如图 1.27（a）所示，剖面视图没有和标高 3 基准相交，则不显示标高 3，如图 1.27（b）所示。

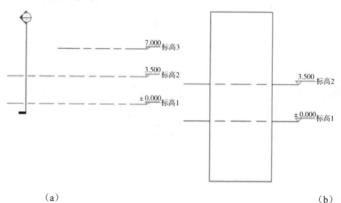

图 1.27　剖面未与标高线相交

对于轴线①，当其在立面中没有与标高3相交时，如图1.28（a）所示，则在标高3平面上不显示相应的轴线①，如图1.28（b）所示。

有时会出现基准与视图平面相交，基准并不显示在视图中的情况，如图1.29所示。这是因为视图专有范围与视图平面（2D状态）相交，而不是与其模型范围（3D状态）相交，如图1.29（a）所示。图1.29（a）中①号轴线的空心圆圈显示了三维模型范围，它未与标高3相交。实心圆圈显示的是二维范围，它与标高3相交。因此，①号轴线将不在标高3视图中显示，如图1.29（b）所示。

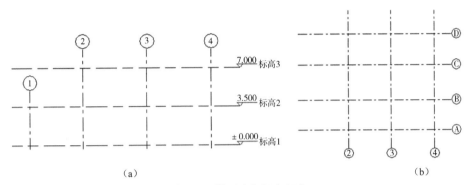

图1.28　轴网未与标高相交

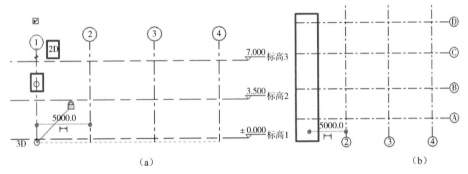

图1.29　基准的2D与3D状态

如果基准图元（如参照平面）与视图不垂直，则该基准图元将不在该视图中显示。

例如，图1.30（a）的楼层平面显示了2个参照平面，以绿色线（图中表示为虚线）表示。左侧的参照平面与剖面线和轴线相交，构成了一定的角度。右侧的参照平面与剖面线和轴线垂直。由于斜参照平面不与剖面线和轴线垂直，因此该平面不在剖面视图和南北立面中显示，如图1.30（b）和（c）所示。但是，垂直参照平面仍然会在剖面和立面视图中显示。

在平面视图（例如，楼层平面和天花板平面）中，可以定义弧形（而非直线）的轴线。弧形轴线将在弧中心与剖面线相交且垂直的剖面视图中显示。

如图1.31（a）的楼层平面显示了2条弧形轴线。轴线Ⓙ与剖面线相交，但其中心线不与剖面线垂直。因此，轴线Ⓙ不在剖面视图中显示，如图1.31（b）所示。轴线Ⓗ与楼层平面中的剖面线相交，且其中心线与剖面线垂直相交。因此，轴线Ⓗ在剖面视图中显示，如图1.31（b）所示。

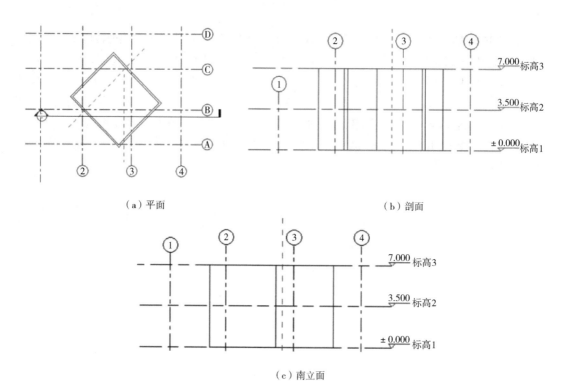

（a）平面   （b）剖面

（c）南立面

图 1.30　基准与视图不垂直的情况

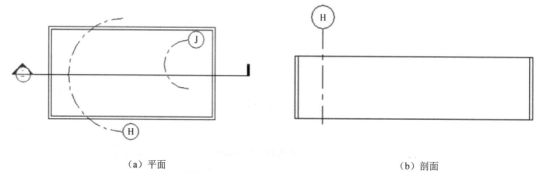

（a）平面   （b）剖面

图 1.31　弧形轴网在视图中的显示

1.5.2　调整基准范围的大小与影响范围

1.5.2.1　基准的 3D 与 2D 状态

使用模型范围控制柄在视图中显示空心圈旁有 3D 字符，视图专有范围控制柄以实心圈显示，旁有 2D 字符，如图 1.32（a）所示。模型范围控制柄可以一次性调整所有相关视图中的基准大小；即在一个视图中通过调整模型范围控制柄可以调整所有相关视图中的基准大小；调整视图专有范围控制柄，只影响基准在当前视图中

的显示。

1.5.2.2　最大化三维模型范围

基准可以具有确定的尺寸，以使其在模型的所有视图中都不可见或可见。如图 1.32（b）所示轴线，轴线在模型的两个剖面视图中是不可见的，因为其三维模型范围与两个剖面视图平面都不相交。可通过选择基准，并在其上单击鼠标右键，在关联菜单上，单击"最大化三维范围"，如图 1.32（c）所示，将轴网大小调整到模型的边界。

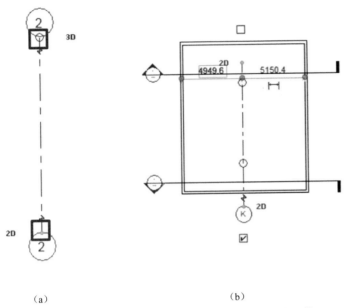

| （a） | （b） | （c） |

图 1.32 基准调整

1.5.2.3 二维基准的影响范围

在对基准以 2D 状态下修改后，可使用"影响范围"，使基准在相似的视图中拥有相同外观。

① 选择基准。

② 单击"修改 <基准>"选项卡 ▶ "基准"面板 ▶ （影响范围），如图 1.33（a）所示。

③ 在"影响基准范围"对话框中，选择需要使基准看起来相同的平行视图，然后单击"确定"，如图 1.33（b）所示。

> 注：1. 在多个视图中基准的外观之间没有永久性关联。如果重新修改基准，则必须再次使用"影响范围"。扩散范围不影响模型（三维视图）范围。
>
> 2. 在扩散范围之前，活动视图和目标视图必须未裁剪。基准的三维范围在视图活动裁剪区域之外时，基准的二维范围无法传递到视图，也无法从视图传递，也无法传递到应用范围框的基准。

1.5.3 使用范围框控制基准的可见性

范围框可以控制那些与范围框相交的基准图元的可见性，特别适用于控制那些与视图既不平行也不正交的基准在指定视图中的可见性。如图 1.34 所示的建筑，楼层平面显示了与主建筑形成一定角度的翼形建筑，主建筑与翼形建筑使用不同的轴网。如果希望在翼形建筑的相关视图中不显示主建筑的轴线、在主建筑的相关视图中不显示翼形建筑的轴线，则使用范围框即可达到此目的。

1.5.3.1 创建范围框

创建范围框只能在平面视图中。创建范围框后，可以在三维视图中修改其大小和位置。

① 在平面视图中，单击"视图"选项卡 ▶ "创建"面板 ▶ （范围框），如图 1.35（a）所示。

② 如果需要，可在选项栏上输入范围框的名称，并指定其高度，如图 1.35（b）所示。

③ 要绘制范围框，请单击左上角图标以开始，单击右下角完成。绘制范围框后，该框会显示拖曳控制柄，可以用它来调整范围框的大小。也可以使用旋转控制柄 ↻ 和"旋转"工具 ↻ 来旋转范围框，完成后如图 1.35（c）所示。

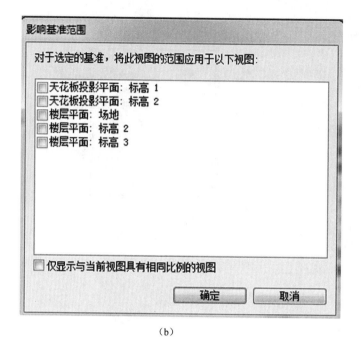

（a） （b）

图 1.33 基准的影响范围

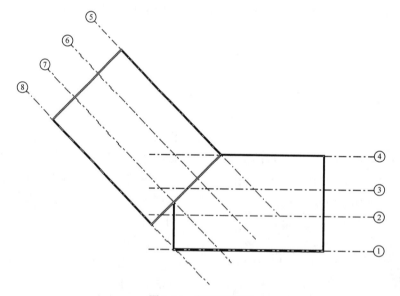

图 1.34 范围框示例

注：也可在创建范围框之后再修改其名称。选择范围框，然后在"属性"选项板上，输入"名称"属性的值，如图 1.35（d）所示。

1.5.3.2 将基准图元关联到范围框

要通过范围框控制基准图元的可见性，必须将每个基准图元与范围框相关联。

① 选择相应的基准图元（例如轴线），如图 1.36（a）所示。

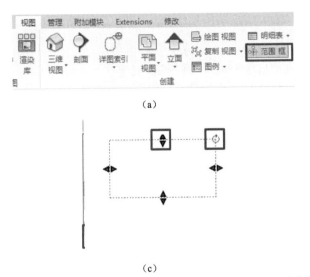

(a)

名称：范围框 3　　高度：12192.0

(b)

(c)

(d)

图 1.35　创建范围框

② 在"属性"选项板上，选择所需的范围框作为"范围框"，如具有两个或以上范围框（分别命名为"范围框 1"和"范围框 2"）的项目，可从下拉列表中选择"范围框 1"，如图 1.36（b）所示。

③ 单击"应用"，即建立了基准图元与范围框的关联，下面就可通过范围框来调整基准在视图中的可见性了。

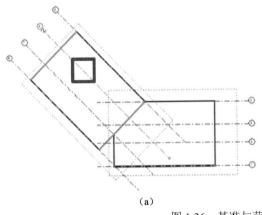

(a)

(b)

图 1.36　基准与范围框的关联

1.5.3.3　设置范围框的视图可见性

范围框的"视图可见"属性设置具体步骤如下。

① 打开可以从中查看范围框的视图。

② 选择范围框。

③ 在"属性"选项板上，单击"视图可见"属性对应的"编辑"，如图 1.37 所示。

注："范围框视图可见"对话框中列出了项目中所有的视图类型和视图名称，它显示出哪些视图中的范围框是可见的。在"自动可见性"列显示了相应视图范围框的默认可见性设置，在替换列可以更改。

④ 定位适当的视图行，例如"南立面"，并在"替换"列中找到其值。单击文本框，并选择列表中的"可见"，如图 1.37 所示。

⑤ 单击"确定"。

现在，此范围框及相关联的基准在该视图中是可见的。

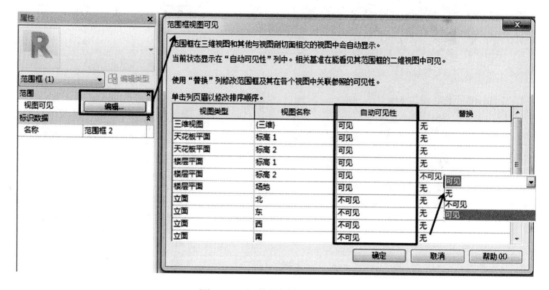

图 1.37　调整范围框的可见性

1.5.3.4　调整范围框

（1）调整范围框大小以控制显示该框的视图。

① 打开一个平面或三维视图并选择范围框。范围框上会出现调整操纵柄。

② 拖曳操纵柄以调整范围框的尺寸。在调整范围框的大小时，如果视图平面不再穿过范围框，则范围框在该视图中不可见。这样，所有与该范围框关联的基准都不在该视图中显示。

举例：某建筑有 5 个楼层，轴网如图 1.38（a）所示。在三维视图中调整范围框的大小，如图 1.38（b）所示，使其顶部边界范围与标高 5 相交或在立面调整。选中范围框 1，在"属性"选项板上，单击"视图可见"属性对应的"编辑"，如图 1.37 所示，在替换列，让楼层平面 2 和 4 设为不可见，同理，设置范围框 2，在楼层平面 1、3 和 5 为"不可见"如图 1.38（c）所示，则在一层的轴网显示如图 1.38（d）所示。

（2）在视图中隐藏某个范围框

如在绘图区域中要隐藏范围框，可执行下列操作：

- 选中要隐藏的范围框，如图 1.39（a）所示，单击"修改 | 范围框"选项卡 ▶ "视图"面板 ▶ "在视图中隐藏"下拉列表 ▶ ▧（隐藏图元），如图 1.39（b）所示，结果如图 1.39（d）所示；
- 在某个范围框上单击鼠标右键，然后单击"在视图中隐藏" ▶ "图元"，如图 1.39（c）所示，结果如图 1.39（d）所示。

注：选中的范围框在该视图中不再可见，该范围框在其他视图中仍然可见。

（3）在视图中隐藏所有范围框

打开显示一个或多个范围框的视图，选择一个范围框，并执行下列操作：

- 单击"修改 | 范围框"选项卡 ▶ "视图"面板 ▶ "在视图中隐藏"下拉列表 ▶ ▦（隐藏类别）；
- 在任一范围框上单击鼠标右键，然后单击"在视图中隐藏" ▶ "类别"。

则所有范围框在该视图中都不可见。

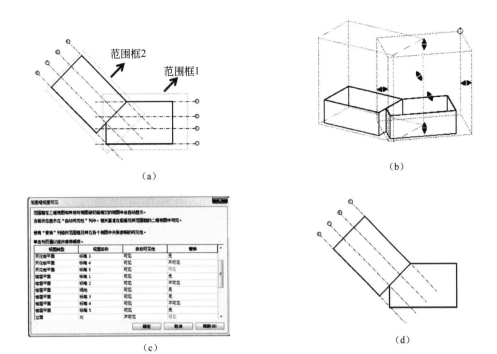

（a）

（b）

（c）

（d）

图 1.38 通过范围框控制基准在视图中的显示

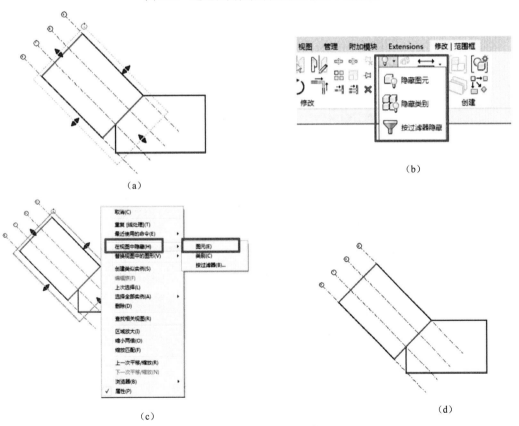

（a）

（b）

（c）

（d）

图 1.39 范围框的隐藏

第2章 主体图元

主体图元主要包括墙（幕墙）、楼板、屋顶和天花板、楼梯、坡道等。主体图元属于系统族，无法载入新族，只能新建类型。其参数由软件预先设置，不能自由添加，只能修改原有的参数设置，编辑创建出新的主体类型。其中墙、楼板、屋顶和天花板都可以在编辑部件中设置其构造层次，如图2.1所示。例如，所有的楼梯都具有踏面、踢面、休息平台、梯段宽度参数，如图2.2所示。

本章主要介绍墙、楼板、天花板、屋顶和楼梯坡道的创建和修改。

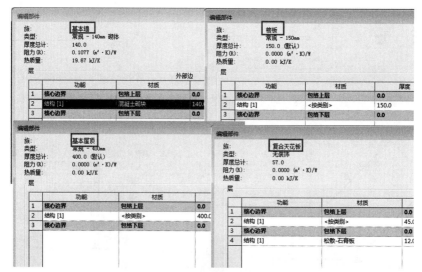

图2.1 主体图元构造层次设置

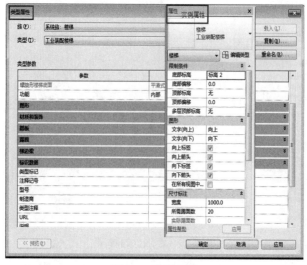

图2.2 楼梯参数

2.1 墙

墙在建筑中主要起分隔、围护空间，保温，隔热，防水，美观，承受自身和外部荷载的作用。墙的分类方法较多，如按所处位置分为外墙、内墙、山墙、纵（横）墙、窗间墙和窗下墙；按受力情况分为承重墙、非承重墙、隔墙、填充墙、幕墙；按组成材料分为砖墙、石墙、土墙及混凝土墙；根据构造和施工方式不同分为叠砌式墙、板筑墙和装配式墙。因墙体有保温隔热、防水、美观的作用，其组成除主体材料外，还有各种饰面和保温材料等构造层次，具体参照房屋建筑学书籍或相关图集。

Revit 中墙有两大类：建筑墙（非承重墙）和结构墙，明细表统计时分属于不同的类，结构墙为创建承重墙和剪力墙时使用。Revit 中墙为系统族，有三种：基本墙、叠层墙和幕墙，如图 2.3（a）所示。墙按功能分为内部、外部、基础墙、挡土墙、檐地板、核心竖井，指定墙的功能后，可以过滤视图中的墙显示，以便仅显示/隐藏那些提供特定功能的墙。创建墙明细表时，可以使用此属性按照功能统计所需的墙。

Revit 中墙包含多个垂直层或区域。墙的类型参数"结构"中定义了墙的每个层的位置、功能、厚度和材质，如图 2.4 右侧所示。Revit 预设了六种层次的功能，各层名称及功能如表 2.1 所示。

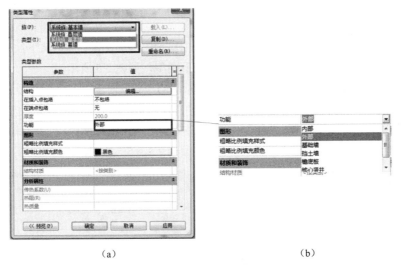

|(a)|(b)|

图 2.3　墙族类型

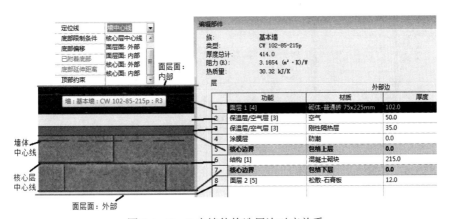

图 2.4　Revit 中墙体构造层次对应关系

表 2.1　墙各层名称及功能

名　　称	功　　能	备　　注
结构[1]	支承其余墙、楼板或屋顶的层	1. [ ]内的数字代表优先级，结构[1]具有最高优先级，面层 2[5]具有最低优先级； 2. Revit 会首先连接优先级高的层，然后连接优先级低的层
衬底[2]	作为其他材质基础的材质（例如胶合板或石膏板）	
保温层/空气层结构[3]	隔绝并防止空气渗透	
涂膜层	通常用于防止水蒸气渗透的薄膜。涂膜层的厚度应该为零	
面层 1[4]	通常是外层	
面层 2[5]	通常是内层	

Revit 中墙的"定位线"用于在绘图区域中以指定的路径来定位墙，即以墙体的哪一个面作为绘制墙体的基准线。墙的定位方式共有六种：墙中心线（默认）、核心层中心线、面层面：外部、面层面：内部、核心面：外部、核心面：内部，如图 2.4 左上所示。放置墙后，其定位线便永久存在，修改现有墙的"定位线"属性的值不会改变已放置的墙的位置。

2.1.1　一般墙体（基本墙）创建

本章所述的基本墙的绘制、尺寸和轮廓的修改与编辑功能、材质的修改与添加也适用于复合墙、叠层墙和幕墙，材质的修改与添加也适用于面墙。

2.1.1.1　墙体绘制

（1）墙体绘制步骤

创建建筑墙和结构墙的过程相似，下面以建筑墙绘制为例讲解墙体创建步骤。

① 打开楼层平面视图或三维视图，如图 2.5 所示。

② 单击"建筑"选项卡 ➤ "构建"面板 ➤ "墙"下拉列表 ➤ 📁（墙：建筑）。

③ 如果要放置的墙类型与"类型选择器"中显示的墙类型不同，请从下拉列表中选择其他类型，如图 2.5 所示。

④ 可以使用"属性"选项板的底部部分来修改选定墙的实例属性，然后开始放置实例，也可单击类型属性，打开编辑部件对话框，如图 2.5 所示。

⑤ 在选项栏上指定下列内容。

图 2.5　墙体绘制

- 标高:（仅限三维视图）为墙的墙底定位标高选择标高，可以选择一个非楼层标高。
- 高度:为墙的墙顶定位标高选择标高，或为默认设置"未连接"输入相应的墙高度值。
- 定位线:选择在绘制时要将墙的哪个垂直平面与光标对齐，或要将哪个垂直平面与将在绘图区域中选定的线或面对齐。
- 链:选择此选项，以绘制一系列在端点处连接的墙分段。
- 偏移:（可选）输入一个距离，以指定墙的定位线与光标位置或选定的线或面之间的偏移（如下一步所述）。
- 连接状态:选择"允许"以在墙相交位置自动创建对接（默认）。选择"不允许"以防止各墙在相交时连接。每次打开软件时默认选择"允许"，但上一选定选项在当前会话期间保持不变。如果需要，以后可以更改各墙的连接状态。

⑥ 在"绘制"面板中，选择一个绘制工具，以使用以下方法之一放置墙。

- 绘制墙:使用默认的"线"工具 ✎ 可通过在图形中指定起点和终点来放置直墙分段。或者，可以指定起点，沿所需方向移动光标到所需位置单击左键，或输入墙长度值。
- 使用"绘制"面板中的其他工具，可以绘制矩形布局、多边形布局、圆形布局或弧形布局。
- 使用任何一种工具绘制墙时，可以按空格键相对于墙的定位线翻转墙的内部/外部方向。
- 沿着现有的线放置墙:使用"拾取线" ✎ 工具可以沿在图形中选择的线来放置墙分段。线可以是模型线，参照平面或图元（如屋顶、幕墙嵌板和其他墙）边缘。
- 将墙放置在现有面上:使用"拾取面"工具 ✎ 可以将墙放置于在图形中选择的体量面或常规模型面上。

> 注:要在体量模型或常规模型中的所有垂直面上同时放置多个墙，请将光标移至某个面上，按 Tab 键以将它们全部高亮显示，然后单击。

⑦ 单击"Esc"，退出"墙"工具。

（2）墙体绘制举例

创建如图 2.6 所示墙体，类型：常规-200mm，构造采用默认，高 3600mm，标注尺寸为到墙中心的距离。

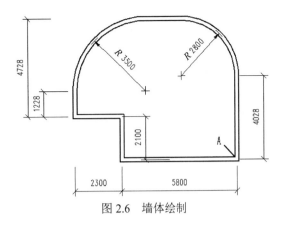

图 2.6 墙体绘制

主要步骤如下。

① 快捷命令:WA 或单击"建筑"选项卡 ➤ "构建"面板 ➤ "墙"下拉列表 ➤ ▢（墙：建筑），启动墙体绘制命令。

② 在属性栏，选择基本墙中常规-200mm，先任意定位第一点如 A 点，顺时针绘制。

③ 通过鼠标向左引导，当出现临时尺寸时，输入 5800，如图 2.7（a）所示，依次绘制其他直线墙体，如图 2.7（b）所示。

④ 直线墙体绘制完毕，选择绘制圆角弧的绘制方式，来绘制两段圆弧墙。选择墙 A、墙 B，先大致确定半径，再选择临时尺寸，修改其数值为 3500，如图 2.7（c）所示。

⑤ 再次选择墙 B、墙 C，用同样方法，绘制与两墙相连的圆弧墙，结果如图 2.7（d）所示。

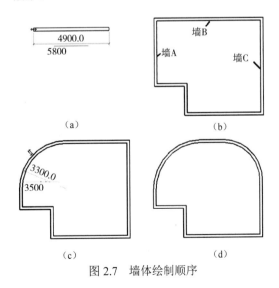

图 2.7 墙体绘制顺序

⑥ 尺寸标注步骤如图 2.8 所示。

注：墙体定位及尺寸控制，通过参照平面控 | 制或先大致定位，后期调整或以临时尺寸引导 定位。

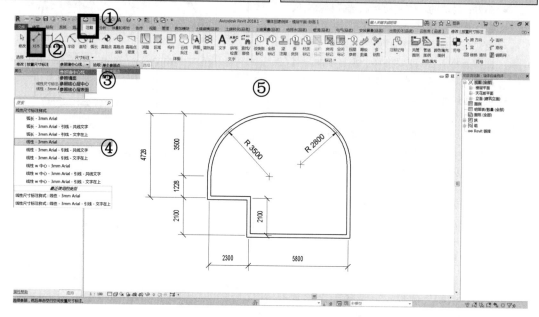

图 2.8　墙体尺寸标注操作步骤

2.1.1.2　墙体材质修改与添加

在图 2.5 类型属性对话框中，点击构造，结构右边的"编辑"，弹出编辑部件对话框，如图 2.9（a）所示，单击图 2.9（a）中"材质" "按类别"，则打开材质浏览器对话框，如图 2.9（b）所示，在图 2.9（b）中②区域，选择相应的材质，点击右下方的确定，即把选定的材质赋予选择的层。图 2.9（b）各区域含义如表 2.2 所示。

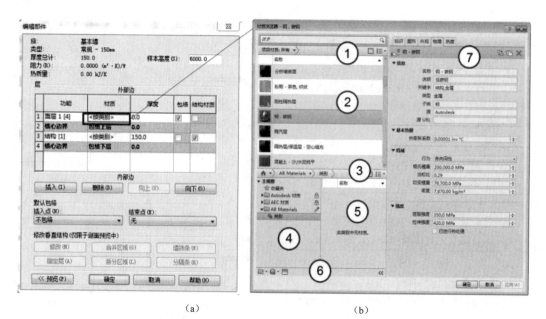

（a）　　　　　　　　　　　（b）

图 2.9　材质浏览器介绍

表 2.2　材质浏览器各区域含义

区域	功　能
①	"显示/隐藏库"面板按钮 ▤ 和项目材质设置菜单 ▤▾：这两个按钮可以修改"材质浏览器"窗口中的项目材质视图和库面板，单击"显示/隐藏库"面板按钮 ▤ 可同时显示或隐藏库面板④和⑤。使用项目材质设置菜单 ▤▾ 选项可以更改项目材质列表②中材质的显示
②	项目材质列表：显示当前项目中的材质，无论它们是否应用于项目。在列表中的材质上单击鼠标右键可访问常规任务菜单，例如"重命名""复制"和"添加到库中"
③	"显示/隐藏库树状图"按钮 ▤ 和"库"设置菜单 ▤▾：这两个按钮可以修改"材质浏览器"窗口中库及其材质的显示方式。单击"显示/隐藏库树状图"按钮 ▤ 可显示或隐藏库树④。使用"库"设置菜单 ▤▾ 选项可以更改库材质列表⑤中材质的显示
④	库列表：显示打开的库和库内的类别（类）
⑤	库材质列表：显示库中的材质或在库列表中选中的类别（类）
⑥	材质浏览器工具栏：提供了一些控件用来管理库，新建或复制现有材质，或打开和关闭资源浏览器
⑦	在库列表中（左窗格）选择某个材质时，右窗格中会显示与此材质相关联的选项卡（资源）。单击这些选项卡（例如"标识"或"外观"）可以查看该材质的特性和资源。查看库中的材质时，属性为只读

Revit 产品中的材质代表实际的材质，这些材质可应用于设计的各个部分，使对象具有真实的外观和行为。不同的目的，需要材质不同的行为，如在建筑设计时项目的外观是最重要的，因此需设置材质详细的外观属性，如反射率和表面纹理；在结构分析或节能分析时，材质的物理属性（例如屈服强度和热传导率）更为重要，保证材质支持工程分析。Revit 用材质库来管理和组织材质和材质类型资源，资源是一组用于控制对象某些特征或行为的特性，每种材质有四种且最多有四种类型资源，例如，Revit 使用以下资源类型来定义材质。

- 图形（仅限于 Revit）：这些特性控制材质在未渲染视图中的外观，如着色、一致的颜色的视觉样式。
- 外观：这些特性控制材质在渲染视图、真实视图或光线追踪视图中的显示方式。
- 物理：这些特性用于结构分析。
- 热度（仅限于 Revit）：这些特性用于能量分析。

材质库是材质和相关资源的集合。

Autodesk 提供了部分库，其他库则由用户创建，材质浏览器中有锁标志的是 Autodesk 提供的库，库中锁定的材质不能被覆盖或删除。可以通过创建库来组织材质。

下面将分别讲述如何创建自己的材质库，如何将材质添加到材质库，如何给材质添加特性——资源，如何编辑材质的资源。

（1）材质库自定义

① 打开材质浏览器：单击"管理"选项卡 ▸ "设置"面板 ▸ ⊛ "材质"。

② 在浏览器的左下角的"材料浏览器"工具栏上，单击菜单 ▤▾ ▸ "新建库"，如图 2.10（a）所示。

③ 将打开一个窗口，提示指定文件名和位置，如图 2.10（b）所示。

④ 在窗口中，导航到要存储库的某个位置，输入库名称，然后单击"保存"，如图 2.10（b）所示，单击保存则又回到图 2.10（c）所示材质浏览器对话框。

⑤ 在材质浏览器对话框，单击显示/隐藏库面板，可在下方显示或隐藏库面板，如图 2.10（c）所示。

（2）将材质添加到材质库

材质库创建后，要对材质进行分类，然后再把不同的材质加入相应的类中，步骤如下。

① 对材质进行分类：选中自定义材质库，单击鼠标右键，创建类别，如图 2.11（a）所示。

② 将材质添加到库中：在"材质浏览器"中，通过从其他库或从项目材质列表中单击并拖动，将材质添加到新库，或选中要添加的材质单击鼠标右键，"添加到" ▸ "自定义材质

库"➤"相应类",如图 2.11（b）所示。

（3）给材质添加资源和特性

① 在"材质浏览器"对话框，单击左下方，创建并新建材质，则在项目中出现"默认为新材质"，如图 2.12（a）所示，选中新建

的材质，单击鼠标右键选择重命名，为新材质进行命名。

② 在"材质编辑器"面板中，单击 ➕（添加资源）以显示"添加资源"下拉菜单，然后选择要添加的资源类型，见图 2.12（a）右上方。

（a）

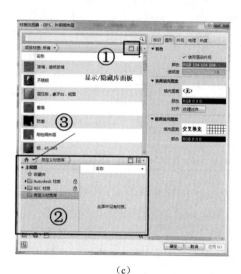

（c）

（b）

图 2.10　材质库定义

（a）

（b）

图 2.11　将材质添加到库中

（a）

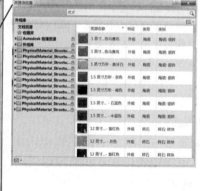

（b）

图 2.12　给材质添加特性

注：无法添加已经存在于材质中的资源，因此无法在"添加资源"下拉菜单中选择这些资源。

③ 在图 2.12（a）项目材质中，选中要修改的材质，单击图 2.12（a）左下方的 ▤ 打开/关闭资源浏览器，打开如图 2.12（b）所示对话框，选中相应的材质资源，双击鼠标左键，即把材质的相应特性添加到在图 2.12（a）所选的材质中，或单击右键，选"在编辑器中替换"。

（4）编辑材质的特性——资源

① 单击"管理"选项卡 ▶ "设置"面板 ▶ "其他设置"下拉列表 ▶ "材质资源"。资源

编辑器将打开，默认未载入任何资源，如图 2.13（a）所示。

② 要选择资源进行编辑，请在资源编辑器中单击 ▤（打开/关闭资源浏览器），如图 2.13（b）所示。

③ 在资源浏览器中，在要编辑的资源上单击鼠标右键并单击"添加到编辑器"，如图 2.13（c）所示。

④ 在资源编辑器中，对资源进行所需的更改。

⑤ 要保存更改并继续编辑其他资源，需单击"应用"。要保存更改并关闭资源编辑器，需单击"确定"。

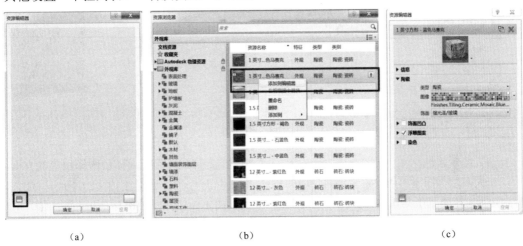

（a）　　　　　　　　（b）　　　　　　　　（c）

图 2.13　编辑材质资源

2.1.1.3　墙体修改与编辑

在 Revit 中选择墙体（高亮显示），如图 2.14（a）所示，即启动墙体修改命令。

Revit 中支持的墙体修改有：修改墙体位置尺寸，内外墙面翻转、阵列、旋转、（用间隙）拆分、修剪/延伸为角、修剪/延伸单个或多个图元、编辑轮廓、附着、分离等。最常用的为修剪/延伸、编辑轮廓、附着，如图 2.14（b）所示。

（1）尺寸调整

墙体创建后，可通过如下方式修改长度。

● 通过拖曳其两端端点调整长度，如图 2.14（a）所示。

● 通过修改墙的临时尺寸值调整长度，如图 2.14（b）所示。

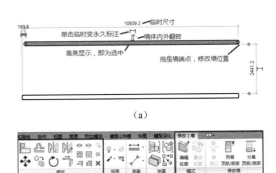

（a）

（b）

图 2.14　墙体修改与编辑

（2）墙体内外翻转

墙体创建时，沿墙创建的方向，左为外侧，右为内侧。创建要修改其内外关系，可选中墙

体，单击内外翻转符号[如图 2.14 墙体修改与编辑（a）所示]或单击空格键。

（3）墙体开洞

Revit 的墙洞口命令只能在直线墙或曲线墙上剪切矩形洞口。要剪切圆形或多边形洞口，见"（4）编辑墙轮廓"。

① 打开可访问的作为洞口主体的墙的三维视图、立面或剖面视图，选择要开洞的墙，如图 2.15（a）所示。

② 单击 ⊞（墙洞口），如图 2.15（b）所示。

③ 绘制一个矩形洞口，待指定了洞口的最后一点之后，将显示此洞口，如图 2.15（c）所示，此时可通过修改临时尺寸的值修改洞口的位置与大小。

④ 结束后，要修改洞口，在相应视图上选择洞口，可以使用拖曳控制柄修改洞口的尺寸和位置，也可以将洞口拖曳到同一面墙上的新位置，或通过修改临时尺寸修改洞口，如图 2.15（d）所示，结果如图 2.15（e）所示。

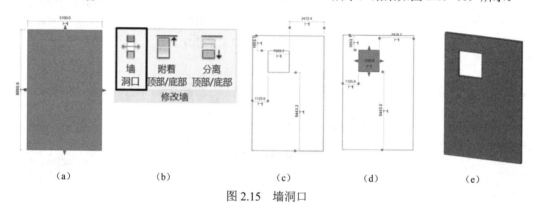

| (a) | (b) | (c) | (d) | (e) |

图 2.15　墙洞口

（4）编辑墙轮廓

在大多数情况下，当放置直墙时，墙的轮廓为矩形（在垂直于其长度的立面中查看时）。如果设计要求其他的轮廓形状，或要求墙中有洞口，如图 2.16 所示，可在剖面视图或立面视图中编辑墙的立面轮廓。

> 注：不能编辑弧形墙的立面轮廓，若要在弧形墙中放置矩形洞口，请使用"墙洞口"工具。

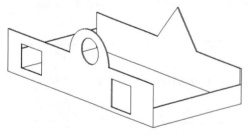

图 2.16　墙体编辑轮廓结果

① 在绘制区域选择墙，如图 2.17（a）所示，然后单击"修改 | 墙"选项卡 ➤ "模式"面板 ➤ ✎ "编辑轮廓"，如图 2.17（b）所示。

② 如果活动视图为平面视图，则将显示"转到视图"对话框，提示选择相应的立面视图或剖面视图，如图 2.17（c）所示。如，对于东西走向墙，可以选择"北"或"南"立面视图。

③ 当相应的视图打开时，墙的轮廓便以洋红色模型线显示，如图 2.17（d）所示。使用"修改"和"绘制"面板上的工具根据需要编辑轮廓，如图 2.17（e）和（f）所示。

④ 完成后，单击 ✔（完成编辑模式），结果如图 2.17（g）所示。

> 注：如果要将已编辑的墙恢复到其原始形状，需选择该墙，然后单击"修改 | 墙"选项卡 ➤ "模式"面板 ➤ 🔳（重设轮廓），如图 2.17（b）所示。

（5）墙体附着与分离的准则

图 2.18（a）所示为放置在墙上的坡屋顶，若想让墙紧贴屋顶坡度走向，如图 2.18（b）所示，并在修改屋顶的倾斜度时墙轮廓相应地发生变化，如图 2.18（c）所示，可用墙体附着实现。

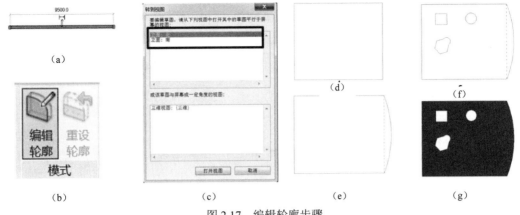

图 2.17 编辑轮廓步骤

图 2.18 墙体附着效果

> 注：墙体可以附着的图元为楼板、屋顶、天花板、参照平面，或位于正上方或正下方的其他墙。

墙体的附着与分离适用以下准则：

- 可将墙的顶部附着到非垂直的参照平面上；
- 可将墙附着到内建屋顶或内建楼板上；
- 如果墙的顶部已附着到了一个参照平面上，则当再将此顶部附着到第二个参照平面上时，此顶部将从第一个参照平面上分离；
- 可附着在同一个垂直平面中平行的墙，即位于彼此的正上方或正下方，如图 2.19（a）所示。

（6）将墙附着到其他图元

下面以将墙附着到上部墙体为例，讲解附着的操作步骤。

① 在绘图区域中，选择要附着到其他图元的一面或多面墙，如图 2.19（b）所示墙2。

② 单击"修改|墙"选项卡 ▶ "修改墙"面板 ▶ █ "附着顶部/底部"，如图 2.19（c）所示。

③ 在选项栏上，选择"顶部"或"底部"作为"附着墙"，如图 2.19（d）所示。

④ 选择墙 1（将附着到的图元），结果如图 2.19（e）所示。

（7）从其他图元分离墙

下面以将墙与上部墙体分离为例，讲解分离墙的操作步骤。

① 在绘图区域中，选择要分离的墙，如图 2.20（a）所示墙3。

② 单击"修改|墙"选项卡 ▶ "修改墙"面板 ▶ █ "分离顶部/底部"，如图 2.20（b）所示。

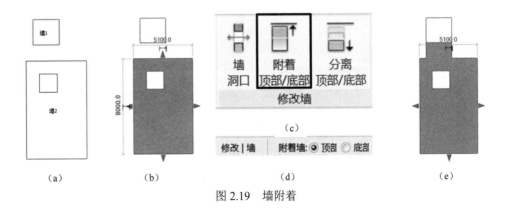

图 2.19 墙附着

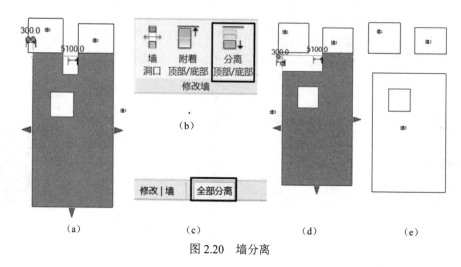

图 2.20　墙分离

③ 选择要从中分离墙的各个图元，如图 2.20（a）所示墙 1，结果如图 2.20（d）所示；如果要同时从所有其他图元中分离选定的墙（或不确定附着了哪些图元），单击选项栏上［图 2.20（c）］的"全部分离"，结果见图 2.20（e）。

（8）修剪与延伸

使用"修剪"和"延伸"工具可以修剪或延伸一个或多个图元至由相同的图元类型定义的边界，也可以延伸不平行的图元以形成角，或者在它们相交时对它们进行修剪以形成角。选择要修剪的图元时，光标位置指示要保留的图元部分。在修改面板上，有三个工具，如图 2.21 所示，从左至右分别为：修剪/延伸为角、修剪/延伸单个单元、修剪/延伸多个图元。各命令功能见表 2.3。

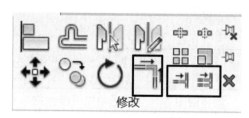

图 2.21　修剪与延伸命令

表 2.3　修剪/延伸命令汇总

命令	功能	操作
修剪/延伸为角	将两个所选图元修剪或延伸成一个角，如图 2.22（a）和（b）所示	1. 单击"修改"选项卡 ➤ "修改"面板 ➤ ⇥↑（修剪/延伸到角部）； 2. 选择需要将其修剪成角的图元时，如图 2.22（a）所示，请确保单击要保留的图元部分，结果如图 2.22（b）所示
修剪/延伸单个单元	将一个图元修剪或延伸到其他图元定义的边界，如图 2.22（c）和（d）所示 注：如果此图元与边界（或投影）交叉，则保留所单击的部分，而修剪边界另一侧的部分	1. 单击"修改"选项卡 ➤ "修改"面板 ➤ ⇥┃（修剪/延伸单一图元）； 2. 选择用作边界的参照，如图 2.22（c）所示，然后选择要修剪或延伸的图元，如图 2.22（c）所示，结果如图 2.22（d）所示
修剪/延伸多个图元	将多个图元修剪或延伸到其他图元定义的边界，如图 2.22（e）～（h）所示[①②]	1. 单击"修改"选项卡 ➤ "修改"面板 ➤ ⇥┃（修剪/延伸多个图元）； 2. 选择用作边界的参照，如图 2.22（e）所示； 3. 使用一个或以下两种方法来选择要修剪或延伸的图元： ● 单击以选择要修剪或延伸的每个图元，如图 2.22（f）所示； ● 在要修剪或延伸的图元周围绘制一个选择框，如图 2.22（g）所示

① 当从右向左绘制选择框时，图元不必完全包含在选中的框内。当从左向右绘制时，仅选中完全包含在框内的图元。

② 对于与边界交叉的任何图元，则保留所单击的图元部分；在绘制选择框时，会保留位于边界同一侧（单击开始选择的地方）的图元部分，而修剪边界另一侧的部分。

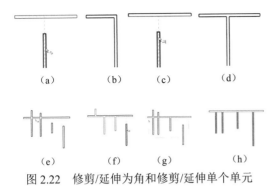

(a)   (b)   (c)   (d)

(e)   (f)   (g)   (h)

图 2.22　修剪/延伸为角和修剪/延伸单个单元

2.1.2　复合墙

Revit 中复合墙除有基本墙所有属性外，还有如下特性中的一种或几种：踢脚线、墙裙、分隔缝、墙饰条，也可以有高度材质或颜色变化等。

下面举一复合墙例子。创建外墙，外面有散水，800mm 高以下为 50mm 厚石材贴面，800mm 高以上为瓷砖贴面，交界处为砖分隔缝。内饰面为踢脚线，800mm 高蓝色墙裙，以上为白色涂料，交界处木制腰线（扶手）。墙体如图 2.23 所示。

步骤如下。

① 启动绘墙命令，按如所图 2.24 所示顺序设置。

② 进入编辑部件界面，按图 2.25 步骤①～⑤所示顺序设置墙体构造层、每层材质、相关层厚度。对于每面有材质颜色变化的（厚度相同），须设置其中一层厚度为零。

③ 点击预览，把视图调整为剖面，点击拆分区域，在左侧的剖面图中拆分墙体的构造层次，如图 2.25 步骤⑥～⑧所示。

④ 选择瓷砖贴面，点击下方的"指定层"，在左侧的剖面图选择瓷砖贴面层，如图 2.25 步骤⑨～⑩所示，同理设置内部墙体构造。此时瓷砖贴面层的厚度变为石材贴面的厚度，且不可更改。

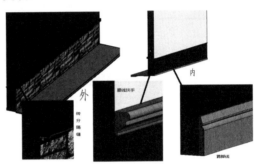

图 2.23　复合墙举例

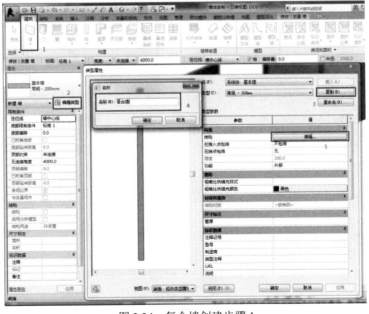

图 2.24　复合墙创建步骤 1

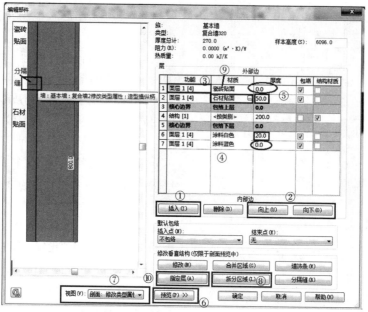

图 2.25　复合墙创建步骤 2

⑤ 创建踢脚线、分隔缝；点击所示的"墙饰条"，进入。按图 2.26 步骤①～③，先载入踢脚线轮廓族，再点击添加，点击上方"默认"中的箭头，选择前面载入的踢脚线轮廓族：木踢脚 1，设置边参数为内部，如图 2.26 中④所示。

⑥ 同理添加分隔缝。

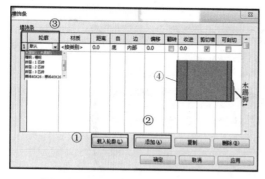

图 2.26　复合墙创建——添加墙饰条

2.1.3　叠层墙

叠层墙在 Revit 中为基本墙或复合墙的组合体，如图 2.27 所示。

下面举例说明其创建方法。某别墅外墙，底部为 360mm 厚石材墙，上部为 240mm 厚砖墙，如图 2.27 所示。

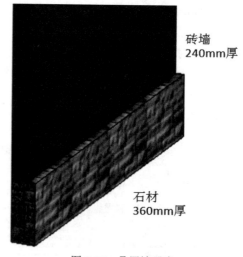

图 2.27　叠层墙示意

① 按一般墙体设置步骤，新建石材墙 360mm 厚，砖墙 240mm 厚。

② 进入墙体类型属性对话框，选择系统族：叠层墙，点击复制，新建叠层墙类型；如图 2.28 中①～②所示。

③ 点击③编辑，进入墙体编辑部件对话框，按图 2.28 中步骤④～⑥设置叠层墙；连续点击确定，结果如图 2.27 所示。

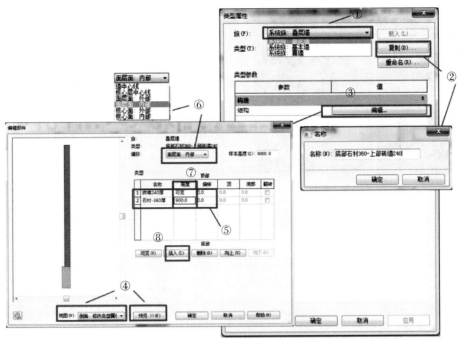

图 2.28　创建叠层墙步骤

2.1.4　幕墙

悬挂于外部骨架或楼板间的轻质外墙称幕墙,是建筑的外墙围护,不承重,像幕布一样挂上去,故又称为"帷幕墙",是现代大型和高层建筑常用的带有装饰效果的轻质墙体。幕墙由面板和支承结构体系组成,相对主体结构有一定位移能力或自身有一定抗变形能力。不承担主体结构作用的建筑外围护结构或装饰性结构如外墙框架式支承体系也是幕墙体系的一种。

与一般墙体相比,建筑幕墙有着很大的优势,客观上不可能被替代,主要有以下几方面原因:

- 具有很好的造型能力和装饰效果;
- 能够适应建筑围护结构的功能需求;
- 幕墙的使用可以大大减轻结构的重量,是超高层建筑的外围护结构的最佳选择;
- 能够承受地震、抵挡风雨;
- 容易维护、维修、清洗;
- 合理的设计可以取得很好的节能效果;

- 很容易安装其他设备,如 LED 灯光照明等。

2.1.4.1　幕墙的绘制与基本设置

Revit Architecture 中幕墙创建、路径和方法同墙,幕墙类型及各部分名称见图 2.29。Revit 默认建筑样板提供了三种幕墙类型:"幕墙"不预设网格,如图 2.29(a)所示;"店面或外部玻璃"预设了水平与竖向网格,如图2.29(b)和(c)所示。无论哪种幕墙,其默认的网格、竖梃、嵌板均可修改,组成丰富的立面外观,如图 2.30 所示。

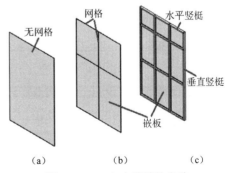

(a)　　　　　　(b)　　　　　　(c)

图 2.29　Revit 中幕墙的名称

图 2.30 Revit 中幕墙效果示例

下面举例说明：创建如图 2.30 左上角所示幕墙，尺寸自定的步骤。

① 启动墙绘制命令，在属性框架中选择类型——幕墙，点击编辑类型，初步设置网格间隔，或不设置，后面再修改。

② 选中幕墙，启动修改墙对话框，点击编辑轮廓，把上面的轮廓编辑为弧形。

③ 在建筑选项卡中启动点击幕墙网格，启动修改放置幕墙网格，按要求设置或手动画网格。

④ 选择需修改的幕墙嵌板，修改为墙或门。

选择要修改的幕墙，单击属性栏，编辑类型，打开类型属性对话框，进行相关构造设置：功能、自动嵌入、幕墙嵌板、连接条件，如图 2.31（a）所示，连接条件见图 2.31（b）。

基本墙的草图绘制、修改与编辑功能都适合于幕墙，下面将重点讲述幕墙所特有的创建、修改与编辑功能。

2.1.4.2 幕墙网格的创建与编辑

在 Revit 幕墙中，网格线用来定义放置竖梃的位置，并对嵌板进行分割。竖梃是分割相邻窗单元的结构图元。下面主要讲述幕墙网格的创建与修改。

（1）通过类型/实例属性添加或修改网格

选中幕墙，单击实例属性栏的"编辑类型"，打开幕墙的类型属性对话框，如图 2.31（a）所示。通过修改垂直网格和水平网格的布局和间距，可按设定的规律自动添加网格，如图 2.31（b）所示，目前 Revit 支持无（不添加网格）、固定距离、固定数量、最大间距、最小间距五种方式的网格自动布置，如图 2.31（c）所示。

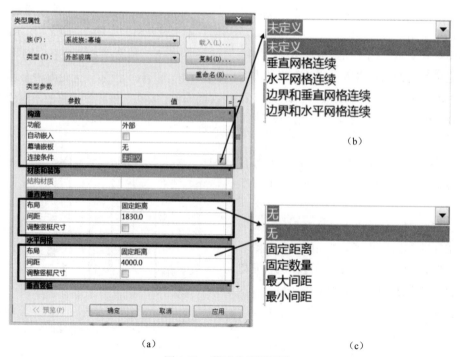

（a）　　　　　　　　　　　　　　　（c）

图 2.31 幕墙的类型属性

对正方式的修改方法为：选中幕墙，在实例属性栏，水平/垂直网格，在"对正"中修改相应的方式，如图2.32（a）所示。每种布局方式的功能如表2.4所示，当为固定距离，如果墙的长度不能被此间距整除，Revit会根据对正参数在墙的一端或两端插入一段距离。例如，如果墙长4.6m，而垂直间距是0.5m，且对正参数设置为"起点"，则Revit会从墙起点间距0.5m放置第一根轴线，到终点不足时，用0.1m补足，如图2.32（b）所示。其他两种对正方式，如图2.32（c）和（d）所示。

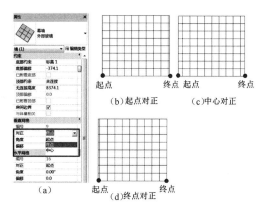

图 2.32　幕墙网格对正方式

表 2.4　水平/垂直幕墙网格布局参数含义

名　　　称		功　　能
布局 （沿幕墙长度设置幕墙网格线的自动垂直/水平布局）	无	不设置网格
	固定距离	表示根据垂直/水平间距指定的值来放置幕墙网格。如果墙的长度不能被此间距整除，Revit会根据对正参数在墙的一端或两端插入一段距离，如图2.32所示
	固定数量	表示可以为不同的幕墙实例设置不同数量的幕墙网格
	最大/小间距	表示幕墙网格沿幕墙长度方向等间距放置，其最大/小间距为指定的垂直/水平间距值
间距		当"布局"设置为"固定距离"或"最大/小间距"时启用。如果将布局设置为固定距离，则Revit将使用确切的"间距"值。如果将布局设置为最大/小间距，则Revit将使用不大/小于指定值的值对网格进行布局
调整竖梃尺寸		调整网格线的位置，以确保幕墙嵌板的尺寸相等（如果可能）。有时，放置竖梃时，尤其放置在幕墙主体的边界处时，可能会导致嵌板的尺寸不相等；即使"布局"的设置为"固定距离"，也是如此

（2）手动添加与修改网格

如果绘制了不带自动网格的幕墙，或幕墙网格没有一定规律，无法通过类型或实例属性自动布置，可手动添加/修改网格。

手动添加网格步骤如下。

① 在三维视图或立面视图进行网格添加。

② 单击"建筑"选项卡 ▶ "构建"面板 ▶ ⊞ （幕墙网格），如图2.33（a）所示。

③ 单击"修改 | 放置幕墙网格"选项卡 ▶ "放置"面板，然后选择放置方式，如图2.33（b）所示，每种方式的功能如表2.5所示。

④ 沿着墙体放置光标，会出现一条临时网格线，如图2.33（c）、（d）和（e）所示。

⑤ 单击以放置网格线，网格的每个部分（设计单元）将以所选类型的一个幕墙嵌板分别填充。

⑥ 完成后，单击Esc键。

⑦ 添加其他网格线（如有必要），或单击"修改"以退出该工具。

> 注：图2.33（e）所示为"除拾取外的全部"方式，放置网格线后为红色实线，再单击不需要放置网格线的部分显示为红色虚线（图中显示为粗虚线），单击重新放置幕墙网格即可。

表 2.5　手动添加网格命令

命　　令	说　　明
全部分段	在出现预览的所有嵌板上放置网格线段
一段	在出现预览的一个嵌板上放置一条网格线段
除拾取外的全部	在除了选择排除的嵌板之外的所有嵌板上放置网格线段

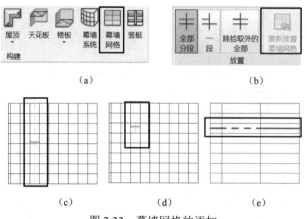

(a)   (b)

(c)   (d)   (e)

图 2.33　幕墙网格的添加

（3）幕墙轴网配置

举例说明。某矩形幕墙长 4.6m，高 4m，轴网间距 500mm，轴网布局以矩形中心为原点，角度 45°，偏移 100mm，如图 2.34（a）所示。

① 在三维视图或立面视图选中要修改的幕墙，如图 2.34（b）所示。

② 单击幕墙中间的配置轴网布局按钮，见图 2.34（b），结果如图 2.34（c）所示。

③ 在绘图区域或幕墙实例属性中修改相应参数起点、角度和偏移值，如图 2.34（d）所示，各参数含义见表 2.6。

④ 单击实例属性栏应用，结果如图 2.34（a）和（e）所示。

注：也可直接在绘图区拖动幕墙对正点，或单击幕墙上的数字进行修改，如图 2.34（a）所示。

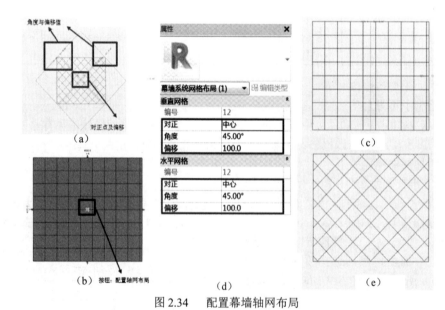

图 2.34　配置幕墙轴网布局

表 2.6　幕墙轴网配置参数

名称	说　明
对正	确定当网格间距无法平均分割幕墙图元面的长度时，网格沿幕墙图元面的间距。当网格线的数目由于参数或面尺寸的修改而发生改变时，"对正"还可确定首先删除或添加哪些网格线。起点会在放置第一个网格之前，在面的终点处添加一段距离。中心会在面的起点和终点添加相等的距离。终点会在放置第一个网格之前，在面的起点处添加一段距离

名称	说　明
角度	将幕墙网格旋转到指定角度。如果分别为各个面指定了角度值，则该字段中不会显示任何值。 有效值介于 89 和 －89 之间
偏移	从距网格对正点的指定距离开始放置网格；如将"对正"指定为"起点"，并输入 200mm 作为偏移，则第一个网格将被放置在距离面起点的 200mm 之处。 如果指定了面的偏移，则该字段中不会显示任何值

2.1.4.3　幕墙竖梃的创建与编辑

Revit 中幕墙的竖梃在建筑上通常为幕墙框架、龙骨或加劲肋：有水平竖梃、垂直竖梃、倾斜竖梃、边梃、角竖梃等形式。

（1）竖梃类型

Revit 中竖梃为系统族，有：圆形竖梃、矩形竖梃，4 种角竖梃 [L 形、V 形、梯形和四边形（不为 90°）]，如图 2.35 所示。可以创建新的竖梃类型，即用"公制轮廓-竖梃.RFA"族样板创建竖梃的轮廓，载入到项目中更改竖梃的轮廓，如图 2.36（a）所示，对于 4 种角竖梃，不能更改轮廓，只能添加类型，更改相应的尺寸，如图 2.36（b）所示。如要增加竖梃的截面类型，在项目浏览器中，找到相应的竖梃族类

型，选中，单击鼠标右键，复制，修改名称为所需要的。单击右键选择"类型属性"，打开类型属性对话框，可更改其尺寸，如厚度、尺寸标注等。

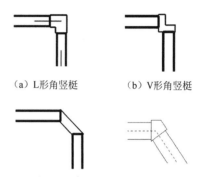

（a）L 形角竖梃　　　（b）V 形竖梃

（c）梯形角竖梃　　（d）四边形（不为 90°）竖梃

图 2.35　角竖梃类型

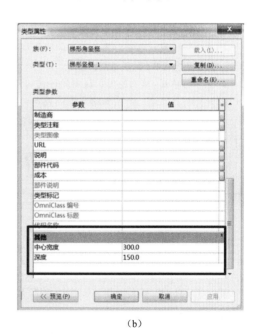

（a）　　　　　　　　　　　（b）

图 2.36　更改竖梃的轮廓

（2）竖梃的放置与修改

竖梃要放在幕墙网格线上，要先在要放置竖梃的位置添加网格线，然后有两种方式添加竖梃，一种是通过类型属性对话框设置，自动在有网格线处添加竖梃，如图 2.37（b）所示；

另一种方式为手动添加，步骤如下。

① 将幕墙网格添加到幕墙或幕墙系统中，方法见 2.1.4.2 幕墙网格的创建与编辑，结果和设置见图 2.37（a）和（b）。

② 单击"建筑"选项卡 ▶ "构建"面板

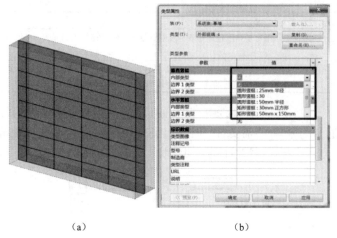

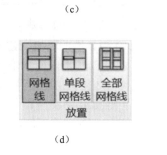

（a）　　　　　　　　　　　　（b）　　　　　　　　　（d）

图2.37　竖梃的添加

▶ ⊞（竖梃），如图2.37（c）所示。

③ 在类型选择器中，选择所需的竖梃类型。

④ 在"修改 | 放置竖梃"选项卡 ▶ "放置"选项卡上，选择下列工具之一，如图2.37（d）所示。

- 网格线：单击绘图区域中的网格线时，此工具将跨整个网格线放置竖梃。
- 单段网格线：单击绘图区域中的网格线时，此工具将在单击的网格线的各段上放置竖梃。
- 全部网格线：单击绘图区域中的任何网格线时，将在幕墙的所有网格线上放置竖梃。

⑤ 在绘图区域，根据所选工具，在网格线上放置竖梃。

> 注：竖梃根据网格线调整尺寸，并自动在与其他竖梃的交点处进行拆分。

2.1.4.4　幕墙嵌板的创建与编辑

（1）幕墙嵌板的连接、分割

幕墙嵌板为幕墙网格之间的图元，可以将幕墙嵌板修改为任意墙类型以及幕墙嵌板族。软件通过幕墙网格对嵌板进行分割，删除相邻的幕墙嵌板间的网格，嵌板则连为整体。如要分割某块嵌板，通过在分割处创建网格即可，关于幕墙网格的创建见"2.1.4.2幕墙网格的创建与编辑"。

（2）幕墙嵌板的替换

可以将幕墙嵌板修改为任意墙类型，如基本墙、叠层墙和幕墙，也可以将幕墙嵌板用门

窗幕墙嵌板代替。

步骤如下。

① 选中要替换的幕墙嵌板，可用 Tab 键切换，如图2.38（a）所示。

② 在实例属性栏中单击"编辑类型"，如图2.38（b）所示。

③ 在类型属性对话框中，切换相应的族，在类型栏中，选择相应的类型，如图2.38（c）所示。

④ 如果没有所需要的族，可以单击载入，添加相应的幕墙嵌板族。

> 注：所支持的嵌板族包括，基本墙、叠层墙和幕墙、幕墙门窗嵌板族。

（3）幕墙嵌板的修改

如果要在幕墙嵌板上开一个洞口，如通风孔，可通过将嵌板作为内建图元进行编辑来创建洞口，如在图2.39（f）所示幕墙嵌板，开一圆形洞口。

① 选择一个幕墙嵌板，然后单击"修改 | 幕墙嵌板"选项卡 ▶ "模型"面板 ▶ "在位编辑"，如图2.39（a）和（b）所示。

② 请单击"创建"选项卡 ▶ "形状"面板 ▶ "空心形状" ▶ "拉伸"，如图2.39（c）所示。

③ 在草图模式下，绘制圆形，如图2.39（d）所示，单击✔（完成编辑模式），如图2.39

（e）所示。

④ 单击完成模型，如图 2.39（f）所示。

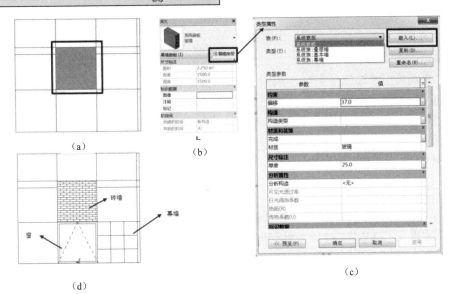

图 2.38　幕墙嵌板的替换

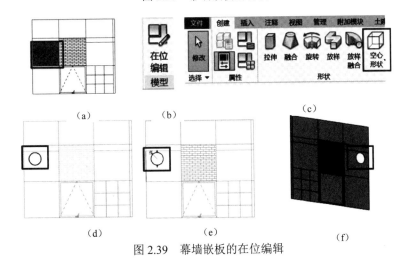

图 2.39　幕墙嵌板的在位编辑

2.1.4.5　幕墙系统介绍

幕墙系统也叫面幕墙系统，是一种构件，由嵌板、幕墙网格和竖梃组成。可在任何体量面或常规模型面上创建幕墙系统。幕墙系统没有可编辑的草图，无法编辑幕墙系统的轮廓，网格的添加与修改同幕墙。如要编辑草图或轮廓，则要用幕墙创建。

例：在如图 2.40（a）所示体量表面创建幕墙，底部圆半径 4.25m，半球高 4.75m。步骤如下。

① 单击"体量和场地"选项卡 ➤ "面模型"面板 ➤ 🗔（幕墙系统），"建筑"选项卡 ➤ "构建"面板 ➤ 🗔（幕墙系统）。

② 在类型选择器中，选择一种幕墙系统类型。

③（可选）要从一个体量面创建幕墙系统，

请单击"修改 | 放置面幕墙系统"选项卡 ➤ "多重选择"面板 ➤ ▣（选择多个）以禁用它（默认情况下，处于启用状态），如图 2.40（b）所示。

④ 移动光标以高亮显示某个面。单击以选择该面。如果已清除"选择多个"选项，则会立即将幕墙系统放置到面上。

⑤ 如果已启用"选择多个"，请按如下操作选择更多体量面。

- 单击未选择的面以将其添加到选择中，单击所选的面以将其删除。
- 光标将指示是正在添加 (+) 面还是正在删除（-）面。
- 要清除选择并重新开始选择，请单击"修改 | 放置面幕墙系统"选项卡 ➤ "多重选择"面板 ➤ ▣（清除选择），如图 2.40（b）所示。
- 在所需的面处于选中状态下，单击"修改 | 放置幕墙系统"选项卡 ➤ "多重选择"面板 ➤ "创建系统"，结果如图 2.40（c）所示。

　（a）　　　　（b）　　　　（c）
图 2.40　创建幕墙系统

2.1.5　面墙

使用"面墙"工具，通过拾取面从体量实例创建墙。此工具将墙放置在体量实例或常规模型的非水平面上。

下面以从体量面创建墙为例，讲解面墙创建的功能，从常规模型的面上创建墙的步骤可参照从体量创建面墙。

① 打开显示体量的视图，如三维视图，如图 2.41（a）所示。

② 单击"体量和场地"选项卡 ➤ "面模型"面板 ➤ ▯（面墙），或"建筑"选项卡 ➤ "构建"面板 ➤ "墙"下拉列表 ➤ ▯（面墙），或"结构"选项卡 ➤ "结构"面板 ➤ "墙"下拉列表 ➤ ▯（面墙）。

③ 在类型选择器中，选择一个墙类型。

④ 在选项栏上，选择所需的标高、高度、定位线的值。

⑤ 移动光标以高亮显示某个面，如图 2.41（b）所示。

⑥ 单击以选择该面，系统会立即将墙放置在该面上，如图 2.41（c）所示，同理创建其他墙，如图 2.41（d）所示。

⑦ 隐藏或删除体量后，如图 2.41（e）所示。

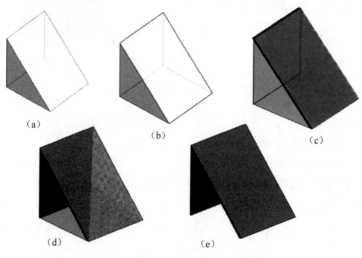
　（a）　　　　　　　　（b）　　　　　　　　（c）
　　　　　（d）　　　　　　　　（e）
图 2.41　面墙创建

⑧ 单击"Esc"，退出"墙"工具。

注：体量或常规模型的介绍见本书"第 12 章族创建和第 13 章体量的创建"。

2.2 楼板和天花板

2.2.1 楼板

建筑楼板的功能主要为：承受传递荷载、分隔围护空间、隔声、保温等，其构造组成从上到下依次为：面层、（附加层）、结构层、顶棚。具体请参照相关书籍或图集。

2.2.1.1 普通楼板的创建

Revit 中楼板为主体图元，Revit 支持结构楼板、建筑楼板、面楼板的创建，创建方法有：草图绘制模式和拾取体量楼层（面楼板）生成楼板，如表 2.7 所示，面楼板的创建见 2.2.1.4 面楼板创建。

表 2.7　楼板创建

方　式	路　径	绘 制 方 式①
快捷命令	SB（结构楼板）	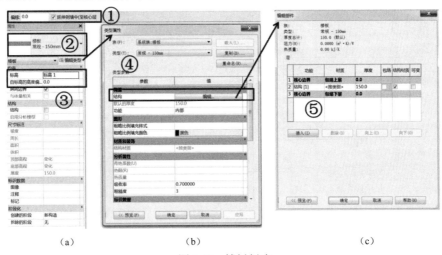
鼠标操作	"建筑"选项卡 ➤"构建"面板 ➤"楼板"下拉列表 （楼板：建筑）； "结构"选项卡 ➤"结构"面板 ➤"楼板"下拉列表 （楼板：建筑）	

① 跨方向指金属波纹板的方向与楼板边的关系。

选择了楼板的绘制方式后，还要进行相关的设置，见图 2.42。

- 选项栏：如图 2.42 所示。
- 偏移：设置楼板边界相对于拾取的墙的偏移值；当勾选"延伸至墙中（至核心层）"时，则与墙的外边缘对齐，不勾选时与墙的内边缘齐。
- 类型容器：可选择楼板的类型。
- 实例属性：楼板标高与偏移值的设定。
- 类型属性：楼板的类型属性设置。

- 编辑部件：楼板构造层次的设置，同墙体。下面以建筑楼板为例讲解。

举例：根据图 2.43 中给定的尺寸及详图大样新建楼板，顶部所在标高为±0.000，命名为"卫生间楼板"，构造层保持不变，水泥砂浆层进行放坡，并创建洞口，将模型以"楼板"为文件名保存。

　　（a）　　　　　　　　（b）　　　　　　　　（c）

图 2.42　楼板创建

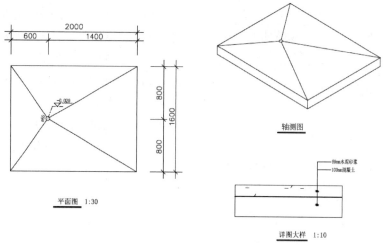

图 2.43　楼板举例

① 新建项目，选择建筑样板，按要求保存与命名文件。

② 打开标高 1 视图（默认为标高为±0.000），并启动楼板命令，按图 2.44 设置。

③ 选择矩形绘制方式，建如图 2.43 平面图所示轮廓，并确定。

④ 用修改子图元，在参照平面交点处添加−20 的点，如图 2.45 所示。

⑤ 用竖井命令，为楼板地漏开洞："建筑"选项卡 ▶ "洞口"面板 ▶ ▓▓（竖井），如图 2.46 所示。

> 注：本题楼板开洞也可以通过编辑楼板轮廓边界实现，具体步骤读者自行练习。

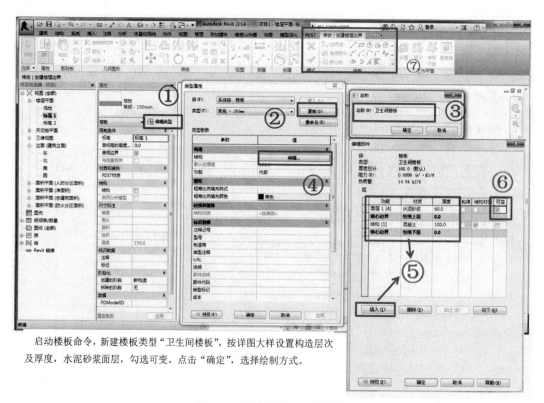

启动楼板命令，新建楼板类型"卫生间楼板"，按详图大样设置构造层次及厚度，水泥砂浆面层，勾选可变。点击"确定"，选择绘制方式。

图 2.44　创建楼板，参数设置

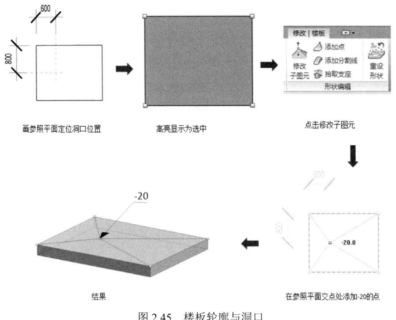

图 2.45　楼板轮廓与洞口

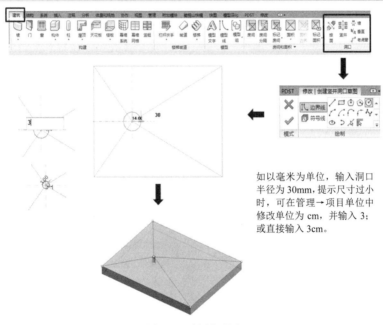

如以毫米为单位，输入洞口半径为30mm，提示尺寸过小时，可在管理→项目单位中修改单位为 cm，并输入 3；或直接输入 3cm。

图 2.46　楼板开洞

2.2.1.2　斜楼板的绘制

用坡度箭头控制楼板的倾斜方向，可实现斜楼板的绘制，在属性控制面板下设置"尾高度偏移"或"坡度"值，可控制楼板的倾斜度。

① 启动绘制楼板命令，绘制楼板轮廓。

② 绘制坡度箭头，如图2.47（a）所示。

③ 在实例属性栏中"限制条件→指定"中，选择坡度的限制方式：尾高或坡度，如图2.47（b）所示。

④ 结果如图2.47（c）所示。

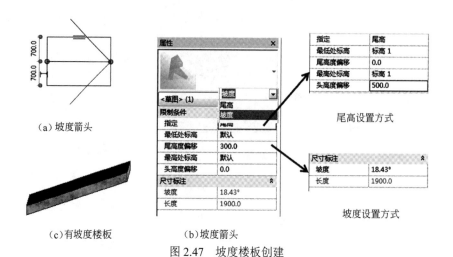

（a）坡度箭头

（c）有坡度楼板　　（b）坡度箭头

图 2.47　坡度楼板创建

2.2.1.3　楼板边缘构件

　　"楼板边缘"同墙体的"墙饰条"和"分割缝"一样属于主体放样对象，其放样的主体是楼板。像阳台楼板下滴檐、建筑分层装饰条、檐沟等对象都可以用"楼板边缘"命令通过拾取楼板边创建。主要步骤如下。

　　① "建筑"选项卡 ➤ "构建"面板 ➤ "楼板"下拉列表 ➤ （楼板：楼板边）或"结构"选项卡 ➤ "结构"面板 ➤ "楼板"下拉列表 ➤ （楼板：楼板边）。

　　② 在类型容器中选择楼板边缘的类型，如图 2.48 中①所示。如没有所需类型，可通过单击"编辑类型"，在类型属性中新建类型，设置楼板边缘族，如图 2.48 中②和③所示。

　　③ 高亮显示楼板水平边缘，并单击鼠标以放置楼板边缘。

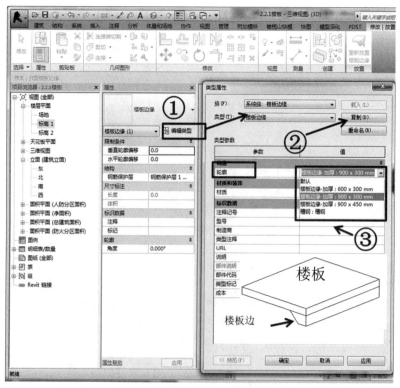

图 2.48　创建楼板边缘

④ 要完成当前的楼板边缘，请单击"修改 | 放置楼板边缘"选项卡 ➤ "放置"面板 ➤ ⤚ （重新放置楼板边缘）。

⑤ 要开始其他楼板边缘，请将光标移动到新的边缘并单击以放置。

⑥ 按 Esc 退出。

2.2.1.4 面楼板的创建

面楼板即从体量实例创建楼板，通过选择体量实例的面创建楼板，如图 2.49 所示。步骤如下。

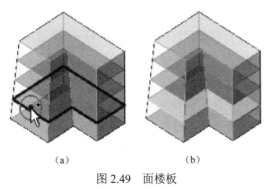

（a）　　　　　　（b）

图 2.49　面楼板

① 将标高添加到项目中（如果尚未执行该操作），打开显示概念体量模型的视图（本例选三维视图），把体量插入到项目中，如图 2.50（a）所示。

② 选择体量，单击"修改|体量"选项卡 ➤ "模型"面板 ➤ ⬢ （体量楼层），如图 2.50（b）所示。

③ 在弹出的体量楼层标高选择对话框，选择要生成体量楼层的标高，如图 2.50（c）所示，则在相应的标高位置生成楼层，如图 2.50（d）和（e）所示。

> 注：体量楼层基于在项目中定义的标高而生成体量楼层。

④ 单击"体量和场地"选项卡 ➤ "面模型"面板 ➤ ⬢ （面楼板），或单击"建筑"选项卡 ➤ "构建"面板 ➤ "楼板"下拉列表 ➤ ⬢ （面楼板）。

⑤ 在类型选择器中，选择一种楼板类型。

⑥（可选）要从单个体量面创建楼板，请单击"修改 | 放置面楼板"选项卡 ➤ "多重选择"面板 ➤ 🖳 （选择多个）以禁用此选项，默认情况下，处于启用状态，如图 2.51（a）所示。

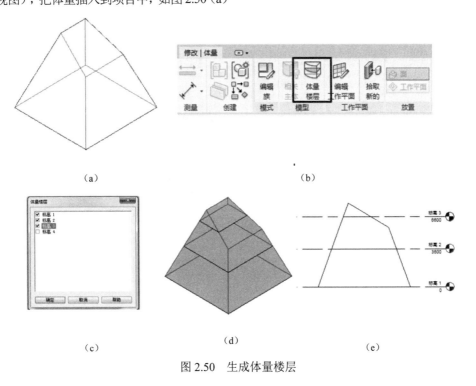

（a）　　　　　　　　　　　（b）

（c）　　　　　　（d）　　　　　　（e）

图 2.50　生成体量楼层

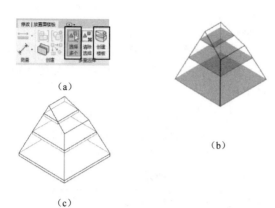

（a）

（b）

（c）

图 2.51　面楼板创建

光标将指示正在添加（＋）体量楼层或是正在删除（−）体量楼层。

2. 要清除整个选择并重新开始，请单击"修改|放置面楼板"选项卡 ▶ "多重选择"面板 ▶ 🔲（清除选择）。

3. 选中需要的体量楼层后，单击"修改 | 放置面楼板"选项卡 ▶ "多重选择"面板 ▶ "创建楼板"。

⑦ 移动光标以高亮显示某一个体量楼层，如图 2.51（b）所示。

⑧ 单击以选择体量楼层，如果已清除"选择多个"选项，则立即会有一个楼板被放置在该体量楼层上。

⑨ 如果已启用"选择多个"，请选择多个体量楼层。

⑩ 选择完毕，单击创建楼板，如图 2.50（a）所示，结果如图 2.51（c）所示。

注：1. 单击未选中的体量楼层即可将其添加到选择中。单击已选中的体量楼层即可将其删除。

2.2.2　天花板

在建筑专业设计中，天花板用得比较少，一般到后期机电安装、室内装修时才用到。除自动天花板的创建方法外，其他天花板的创建和编辑方法同楼板完全一样。

Revit 可根据墙边界自动生成天花板，也可以绘制其边界创建天花板。天花板也是系统族，有两种：基本天花板和复合天花板。基本天花板为没有厚度的平面图元，表面材料样式可应用于基本天花板平面，如图 2.52（a）所示，复合天花板可像墙体楼板一样定义各层材料及厚度，如图 2.52（b）所示。

（a）

（b）

图 2.52　天花板族

2.2.2.1 自动创建天花板

① 打开天花板平面视图。

② 单击"建筑"选项卡 ➤ "构建"面板 ➤ 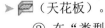（天花板）。

③ 在"类型选择器"中，选择一种天花板类型。

④ 默认情况下，"自动天花板"工具处于活动状态，如图 2.53（a）所示。在单击构成闭合环的内墙时，该工具会在这些边界内部放置一个天花板，而忽略房间分隔线，如图 2.53（b）所示。

2.2.2.2 绘制天花板边界

① 打开天花板平面视图。

② 单击"建筑"选项卡 ➤ "构建"面板 ➤ （天花板）。

③ 在"类型选择器"中，选择一种天花板类型。

④ 单击"修改 | 放置天花板"选项卡 ➤ "天花板"面板 ➤ （绘制天花板），如图 2.53（b）所示。

⑤ 使用功能区上"绘制"面板中的工具，如图 2.53（c）所示，可用绘制来定义天花板边界的闭合环，如图 2.53（d）所示。

⑥（可选）要在天花板上创建洞口，请在天花板边界内绘制另一个闭合环，如图 2.53（d）所示。

⑦ 在功能区上，单击 ✔（完成编辑模式）。

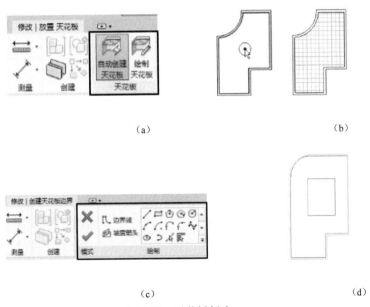

（a）　　　　　　　　　　　　（b）

（c）　　　　　　　　　　　　（d）

图 2.53　天花板创建

2.3　屋顶

屋顶是建筑的重要组成部分，为最上层覆盖的外围护结构，其基本功能是抵御自然界的不利因素，使下部空间有一个良好的使用环境。首先，屋顶应具有良好的抵御风、霜、雨、雪侵袭功能，防止雨水渗漏；其次，屋顶应具有良好的保温隔热功能；最后，屋顶应具有良好的通风采光功能。屋顶的形式很多，从外形看主要有平屋顶、坡屋顶、曲面屋顶三大类。屋顶的构造层次可参见房屋建筑学或相关书籍。

Revit 提供了多种建屋顶的工具，如迹线屋顶、拉伸屋顶、面屋顶等常规创建工具，支持基本屋顶系统族和玻璃斜窗系统族。对于特殊造型的屋顶，还可通过内建模型或面屋顶创建。

Revit 能创建的屋面形式有：平屋顶、坡屋顶（多种形式）、圆锥屋顶、曲面屋顶、天窗式屋顶（玻璃斜窗族）和特殊屋顶（内建模型）。

2.3.1 迹线屋顶与玻璃斜窗

通过创建封闭的轮廓线，设置坡度，自动生成屋顶。能创建平屋顶、坡屋顶（单坡、双坡、多坡）、圆（锥）屋顶，双重斜坡屋顶等，如图 2.54 所示。屋顶命令的启动方式及绘制方式如表 2.8 所示。

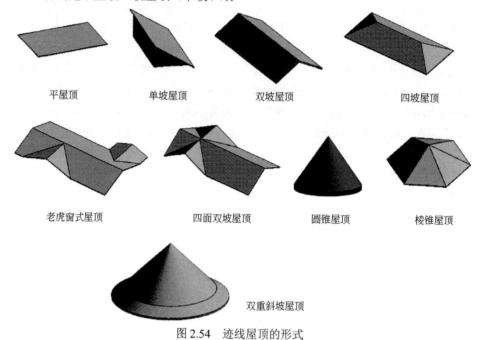

| 平屋顶 | 单坡屋顶 | 双坡屋顶 | 四坡屋顶 |

| 老虎窗式屋顶 | 四面双坡屋顶 | 圆锥屋顶 | 棱锥屋顶 |

双重斜坡屋顶

图 2.54　迹线屋顶的形式

表 2.8　迹线屋顶命令启动与绘制方式

方　式	路　　径	迹线屋顶绘制方式
快捷命令	无	
鼠标操作	"建筑"选项卡 ▶ "构建"面板 ▶ "屋顶"下拉列表 ▶ （迹线屋顶）； "建筑"选项卡 ▶ "构建"面板 ▶ "屋顶"下拉列表 ▶ （拉伸屋顶）； "建筑"选项卡 ▶ "构建"面板 ▶ "屋顶"下拉列表 ▶ （迹线屋顶）或 （拉伸屋顶），类型选玻璃斜窗； "建筑"选项卡 ▶ "构建"面板 ▶ "屋顶"下拉列表 ▶ （面屋顶）；或"体量和场地"选项卡 ▶ "面模型"面板 ▶ （面屋顶）	（PDST 修改｜创建屋顶迹线 边界线 坡度箭头 模式 绘制）

2.3.1.1　平屋顶

Revit 中用楼板和迹线屋顶都可创建平屋顶，区别是操作方式和明细表统计时所归属的类不同。用板创建平屋顶见上节楼板，用迹线创建平屋顶较为简单，步骤如下。

① "建筑"选项卡 ▶ "构建"面板 ▶ "屋顶"下拉列表 ▶ （迹线屋顶）。

② 取消勾选定义坡度，选择屋顶类型，选择系统族基本屋顶，定义构造层次。

③ 选择绘制方式，进行绘制；如图 2.55 所示。

> 注：如果试图在最低标高上添加屋顶，则会出现一个对话框，提示用户将屋顶移动到更高的标高上，如图 2.56 所示。

取消勾选定义坡度，即可创建平屋顶

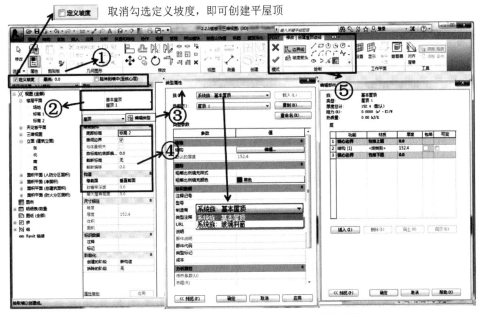

图 2.55　创建平屋顶步骤（①~⑤步，无严格顺序）

2.3.1.2　坡屋顶

创建坡屋顶的步骤同平屋顶，需要在图 2.55 第①步中勾选定义坡度，在类型属性中定义坡度值即可。下面以图 2.57 为例讲解坡屋顶的创建与编辑。

例：按照图 2.57 平、立面图绘制屋顶，屋顶板厚均为 125mm，其他建模所需尺寸可参考平、立面图自定，结果以"屋顶"为文件名保存。

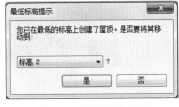

图 2.56　屋顶标高提示

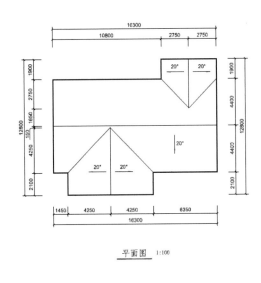

平面图　1:100

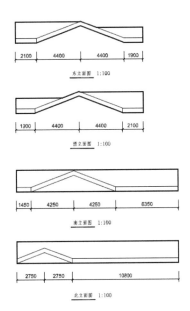

图 2.57　坡屋顶尺寸

① "建筑"选项卡 ➤ "构建"面板 ➤ "屋顶"下拉列表 ➤ 🚩 （迹线屋顶）。

② 类型选基本屋顶：常规－125mm 或自定义，勾选坡度，坡度定义为20°，以矩形方式绘制，矩形迹线屋顶：*FHNL*，尺寸按图2.57所示，过程见图2.58（a）、（b）。

③ 用拆分图元，在 *FH*、*LN* 和 *NH* 上增加点 *A*、*B* 和 *M*、*D*，用绘线方式添加相应迹线，*AE*、*BJ* 和 *MC*，删除多余的迹线，并用修剪命令编辑，见图2.58（c），结果如图2.58（d）所示。

④ 确保每条迹线的坡度为20°，单击 ✔️（完成编辑模式），结果如图2.58（e）所示。

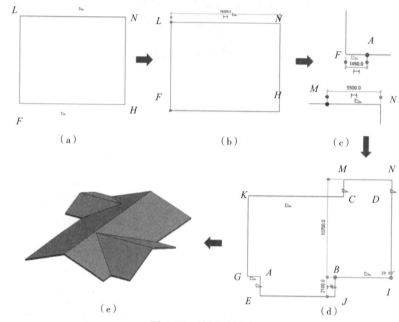

图2.58　坡屋顶创建

思考：若图2.58（d）中 *A* 点和 *E* 点重合，*B* 点和 *J* 点重合，图2.59（d）所示屋顶如何创建？

2.3.1.3　老虎窗屋顶

图2.59为老虎窗的一种形式，可通过迹线屋顶完成。创建步骤如下。

① 步骤参照图2.58（a）～（d），不过 *A* 和 *E* 重合，*B* 和 *J* 重合，如图2.59（a）所示。

② 取消 *AB* 迹线的坡度，在 *AB* 迹线上添加坡度箭头。捕捉 *A* 点和 *AB* 的中点，捕捉 *B* 点和 *AB* 的中点，如图2.59（b）所示。

③ 设置坡度：选择两个坡度箭头，在"属性"选项板中，设置"指定"参数为"坡度"，"尾高度偏移"为0，"坡度"为20°，如图2.59（c）所示。

④ 在功能区单击 ✔️（完成编辑模式）即可创建图2.59（d）所示老虎窗屋顶。

2.3.1.4　圆锥与棱锥屋顶

图2.54 中所示圆锥屋顶与棱锥屋顶的创建步骤如下。

① 启动迹线屋顶命令，绘制方式为圆形，绘制半径为 *R* 的圆形迹线。

② 设置相应坡度，即可绘制圆锥屋顶。

③ Esc 退出绘制模式，选择绘制的圆形迹线，在属性栏中设置"完全分段的数量" *n* 的值分别为6和16，如图2.60所示，即可绘制 *n* 边形棱锥屋顶。

注：也可用绘制内（外）接正多边形的命令直接绘制。

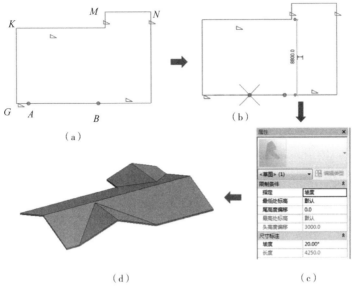

（a）

（b）

（c）

（d）

图 2.59　老虎窗屋顶创建

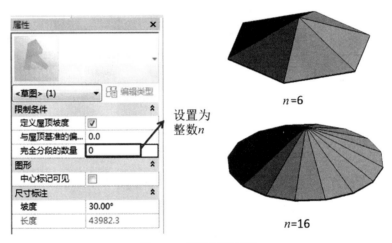

n=6

n=16

设置为
整数n

图 2.60　棱锥屋顶创建

2.3.1.5　双重斜坡屋顶

对于一些复杂的坡屋顶，用一个屋顶不能生成，可以分别创建两个或几个屋顶组合而成。方法：先创建一个屋顶，设置"截断标高"和"截断偏移"，从中间截断屋顶并删除顶部部分，然后在上面再创建一个屋顶。

根据图 2.61 给定数据创建屋顶，i 表示屋面坡度，请将模型以"圆形屋顶"为文件名保存。

① 启动迹线屋顶命令，在默认标高（如标高 2）以圆的方式绘制底部的圆锥屋顶，在属性栏中设置屋顶类型，厚度为 100，截断偏移为 1000，坡度为 1∶2，如图 2.62（a）所示，确定结果如图 2.62（b）所示。

② 再次启动迹线屋顶命令，在标高 2 上，在相对应位置以圆的方式绘制上部的圆锥圆顶，属性按图 2.62（c）设置，如图 2.62（d）所示，确定结果如图 2.62（e）所示。

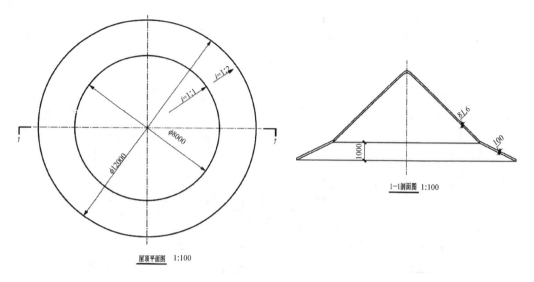

图 2.61　双重斜屋顶的创建

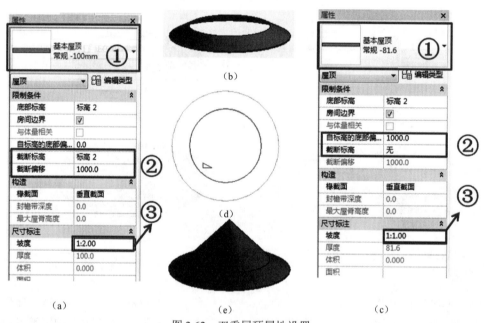

图 2.62　双重屋顶属性设置

2.3.1.6　玻璃斜窗屋顶

玻璃斜窗屋顶是 Revit Archictecture 提供的屋顶系统族，用于有采光要求的透明玻璃屋顶，其既具有屋顶的功能，又具有幕墙的功能，用创建迹线屋顶的方法来创建是最有效、最快捷的。步骤如下。

① 启动迹线绘制屋顶命令，设置坡度，选择或新建类型名称——玻璃斜窗，如图

2.63 步骤②，或在类型属性编辑器的系统族中选择玻璃斜窗，新建类型，如图 2.63 步骤③和⑤所示。

② 设置玻璃斜窗的实例属性与类型属性，如图 2.63 步骤④和⑥所示。

③ 参照上述创建迹线，功能区单击 ✔（完成编辑模式），如图 2.63 右下所示。

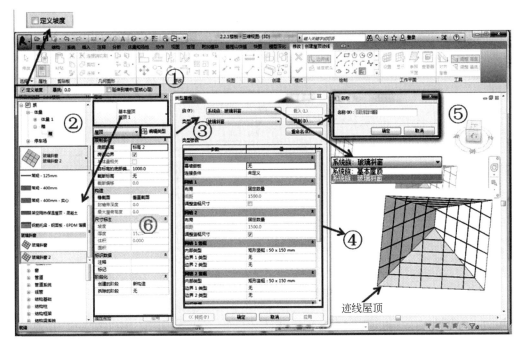

注：上述步骤没有严格的顺序关系。

图 2.63　迹线方式创建玻璃斜窗

2.3.2　迹线屋顶的编辑

选中要编辑的迹线屋顶，单击功能区"编辑迹线"启动"修改｜屋顶>编辑迹线"命令，进行如下操作。

① 可通过草图方式对屋顶迹线形式进行编辑，图 2.64 中①所示。

② 也可通过修改屋顶的实例属性与类型属性对屋顶的标高、类型名称、系统族、构造层次、坡度等进行编辑，如图 2.64 中步骤②和③所示。

③ 如果选中某条迹线时，出现所选迹线的属性，如图 2.64 中④所示，可修改其实例属性如坡度。

④ 类型的创建、名称的修改、构造层次和材质的创建可参见墙。

注：修改图 2.64 中②所示的坡度，是选中的屋顶迹线的属性，即修改的所有迹线轮廓的坡度，修改图 2.64 中④中的坡度，是修改所选的单条迹线的坡度。如所选迹线的坡度不同，则在

图 2.64 中③中坡度一栏为空，如图 2.64 中⑤所示。

2.3.3　拉伸屋顶的创建与编辑

2.3.3.1　拉伸屋顶的创建

对不能通过绘制屋顶迹线、定义坡度线创建的屋顶，如屋顶横断面为有固定厚度的规则形状断面的屋顶，例如波浪形断面屋顶，则可用"拉伸屋顶"命令创建。步骤如下。

① 单击"建筑"选项卡 ▶ "构建"面板 ▶ "屋顶"下拉列表 ▶ ◢ （拉伸屋顶）。

② 指定工作平面，可通过名称或拾取方式指定，如图 2.65（a）所示。如选择图 2.65（b）中③所示的平面，可单击功能面板中的"显示"，让选择的参照平面在三维状态下显示，如图 2.65（b）中的①所示，也可单击查看器，让参照平面单独显示，如图 2.65（b）中②所示。

③ 在"屋顶参照标高和偏移"对话框中，为"标高"选择一个值。默认情况下，将选择项目中最高的标高。

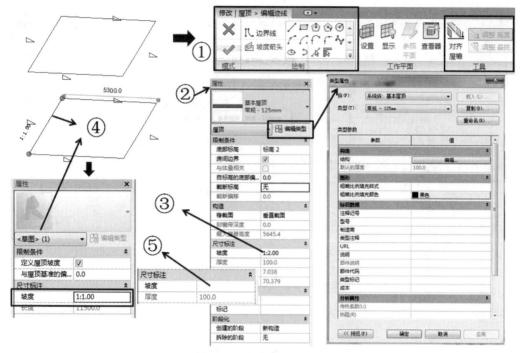

图 2.64　迹线屋顶的编辑

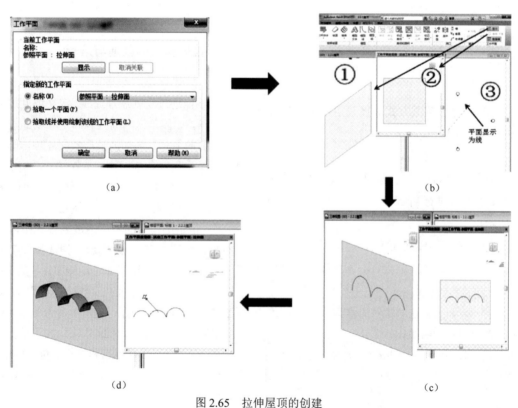

图 2.65　拉伸屋顶的创建

④ 要相对于参照标高提升或降低屋顶，请为"偏移"指定一个值。

⑤ 绘制开放环形式的屋顶轮廓，如图 2.65（c）所示。

⑥ 单击 ✔（完成编辑模式），结果如图 2.65（d）所示。

> 注：拉伸屋顶的轮廓，必须是开放连续的。

2.3.3.2 拉伸屋顶的编辑

选中拉伸屋顶，即启动拉伸屋顶的编辑命令，可做如下编辑：

- 单击"编辑轮廓"，可以编辑拉伸屋顶的轮廓，如图 2.66 步骤③～⑤所示；
- 单击"拾取新的"，为屋顶拾取新的工作面，如图 2.66 步骤⑥所示；
- 修改实例属性中的"拉伸起点"和"拉伸终点"控制屋顶的长度，点击或输入起点相对于拉伸工作平面的位置，如图 2.66 步骤⑦所示；
- 类型和构造层次的添加修改，见前述。

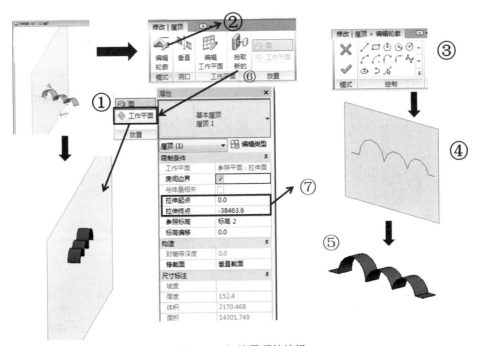

图 2.66　拉伸屋顶的编辑

2.3.4　面屋顶的创建与编辑

（1）面屋顶的创建

和面墙一样，Revit 可以拾取已有体量或常规模型族的表面创建有固定厚度的异型曲面、平面屋顶或玻璃斜窗。步骤如下。

① 打开显示体量的视图，或载入体量。

②"建筑"选项卡 ➤"构建"面板 ➤"屋顶"下拉列表 ➤ ⬡（面屋顶），或单击"体量和场地"选项卡 ➤"面模型"面板 ➤ ⬡（面屋顶）。

③ 在类型选择器中，选择一种屋顶类型。如果需要，可以在选项栏上指定屋顶的标高。

④ 移动光标以高亮显示某个面，单击以选择该面，如图 2.67 所示。

⑤ 点击功能面板创建屋顶。

> 注：1. 如果单击"修改|放置面屋顶"选项卡 ➤"多重选择"面板 ➤ 🖱（选择多个）以禁用它（默认情况下，处于启用状态）。则选择面后，会立即将屋顶放置到面上。否则选择面后再点击功能面板"创建屋顶"才能创建并显示屋顶。如果要"选择多个"面来创建屋顶，请选择更多的体量面。
> 2. 不要为同一屋顶同时选择朝上的面和朝下的面。
> 3. 如果希望生成的屋顶嵌板既包含朝上的面又包含朝下的面，请将体量拆分为两个面，以

便每一面完全朝上或完全朝下。然后从朝下面创建一个或多个屋顶，从朝上面创建一个或多个屋顶，如图2.67所示。

4. 要选择体量的顶（底）面，不能选择体量的侧面或端面生成屋顶。

（2）面屋顶的编辑

通过面屋顶而创建的屋顶，其实例属性和类型属性同前。面屋顶的编辑功能包括"重新创建屋顶"和"面的更新"。

① 重新创建屋顶：如果已在体量或常规模型上创建了面屋顶，当选中所创建的面屋顶时，激活"修改|屋顶"，单击"编辑面选择"，选择新的体量的面，点击"重新创建屋顶"，则最初选择的面屋顶在新选择的面上创建，如图2.68所示。

② 面的更新：如果创建的面屋顶和体量分离了，则选择分离的面屋顶，点击"面的更新"，则分离的面屋顶会自动依附到相应体量的面上，位置也更改到体量的新位置上，如图2.69所示。

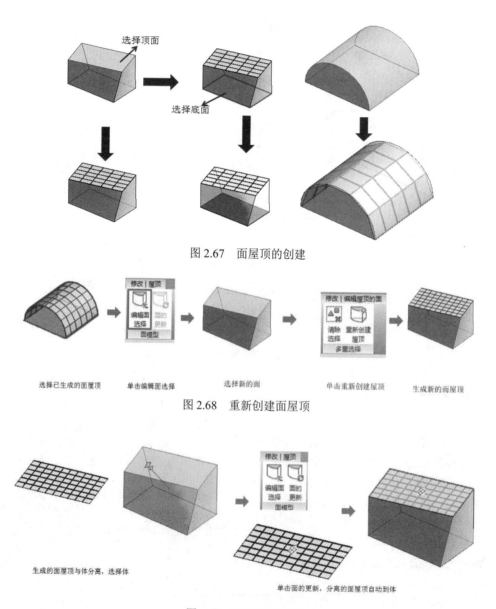

图 2.67　面屋顶的创建

选择已生成的面屋顶　　单击编辑面选择　　选择新的面　　单击重新创建屋顶　　生成新的面屋顶

图 2.68　重新创建面屋顶

生成的面屋顶与体分离，选择体

单击面的更新，分离的面屋顶自动到体

图 2.69　面屋顶的更新

2.4 坡道

坡道与楼梯都是建筑中的垂直交通构件。

坡道是连接高差地面或者楼面的斜向交通通道以及门口的垂直交通疏散措施。根据用途，有轮椅用的、机动车用的、残疾人用的等，如图 2.70 所示。

图 2.70　坡道

Revit 支持创建直坡道、弧形坡道和自定义坡道。创建坡道的通用步骤如下。

① 打开平面视图或三维视图。

② 单击"建筑"选项卡 ▶ "楼梯坡道"面板 ▶ ◢（坡道）。

③ （可选）要选择不同的工作平面，请在"建筑""结构"或"系统"选项卡上单击"工作平面"面板 ▶ "设置"。

④ 单击"修改｜创建坡道草图"选项卡 ▶ "绘制"面板，然后选择 ╱（线）或 ◢（圆心-端点弧）。

⑤ 将光标放置在绘图区域中，并拖曳光标绘制坡道梯段。

⑥ 单击 ✔（完成编辑模式）。

> 注：1. "顶部标高"和"顶部偏移"属性的默认设置可能会使坡道太长。可尝试将"顶部标高"设置为当前标高，并将"顶部偏移"设置为较低的值。
>
> 2. 可以用"踢面"和"边界"命令绘制特殊坡道，如带平台坡道、边界为非直线的坡道等。
>
> 3. 在平面视图中先绘制参照平面作为楼梯绘制的定位线。

2.4.1　直坡道

本处所说的直坡道包括：直线型、折线型（L 形、U 形等）和边界为弧形的坡道，如图 2.71 所示，创建直坡道是坡道创建的基本技能。

下面以边界弧形带平台坡道为例讲解，步骤如下。

① 按 2.4 中创建坡道的通用步骤①和步骤②，启动创建坡道命令，按图 2.72 设置相关参数。

② 绘制参照平面：坡道起跑位置、休息平台位置、坡道宽度位置。

③ 以梯段方式绘制 2300mm 长的直跑坡

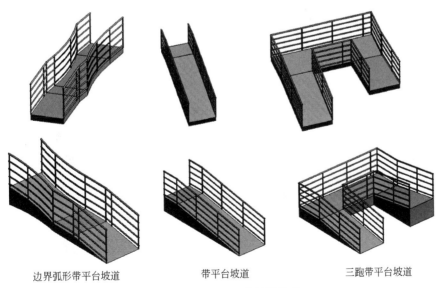

边界弧形带平台坡道　　　　带平台坡道　　　　三跑带平台坡道

图 2.71　直坡道类型

道，如图 2.73（a）所示。

④ 用圆弧方式绘制上方的边界线，如图 2.73（b）所示。用边界绘制中间的平台。

⑤ 用踢面方式绘制平台上方和坡道最上方的踢面线，如图 2.73（c）所示。

⑥ 单击 ✔（完成编辑模式），结果如图 2.73（d）所示。

⑦ 选中完成的坡道，点击下方的箭头，可更改坡道上行与下行方向，图 2.73（d）和（e）所示。

注：1.坡道最大坡度 1/X：坡道高度和长度的比值。
2."造型"参数如选择"结构板"则创建板式坡道。

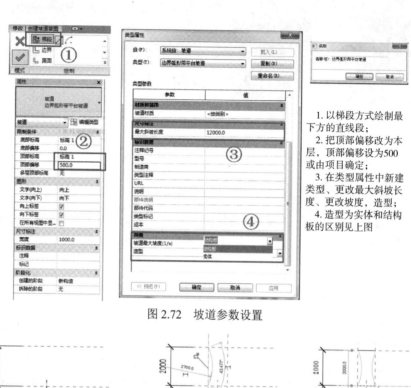

1. 以梯段方式绘制最下方的直线段；
2. 把顶部偏移改为本层，顶部偏移设为500或由项目确定；
3. 在类型属性中新建类型、更改最大斜坡长度、更改坡度，造型；
4. 造型为实体和结构板的区别见上图

图 2.72　坡道参数设置

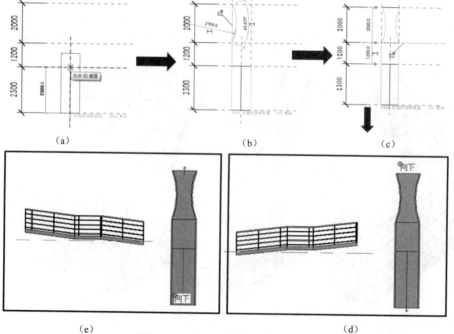

（a）　　　　　　（b）　　　　　　（c）

（e）　　　　　　（d）

图 2.73　弧形边界带平台坡道绘制

2.4.2 弧形坡道

本节所讲弧形坡道指梯段为弧形（含螺旋坡道），其边界可以为直线，常见的弧形坡道如图2.74所示。

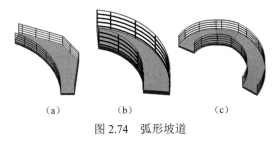

（a）　　　（b）　　　（c）

图 2.74　弧形坡道

下面以图2.74（c）所示的坡道为例讲解弧形坡道的创建步骤。

① 启动坡道命令设置相关参数，参照图2.72所示。

② 绘制参照平面用以定位坡道起点和终点，按梯段以圆弧方式绘制第一段螺旋坡道，半径为3800，角度为42°，如图2.75（a）～（c）所示。

③ 绘制参照平面，确定圆心和第二段圆弧的起点（和第一段弧终点夹角为20°），按梯段以圆弧方式绘制第二段螺旋坡道（角度为45°，半径同第一段弧），如图2.75（d）、（e）所示。

④ 单击 ✔（完成编辑模式），结果如图2.75（f）所示。

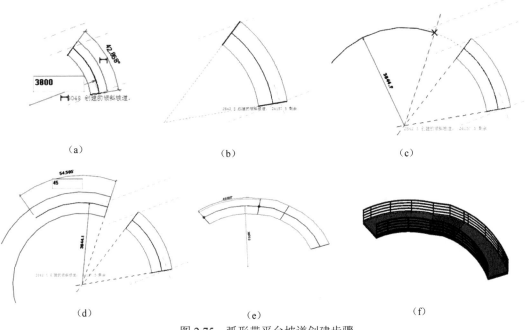

（a）　　　　　　　（b）　　　　　　　（c）

（d）　　　　　　　（e）　　　　　　　（f）

图 2.75　弧形带平台坡道创建步骤

2.4.3 自定义坡道

自定义坡道是指用"坡道"工具的"边界""踢面"工具绘制自定义坡道的草图，或编辑常规坡道的边界和踢面线草图来快速创建自定义坡道。

例：绘制图2.76（d）所示的弧形坡道，并在中间位置添加平台。

① 启动坡道命令设置相关参数，参照图2.72所示。

② 绘制参照平面用以定位坡道起点和终点，按梯段以圆弧方式绘制第一段螺旋坡道，半径为4200，角度为60°，如图2.76（a）所示。

③ 单击 ✔（完成编辑模式），再选择坡道，点击"编辑草图"进行编辑状态。或不单

击 ✔，直接进行踢面线和边界的修改。

④ 绘制中间平台起始的参照线，角度如图 2.76（b）所示。

⑤ 把外侧要修改的边界线删除，绘制新的边界线和踢面线，单击 ✔（完成编辑模式），结果如图 2.76（d）所示。

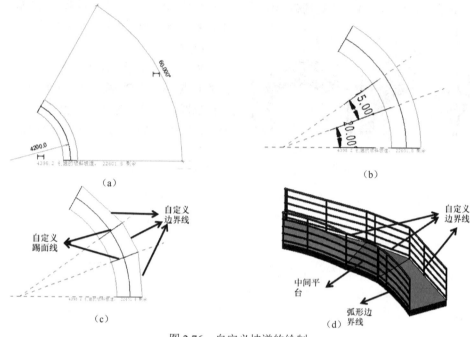

图 2.76　自定义坡道的绘制

注：对于像 U 形楼梯、L 形楼梯、三跑楼梯等那样的带 1 个或多个平台的坡道，其他创建方法同楼梯，可参照本书 2.5 楼梯相关内容，通过先设置坡道属性，设计合适的"基准标高""顶部标高""坡道最大坡度"参数，绘制定位参照平面，可以通过捕捉像绘制楼梯各跑梯段一样绘制坡道的各跑梯段。

2.5　楼梯

坡道与楼梯都是建筑中的重要交通构件。楼梯是垂直交通工具，也是重要的逃生疏散通道。楼梯作为建筑物中楼层间垂直交通用的构件，用于楼层之间和高差较大时的交通联系。在设有电梯、自动梯作为主要垂直交通手段的多层和高层建筑中也要设置楼梯供紧急疏散之用。

楼梯由梯段、平台、栏杆扶手组成，如图 2.77 所示。根据梯段与平台的组合形式，楼梯分：单跑直楼梯、双跑直楼梯、曲尺楼梯、双跑平行楼梯、双分转角楼梯、双分平行楼梯、三跑楼梯、三角形三跑楼梯、圆形楼梯、中柱螺旋楼梯、无中柱螺旋楼梯、单跑弧形楼梯、双跑弧形楼梯、交叉楼梯、剪刀楼梯。根据结构，楼梯分为：板式、梁式、悬挑（剪刀）式和螺旋式，前两种属于平面受力体系，后两种则为空间受力体系。根据材料，楼梯分为钢楼梯、木楼梯、钢筋混凝土楼梯等。楼梯还可根据用途等分类。

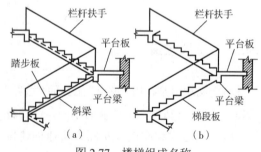

图 2.77　楼梯组成名称

Revit2018 前的版本提供了两种绘制楼梯的工具：楼梯（按草图）和楼梯（按构件），

2018 版将两者合为一个，并增加了新的功能，本章主要以 2018 版为例讲解。楼梯也属于系统族，Revit 提供三个楼梯系统族：组合楼梯、现场浇注楼梯和预浇注楼梯，如图 2.78 所示。

> 注：三种楼梯系统族，除参数预设不同外，如预浇注楼梯有终点连接设置，其他没有。

2.5.1 楼梯创建

Revit 通过装配常见梯段、平台和支撑构件来创建楼梯。命令启动路径："建筑"选项卡 ▶ "楼梯坡道"面板 ▶ 🔩（楼梯）。梯段和平台的功能如图 2.79 所示，支座只提供了提取边一种方式，每种功能的解释见表 2.9。

图 2.78 楼梯系统族类型属性的区别

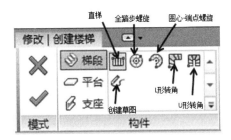 

图 2.79 梯段方式创建楼梯方式

表 2.9 楼梯（按梯段）命令解释

方 式	命 令	功 能
梯段	直梯	通过指定起点和终点，绘制一个直跑梯段
	全踏步螺旋	指定起点和半径，创建螺旋梯段
	圆心-端点螺旋	指定圆心、起点和端点，创建螺旋梯段
	L 形转角	通过指定梯段的较低端点创建 L 形斜踏步梯段构件
	U 形转角	通过指定梯段的较低端点创建 U 形斜踏步梯段构件
	创建草图	通过绘制形状创建自定义梯段，在平面视图中创建楼梯。创建方法同楼梯（按草图）
平台	拾取两个梯段	拾取两个有相同标高的梯段，创建平台
	创建草图	通过绘制形状创建自定义平台
支座	拾取边	通过拾取各个梯段和平台的边创建支座

2.5.1.1 楼梯梯段的创建

（1）选择梯段构件工具并指定选项

选择梯段构件工具和指定初始选项的步骤对于所有类型的梯段都相同。选择适当的工具和指定初始选项的步骤如下，然后参考要创建的梯段类型的特定过程。

① 依次单击"建筑"选项卡 ▶ "楼梯坡道"面板 ▶ 🛠（楼梯(按构件)）。

② 在"构件"面板上，确认"梯段"处于选中状态。

③ 在"绘制"库中，选择下列工具之一，见图 2.79，以创建所需的梯段类型。

- ⅢⅢ（直梯梯段）
- ⊚（全踏步螺旋梯段）
- 🔗（圆心-端点螺旋梯段）
- 🏗（L 形斜踏步梯段）
- 🏗（U 形斜踏步梯段）

④ 在选项栏进行相关设置，如图 2.81 中③所示，解释如下。

- "定位线"设置：定位线为绘制梯段时，确定梯段边位置的线，各种设置及效果如图 2.80 所示。根据创建的梯段类型，选择"定位线"方式。如果要创建斜踏步梯段并想让左边缘与墙体衔接，"定位线"选择"梯边梁外侧：左"。
- "偏移量"设置，为创建路径指定一个可选偏移值。如 "偏移量"输入 300，并且"定位线"为"梯段：中心"，则创建路径为向上楼梯中心线右侧的 300mm，负偏移在中心线的左侧。
- "实际梯段宽度"为梯段宽度值，不包含支撑。
- "自动平台"选项是为是否让 Revit 在两个梯段间自动创建平台。如勾选，会在两个梯段之间自动创建平台。如果不需要自动创建平台则不勾选。

⑤ 在"类型选择器"中，选择要创建的楼梯类型。必要时，更改该类型或单击编辑类型，创建新的类型，如图 2.81 中④、⑤所示。

⑥（可选）可以指定梯段实例属性，例如"相对基准高度"和"开始于踢面/结束于踢面"首选项。在"属性"选项板中，选择"新建楼梯：梯段"，并根据需要修改实例的属性，如图 2.81 中⑥、⑧、⑨所示。

⑦（可选）在"工具"选项板上，单击🏗（栏杆扶手），修改栏杆的相关参数，如图 2.80 中⑦所示。

⑧ 按照要创建的特定梯段构件类型（图 2.81 中①所示）进行创建。

（2）直梯

创建如图 2.82 所示楼梯，尺寸参照图示，没有标注的自定。创建步骤如下。

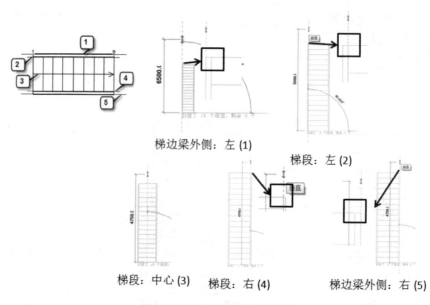

图 2.80　楼板定位线设置区别

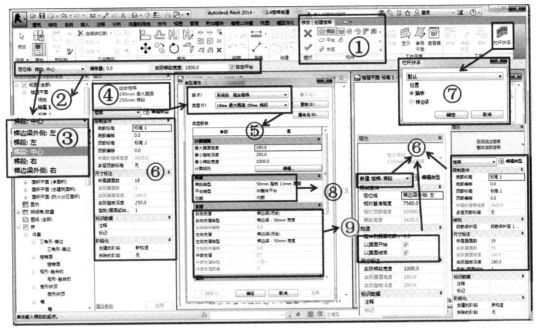

图 2.81　创建楼梯通用设置

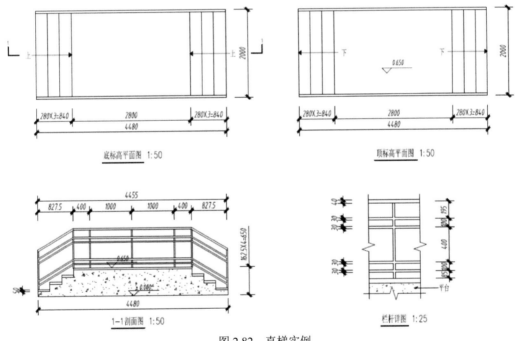

图 2.82　直梯实例

① 打开软件，以建筑模板新建项目，存盘，命名为"楼梯扶手"。

② 在立面视图上把标高 2 的值改为 0.65m，打开标高 1，按上述通用步骤①～③操作中选择"直梯"。

③ 做参照平面：从楼梯的起始线、平台的起始线，如图 2.84（a）所示，分别绘制第一和第二梯段，如图 2.84（b）和（c）所示。

④ 按图 2.85 修改实例属性，把梯段与参照平面对齐，结果如图 2.84（d）所示。

⑤ 单击平台，拾取两个梯段。分别拾取所建的两个梯段，则自动生成平台，如图2.84（e）所示。

⑥ 修改栏杆：选中栏杆，按图2.86所示步骤与数据修改。

⑦ 修改踏板厚度与材质，按图2.87所示步骤与数据修改。

⑧ 完成后如图2.84（f）所示。

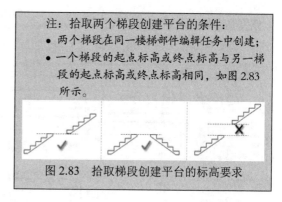

注：拾取两个梯段创建平台的条件：
● 两个梯段在同一楼梯部件编辑任务中创建；
● 一个梯段的起点标高或终点标高与另一梯段的起点标高或终点标高相同，如图2.83所示。

图 2.83　拾取梯段创建平台的标高要求

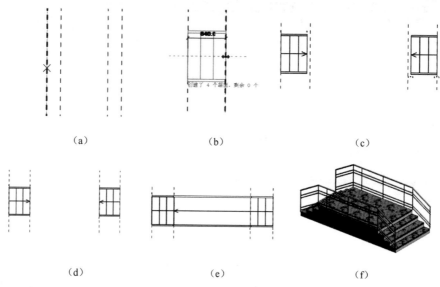

（a）　　　　　　　　　（b）　　　　　　　　　（c）

（d）　　　　　　　　　（e）　　　　　　　　　（f）

图 2.84　直梯创建步骤

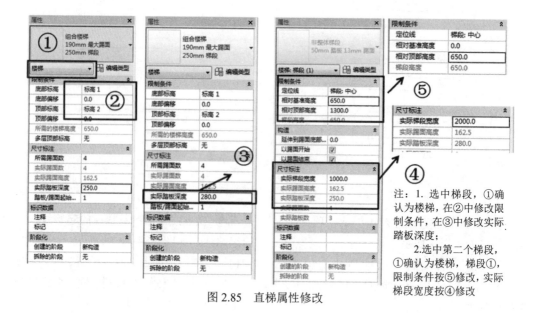

图 2.85　直梯属性修改

注：1. 选中梯段，①确认为楼梯，在②中修改限制条件，在③中修改实际踏板深度；

2. 选中第二个梯段，①确认为楼梯，梯段①，限制条件按⑤修改，实际梯段宽度按④修改

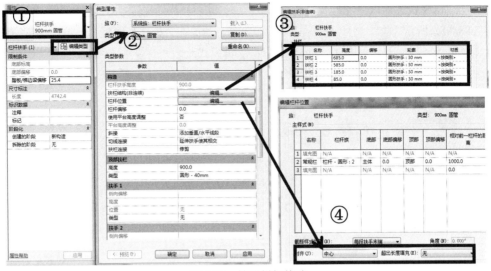

图 2.86　扶手栏杆修改

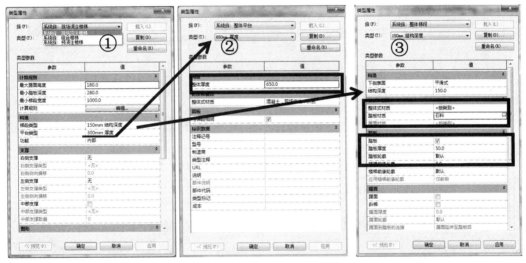

图 2.87　平台厚度与踏板修改

（3）全踏步螺旋楼梯

"全踏步螺旋楼梯"梯段工具通过指定起点和半径可创建大于360°的螺旋梯段。软件根据高度、楼梯类型属性中的计算规则、半径值自动计算并生成楼梯。

> 注：1. 创建此梯段时包括连接底部和顶部标高的全数台阶；
> 2. 默认情况下，按逆时针方向创建螺旋梯段；
> 3. 使用"翻转"工具可在楼梯编辑模式中更改方向（如有需要）。

① 选择"全台阶螺旋"梯段构件工具，然后指定初始选项和属性，可参照前述选择梯段构件工具并指定选项，见图2.88（a）、（b）。

② 在绘图区域中，绘制参照平面，定位圆心和起点，单击指定螺旋梯段的中心点，如图2.88（c）所示。

③ 移动光标以指定梯段的半径，如图2.88（d）和（e）所示。

在绘制时，工具提示将指示梯段边界和达到目标标高所需的完整台阶数。默认情况下，按逆时针方向创建梯段。软件会根据半径和高度等设置计算踏步数，自动调整判断是否超过360°。

④ 单击以完成梯段。（可选）在快速访问工具栏上，单击 🏠（默认三维视图），在

退出楼梯编辑模式之前以三维形式查看梯段，如图 2.88（f）所示。

⑤（可选）在"工具"面板上，单击 🔲（翻转）可将楼梯的旋转方向从逆时针更改为顺时针。

⑥ 在"模式"面板上，单击 ✔（完成编辑模式）。

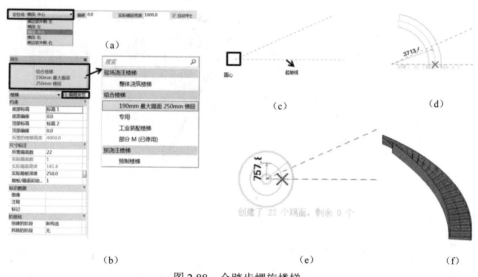

图 2.88　全踏步螺旋楼梯

（4）圆心-端点螺旋楼梯

"圆心-端点螺旋"梯段工具通过指定梯段的中心点、起点和终点来创建小于 360° 的螺旋梯段。

> 注：1.在创建梯段时，请逆时针或顺时针移动光标以指定旋转方向；
> 2. 在楼梯编辑模式，"翻转"工具可以根据需要更改旋转方向。

① 选择"圆心-端点螺旋"梯段构件工具，并指定初始选项，可参照前述选择梯段构件工具并指定选项。

② 在选项栏上进行相关设置，如图 2.88（a）所示。

- 对于"定位线"，请选择"梯段：中心"。
- 确认"自动平台"处于选定状态。

③ 在绘图区域中，单击以指定梯段的中心和起点，如图 2.89（a）所示。

④ 在达到第一梯段所需的踢面数（小于总数）时指定平台的端点，如图 2.89（a）所示。

⑤ 单击以捕捉到第一条螺旋梯段的中心点，沿着延长线移动光标，然后单击以指定第二个梯段的起点，如图 2.89（b）所示，平台

自动创建。

⑥ 单击以指定端点并创建剩下的踢面，如图 2.89（c）所示。

⑦（可选）在快速访问工具栏上，单击 🏠（默认三维视图），如图 2.89（d）所示。

⑧（可选）在"工具"面板上，单击 🔲（翻转）可将楼梯的旋转方向从逆时针更改为顺时针。

⑨ 在"模式"面板上，单击 ✔（完成编辑模式）。

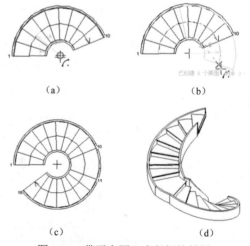

图 2.89　带平台圆心半径螺旋楼梯

注：如果不需要中间休息平台，在第④步顺时针或逆时针移动光标以设置旋转方向，然后单击以指定端点和踢面总数，接第⑦步即可。

（5）L 形或 U 形斜踏步梯段

梯段的制作步骤如下。

① 在前述"2.5.1.1（1）选择梯段构件工具并指定选项"，步骤③中选择 [图] （L 形斜踏步梯段）。

② 单击以放置斜踏步梯段。

③ 在模型面板上，单击 ✔ （完成编辑模式）。

④ 选中楼梯，单击功能区"编辑楼梯"，进入修改创建楼梯界面，选中要修改的楼梯修改相关参数值。

注：1. 楼梯的相关参数含义见表 2.10。
2. 按图 2.87 所示可修改平台和踏板的相关参数。

表 2.10　楼梯的相关参数含义

名　　称	说　　明
定位线	指定梯段相对于创建梯段时使用的向上路径的位置 定位线选项包括： 梯边梁外侧：左（1） 梯段：左（2） 梯段：中心（3） 梯段：右（4） 梯边梁外侧：右（5）
相对基准高度	指定梯段相对于楼梯底部高程的基准高度
相对顶高度	指定梯段相对于楼梯底部高程的顶高度
梯段高度	显示计算得出的梯段高度（只读）
构　　造	
延伸到踢面底部之下	指定梯段延伸到楼梯底部标高之下的距离。要将梯段延伸到楼板之下则输入负值，见图 2.90
开始于踢面[①]	决定梯段是以踢面开始还是以踏面开始。清除此项将改变梯段中的踢面数量，可能要手动添加踢面以保持原来的高度
结束于踢面[②]	决定梯段是以踢面结束还是以踏面结束。清除此项将改变梯段中的踢面数量，可能要手动添加或删除踢面以保持原来的高度
转角（斜踏步）	
转角样式	指定斜踏步梯段台阶的计算方式，从以下各项中进行选择： 平衡 - 对称布局样式；（默认值） 单点 - 不对称布局样式，斜踏步样式是从一个中心点计算得出的
内部行走（路）线偏移	指定从内部行走路径到斜踏步梯段内部边界的距离。此距离指定从何处测量"内部行走路线最小宽度"（参见图 2.91 注释 1）
内部行走（路）线最小宽度值	指定在"内部行走路线偏移"处测量的最小踏板深度（参见图 2.91 注释 2）
内部边界的最小宽度	指定在斜踏步梯段内部转角处的最小斜踏步深度（参见图 2.91 注释 3）
转角上的圆角	选择此选项，对 L 形斜踏步梯段的内部转角或 U 形斜踏步梯段的两个内部转角应用圆角几何图形
圆角半径	指定斜踏步梯段的内部转角所使用的圆角几何图形的半径（参见图 2.91 注释 4）
起点的平行踏板	指定要在斜踏步梯段起点处添加的统一的台阶数（可选）（参见图 2.91 注释 5）
终点的平行踏板	指定要在斜踏步梯段终点处添加的统一的台阶数（可选）（参见图 2.91 注释 6）
尺　寸　标　注	
实际梯段宽度	指定不含独立侧支撑宽度的踏步宽度值
其他只读	

① 如果选择了"开始于踢面"，则不能对梯段末端使用槽口连接方法。

② 如果选择了"结束于踢面"，则不能对梯段末端使用槽口连接方法。

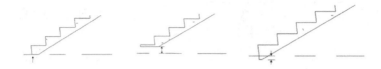

延伸到基准之下 = 0 　　　延伸到基准之下 = 正值 　　　延伸到基准之下 = 负值

图 2.90 　延伸到踢面底部之下

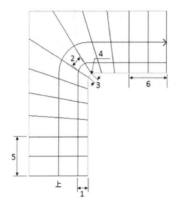

图 2.91 　转角（斜踏步属性）

1—内部行走路线偏移；2—内部行走路线最小宽度；
3—内部边界最小宽度；4—圆角半径；5—起点平行踏步；
6—终点平行踏步

（6）多层楼梯

Revit2018 增加了多层楼梯功能：在创建楼梯时，使用"多层楼梯：连接标高"工具可在选定标高上创建多层楼梯，或从现有楼梯通过选择标高生成多层楼梯。步骤如下。

① 单击"建筑"选项卡 ➤ "楼梯坡道"面板 ➤ ▦（楼梯），在相关视图（如平面视图）创建所需的楼梯构件，如图 2.92（a）所示。

② 单击"修改｜创建楼梯"选项卡 ➤ "编辑"面板 ➤ ▦（多层楼梯：连接标高），如图 2.92（b）所示。

③ 如果出现提示：转到视图，请打开立面视图或剖面视图，如图 2.92（c）所示。

④ 选择要创建楼梯的标高：可使用选择框，或按住 Ctrl 键并同时单击标高，按下 Shift 键并单击标高以取消选择，如图 2.92（d）所示。

> 注：选定标高高亮显示，但要等到单击"完成"后才能看到楼梯延伸。

⑤ 单击 ✔（完成），在选定标高上创建基于构件的楼梯和多层楼梯，如图 2.92（e）所示。

> 注：若要修改多层楼梯的单个楼梯构件，按 Tab 键以高亮显示楼梯构件，然后单击将其选中。

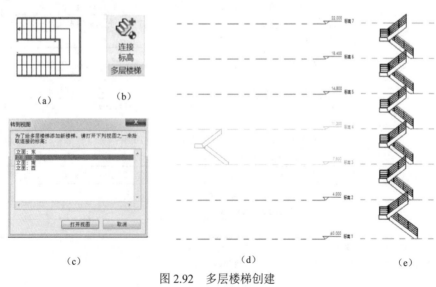

（a） 　　　（b）

（c） 　　　（d） 　　　（e）

图 2.92 　多层楼梯创建

2.5.1.2 楼梯平台的创建

楼梯平台是联系两个梯段之间的构件，Revit 提供了两种创建方式：选择创建梯段，如图 2.93（a）所示，勾选"自动平台"选项，如图 2.93（b）所示，以自动创建连接梯段的平台，结果见图 2.93（c）。如果不选择"自动平台"选项，如图 2.93（d）所示，则可以在稍后选择平台，单击"拾取两个梯段"命令，如图 2.93（e）所示，通过选择两个相关梯段，如图 2.93（f）所示，生成平台，如图 2.93（g）所示。

并不是所有的梯段都可通过拾取方式生成平台，符合如下要求的梯段才可以生成平台：

- 两个梯段在同一楼梯部件编辑任务中创建；
- 一个梯段的起点标高或终点标高与另一梯段的起点标高或终点标高相同，如图 2.94 所示。

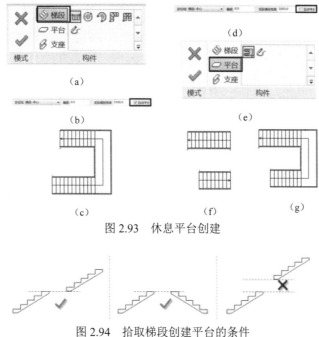

图 2.93　休息平台创建

图 2.94　拾取梯段创建平台的条件

2.5.1.3 创建楼梯支撑

使用"支撑"工具可以将侧支撑添加到楼梯。只有在楼梯的类型属性中指定相应的支撑如"右支撑""左支撑"和"支撑类型"属性，才可添加相应的支撑。例如，如果将"右支撑"属性设置为"无"，则拾取楼梯的右边缘以添加支撑时，系统将提示定义支撑类型。步骤如下。

① 打开平面视图或三维视图。

② 要为现有梯段或平台创建支撑构件，请选择楼梯，并在"编辑"面板上单击 🛠（编辑楼梯），如图 2.95（a）所示，楼梯部件编辑模式将处于活动状态。

③ 单击"修改 | 创建楼梯"选项卡 ➤ "构件"面板 ➤ 🖉（支座），如图 2.95（b）所示。

④ 在绘制库中，单击 🛠（拾取边缘）。将光标移动到要添加支撑的梯段或平台边缘上，并单击以选择边缘。

⑤（可选）选择其他边缘以创建另一个侧支撑。

⑥ 连续支撑将通过斜接连接自动连接在一起。

⑦ 单击 ✔（完成编辑模式），退出楼梯部件编辑模式。

> 注：1. 要选择楼梯的整个外部或内部边界，请将光标移到边缘上，按 Tab 键，直到整个边界被高亮显示，然后单击以将其选中。在这种情况

（a）　　　　　　（b）

（c）

图 2.95　楼梯支撑

2.5.1.4　指定楼梯栏杆

在创建楼梯时，可以指定要自动添加的栏杆扶手类型，步骤如下。

① 启动楼梯命令，单击"修改｜创建楼梯"选项卡 ➤ "工具"面板 ➤ （栏杆扶手），见图 2.96（a）。

② 在"栏杆扶手"对话框中，选择一种扶栏类型，见图 2.96（b）～（d）。

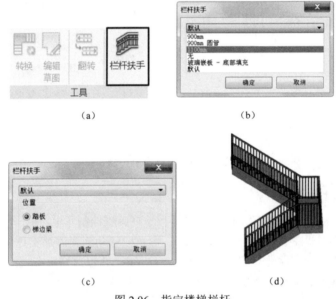

（a）　　　　　　　　　　（b）

（c）　　　　　　　　　　（d）

图 2.96　指定楼梯栏杆

2.5.1.5　创建楼梯栏杆

如果在创建楼梯时，没有指定栏杆扶手，即在图 2.96（b）中选择"无"，则在创建楼梯时不会自动添加栏杆扶手。如要在楼板洞口周边添加栏杆扶手时，可用创建楼梯栏杆的功能，手动创建栏杆扶手的方式有如下两种。

（1）在楼梯/坡道上放置栏杆扶手

此功能可通过选择楼梯/坡道，直接在楼梯踏板或梯边梁上放置栏杆扶手，操作步骤如下。

① 单击"建筑"选项卡 ➤ "楼梯坡道"面板 ➤ "栏杆扶手"下拉列表 ➤ （放置在楼梯/坡道上），如图 2.97（a）所示。

② 在"位置"面板上，单击"踏板"或

"梯边梁"，如图 2.97（b）所示。 在"类型选择器"中，选择要放置的栏杆扶手的类型，如图 2.97（c）所示。

③ 在绘图区域中选择相应的楼梯/坡道，

被选中的楼梯/坡道将高亮显示，如图 2.97（d）所示。

④ 单击被选中的楼梯，结果如图 2.97（e）所示。

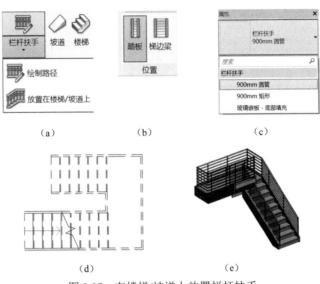

（a）　　　　　　（b）　　　　　　（c）

（d）　　　　　　　　（e）

图 2.97　在楼梯/坡道上放置栏杆扶手

（2）绘制楼梯栏杆

启动绘制栏杆扶手路径来创建栏杆扶手，然后选择一个图元（如楼梯、坡道、楼板、屋顶等）作为栏杆扶手主体，绘制栏杆扶手路径来创建，步骤如下。

① 单击"建筑"选项卡 ▶ "楼梯坡道"面板 ▶ "栏杆扶手"下拉列表 ▶ ▦（绘制路径），如图 2.98（a）所示。

② 如果用户不在可以绘制栏杆扶手的视图中，将提示拾取视图。从列表中选择一个视图，并单击"打开视图"。

③ 在"选项栏"和"属性"选项板上根据需要设置选项、修改实例属性或选择栏杆类型，或者单击▦（编辑类型）以访问并修改类型属性，如图 2.98（b）和（c）所示。

④ 若要为栏杆扶手设置主体，请单击"修改 | 创建栏杆扶手路径"选项卡 ▶ "工具"面板 ▶ ▦（拾取新主体），如图 2.98（d）所示。将光标放在主体（例如楼板、屋顶、墙顶、楼梯或地形表面）附近。 移动光标时，相应的主体会高亮显示。

⑤ 在主体上单击以选择它。

⑥ （可选）在"选项"面板上，选择"预览"以沿绘制的路径显示栏杆扶手系统几何图形，如图 2.98（d）所示。

⑦ 绘制栏杆扶手，如图 2.98（e）所示，如果选择"预览"，则绘制时在三维视图显示预览效果，如图 2.98（e）所示。

> 注：1. 如果将栏杆扶手添加到一段楼梯上，则必须沿着楼梯的内线绘制栏杆扶手，以便正确设置栏杆扶手和主体同步倾斜。
> 2. 如果将栏杆扶手添加到楼板，楼底板，底板边缘，墙、屋顶或地形的顶部表面，则在主体图元的边界中绘制线条。
> 3. 将针对倾斜和形状不规则的主体表面调整栏杆扶手和栏杆。

⑧ 单击✔（完成编辑模式）。转换到三维视图查看栏杆扶手，如图 2.98（f）所示。

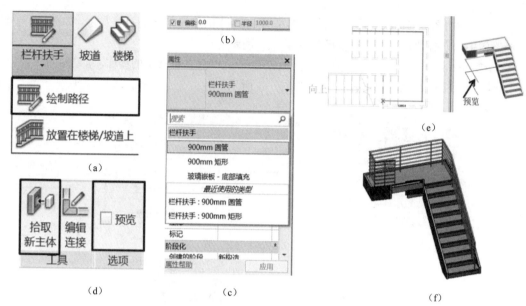

图 2.98　绘制栏杆扶手路径

2.5.2　楼梯属性

楼梯主要由三部分组成：梯段、平台、栏杆扶手。Revit 把梯段、休息平台和支撑统称为楼梯构件。通过楼梯构件的实例属性和类型属性的修改可影响楼梯的计算规则、梯段和楼梯的类型及支撑等。梯段构件的实例属性和类型属性的修改可影响踢面、踏面的相关设置。

下面将逐一讲解楼梯各组成部分的实例和类型属性的主要参数的设置。

2.5.2.1　楼梯构件的实例和类型属性

选中楼梯，将显示楼梯的实例属性，如图 2.99（a）所示，主要参数的含义如表 2.11 所示。

表 2.11　楼梯构件实例属性主要参数含义

名　　称	说　　明
限 制 条 件	
底部标高	指定楼梯底部的标高
底部偏移	设置楼梯与底部标高的偏移
顶部标高	设置楼梯的顶部标高。默认值为底部标高上方的标高，如果底部标高上方没有标高，则为"无"
顶部偏移	设置楼梯与顶部标高的偏移（如果"顶部标高"的值为"无"，则不适用）
所需的楼梯高度	指定底部和顶部标高之间的楼梯高度（如果"顶部标高"的值为"无"，则可修改，否则为只读）
尺 寸 标 注	
所需踢面数	踢面数是基于标高间的高度计算得出的
实际踢面数	通常与"所需踢面数"相同，但是，如果没有为给定楼梯的梯段完成添加正确的踢面数，可能会有所不同（只读）
实际踢面高度	显示实际踢面高度。　此值小于或等于在楼梯类型属性中指定的"最大踢面高度"的值（只读）
实际踏板深度	可设置此值以修改踏板深（宽）度，而不必创建新的楼梯类型。另外，楼梯计算器也可修改此值以实现楼梯平衡
踏板/踢面起始编号	为踏板/踢面编号注释指定起始编号

続表

名　称	说　明
标 识 数 据	
图像	标识与此图元关联的图像
注释	有关图元的特定注释
标记	为图元创建的标签。如果编号已被占用，将会发出警告消息，但用户可以继续使用该编号
阶　段	
创建的阶段	创建图元的阶段
拆除的阶段	拆除图元的阶段

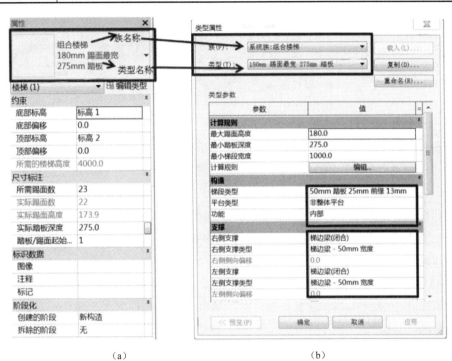

（a）　　　　　　　　　（b）

图 2.99　楼梯构件的属性

单击编辑类型，则打开类型属性对话框，如图 2.99（b）所示，可更改楼梯族，添加（切换）类型，修改梯段、平台、支撑的相关参数。

楼梯为系统族，共有三种：现场浇注楼梯、预制楼梯和装配楼梯，每种族适用的楼梯类型和示例如表 2.12 所示，选择不同的楼梯族，则参数略有不同。

表 2.12　楼梯族适用类型示例

楼梯系统族	示　例
现场浇注楼梯：整体梯段和整体平台，分有踏板（左）和无踏板（右）	

楼梯系统族	示 例
预制楼梯：开槽连接	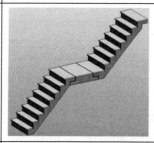
装配楼梯包括非整体梯段和非整体平台，材质有：木质楼梯、钢制楼梯、钢制梯段和整体平台	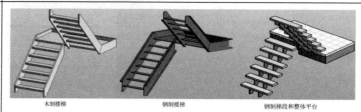木制楼梯　　钢制楼梯　　钢制梯段和整体平台

要打开梯段和平台的参数设置，只需在图2.99（b）单击梯段类型和平台类型后面的，如图2.100（a）和（b）所示，则打开相应参数设置对话框，如图2.100（c）和（d）所示。梯段和平台都是系统族，分整体和非整体两种。各种形式的楼梯，就是梯段、平台和支撑[图2.100（c）]属性参数值的组合不同，下面将分别讲解梯段、平台和支撑的主要参数设置对楼梯的影响。

2.5.2.2 梯段构件的属性：实例和类型

通过选择楼梯，编辑类型，单击梯段类型

后面的即可打开梯段构件类型属性对话框，如图2.100（a）和（c）所示，也可直接选择梯段显示实例属性，通过单击实例属性中的"编辑类型"，打开梯段类型属性对话框，如图2.101所示。

实例属性各主要参数的含义如表2.10所示。如果创建的L形和U形转角楼梯，其实例属性则增加延伸到踢面底和平台转角的控制参数，如图2.101（c）所示，相关参数的含义见表2.10。

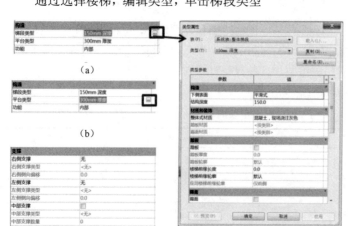

图2.100　梯段和平台类型属性对话框

| (a) | (b) | (c) |

图 2.101　梯段实例和类型属性

2.5.2.3　平台构件的属性：实例和类型

平台是系统族，Revit 提供了两种类型：整体平台和非整体平台，如图 2.102 所示。

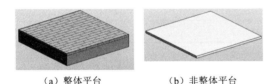

（a）整体平台　　　（b）非整体平台

图 2.102　Revit 支持的平台类型

通过选择楼梯，编辑类型，单击平台类型后面的 📖 即可打开平台类型属性对话框，如图 2.103（b）和（c）所示，也可直接选平台显示

实例属性，通过单击实例属性栏[图 2.103（a）所示]编辑类型，打开梯段类型属性对话框。两种方式打开平台类型属性对话框的区别为：通过楼梯属性打开的平台类型对话框可以更改平台的族；通过选择平台，单击实例属性栏上的类型属性打开的类型属性对话框无法更改平台的族类型。

图 2.103（a）中平台属性参数的含义参见表 2.13。图 2.103（b）和（c）中平台属性参数的含义参见表 2.14。

| (a) | (b) | (c) |

图 2.103　楼梯平台属性

表 2.13　平台属性参数含义

名　称	说　明
限　制　条　件	
高度	指定平台相对于楼梯图元底部标高的高度
厚度总计	该值为只读
标识数据和阶段　参见表 2.11	

表 2.14　整体平台类型属性参数的含义

名　称	说　明
构　　造	
整体厚度	指定平台的厚度
材质和装饰	
整体式材质	（整体平台）指定用于平台的材质
踏板材质	指定踏板使用的材质
踏　　板	
与梯段相同	选择此选项可将相同的梯段属性用于踏板，如果希望专门为平台指定踏板属性，则清除此选项
踏板	选择此选项可在平台上包括踏板
踏板厚度	指定踏板的厚度
楼梯前缘长度	指定踏板相对于踢面板的悬挑量
楼梯前缘轮廓	指定踏板前侧和/或侧边的放样轮廓
应用楼梯前缘轮廓	指定要应用楼梯前缘轮廓的部位

　　非整体平台类型属性参数的含义，不勾选"与梯段相同"选项，可单独设置踏板材质。其他参数含义可参见整体平台类型属性参数。

2.5.2.4　支撑的参数修改

　　Revit 楼梯支撑是系统族，有两种：梯边梁（踏步梁闭合）和踏步梁（踏步梁开放），如图 2.104 所示。

　　Revit 中支撑有实例属性和类型属性，选中支撑，属性栏显示支撑的实例属性，如图 2.105（a）所示，单击实例属性中"编辑类型"则打开支持的类型属性对话框，如图 2.105（b）和（c）所示。实例属性各参数的含义见表 2.15，支撑的类型属性参数的含义见表 2.16。

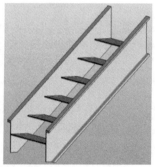
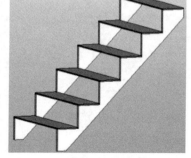

（a）矩形梯边梁支撑（闭合）　　（b）C 形槽钢梯边梁支撑（闭合）　　（c）踏步梁支撑（开放）

图 2.104　梯边梁类型

|（a）|（b）|（c）|

图 2.105　支撑类型属性

表 2.15　支撑实例属性参数含义

名　　称	说　　明
约　　束	
从下端剪切	为下部支撑的下端指定剪切方式，有三种剖切方式，如下图所示 （a）正交切割　　　（b）水平剪切　　　（c）垂直剪切
从上端剪切	为上部支撑上端指定剪切方式，有三种剖切方式，见从下端剪切
修剪上端支撑	指定上端支撑在平台处的修剪方式
标识数据和阶段化见楼梯属性	
平台支撑类型	允许手动指定以下平台支撑类型：右支撑、左支撑、中间支撑 例如，对于 T 形楼梯，如果 Revit 难以确定支撑是位于楼梯路径的左侧还是右侧，它会将支撑标识为"左"支撑。可以根据需要使用此属性指定支撑类型

表 2.16　支撑类型属性参数含义

名　　称	说　　明
材质和装饰	
材质	指定支撑的材质
尺　寸　标　注	
截面轮廓	指定支撑在剖面视图中的轮廓。默认值为"矩形"
翻转截面轮廓	选择此项可以翻转支撑的轮廓形状。 如果使用像 C 形槽钢这样的剖面轮廓形状，并且需要翻转剖面方向，此选项将非常有用
梯段上的结构深度	指定支撑与梯段重叠的支撑高度。高度垂直于支撑进行测量。见下图中的 B： B　A　　B　A
平台上的结构深度	指定平台踏板的底部表面和支撑的底部表面之间的距离，如下图所示

名　　称	说　　明
总深度	指定支撑的总深度。 深度垂直于支撑进行测量。请参见下图中的 A 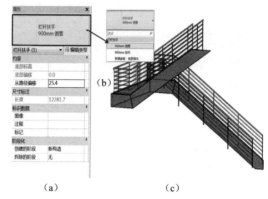
宽度	指定支撑的宽度或厚度

注：标识数据，参见楼梯属性。

2.5.2.5　栏杆扶手的属性

Revit 中栏杆扶手包括栏杆、扶手、支座及其他构件。下面将逐一讲解其属性。

（1）栏杆扶手系统的实例属性

在绘图区选中栏杆扶手，属性栏则显示栏杆扶手的实例属性，如图 2.106 所示。实例属性中各参数含义见表 2.17。

（2）栏杆扶手系统的类型属性

在绘图区选中栏杆扶手，单击实例属性栏，编辑类型，则打开栏杆类型属性对话框，如图 2.107（a）所示，各参数含义见表 2.18。

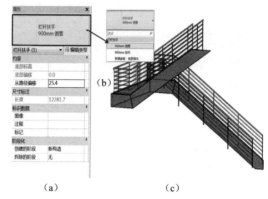

图 2.106　栏杆扶手实例属性

表 2.17　栏杆扶手实例属性参数含义

名　　称	说　　明
约　　束	
底部标高	指定栏杆扶手系统不位于楼梯或坡道上时的底部标高。如果在创建楼梯时自动放置了栏杆扶手，则此值由楼梯的底部标高决定
底部偏移	如果栏杆扶手系统不位于楼梯或坡道上，则此值是楼板或标高到栏杆扶手系统底部的距离
相对路径的偏移	指定相对于其他主体上踏板、梯边梁或路径的栏杆扶手偏移值。如果在创建楼梯时自动放置了栏杆扶手，可以选择将栏杆扶手放置在踏板或梯边梁上
尺 寸 标 注	
长度	栏杆扶手的实际长度

注：标识数据和阶段化，见楼梯属性。

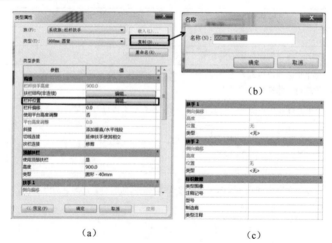

图 2.107　栏杆扶手类型属性

表 2.18　扶手栏杆类型属性参数含义

名　称	说　明
	构　造
栏杆扶手高度	只读，读取栏杆扶手系统中最高扶栏的高度
扶栏结构（非连续）	打开一个独立对话框，在此对话框中可以设置每个扶栏的扶栏编号、高度、偏移、材质和轮廓族（形状）。请参见栏杆扶手修改
栏杆位置	单独打开一个对话框，在其中定义栏杆样式。请参见栏杆和支柱
栏杆偏移	距扶栏绘制线的栏杆偏移。通过设置此属性和扶栏偏移的值，可以创建扶栏和栏杆的不同组合
使用平台高度调整	控制平台栏杆扶手的高度 否：栏杆扶手和平台像在楼梯梯段上一样使用相同的高度 是：栏杆扶手高度会根据"平台高度调整"设置值进行向上或向下调整，要实现光滑的栏杆扶手连接，请将"切线连接"参数设置为"延伸扶栏使其相交"
平台高度调整	基于中间平台或顶部平台"栏杆扶手高度"参数的指示值提高或降低栏杆扶手高度
斜接	如果两栏杆扶手在平面内相交成一定角度，但没有垂直连接，则可以从以下选项中选择。 *添加垂直/水平线段：创建连接。* *不添加连接件：留下间隙。* 此属性可用于创建连续栏杆扶手
切线连接	如果两段相切栏杆扶手在平面中共线或相切，但没有垂直连接，则可以从以下选项中选择。 *添加垂直/水平线段：创建连接。* *不添加连接件：留下间隙。* *延伸扶栏使其相交：创建平滑连接。* 此属性可用于在栏杆扶手高度在平台处进行了修改或栏杆扶手延伸至楼梯末端之外的情况下创建平滑连接
扶栏连接	如果 Revit 无法在栏杆扶手段之间进行连接时创建斜接连接，可以选择下列选项之一。 *修剪：使用垂直平面剪切分段。* *接合：适合圆形扶栏轮廓*

（3）连续扶栏的类型属性

连续扶栏是用作扶手和顶部扶栏（可用作扶手）的栏杆扶手系统的子构件。 连续扶栏应符合规范要求，如图 2.108（a）所示。可通过选择扶手栏杆，单击属性栏上的编辑类型，在类型属性中，单击扶手 1 中位置，如图 2.108（b）所示，选择扶手 1 的位置，单击类型中的 […]，打开扶手 1 类型设置的对话框，如图 2.108（c）所示。属性参数的具体含义见表 2.19。扶手 2 的设置及参数含义参照扶手 1。

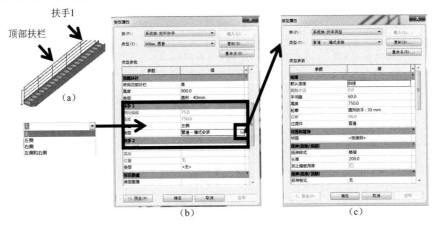

图 2.108　连续扶栏属性

表 2.19　扶手的类型参数含义

名　　称	说　　明
构造	
默认连接	将扶手或顶部扶栏的连接类型指定为"斜接"或"圆角"
圆角半径	如果指定圆角连接，则此值设置圆角半径
手间隙	指定从扶手的外部边缘到扶手附着到的墙、支柱或柱的距离
高度（仅扶手）	指定扶手顶部距离楼板、踏板、梯边梁、坡道或其他主体表面的高度
轮廓	指定连续扶栏形状的轮廓
投影	指定从扶手的内部边缘到扶手附着到的墙、支柱或柱的距离
过渡件	指定在扶手或顶部扶栏中使用的过渡件的类型。 　　无：在包含平台的楼梯系统中，内部扶栏将终止于平台上的第一个或最后一个踏板的梯缘。 　　鹅颈式：用于存在过渡件密集和复杂扶栏轮廓的情况，如图（a）所示。 　　普通：用于存在过渡件密集与圆形扶栏轮廓的情况，图（b）所示 　　（a）鹅颈式　　　　　　（b）普通式
材质和装饰	
材质	指定扶手或顶部扶栏的材质
延伸（起始/底部）	
延伸样式	指定扶栏延伸的附着系统配置（如果有），支持墙、楼层（板）和支柱，如下图所示，也可无延伸 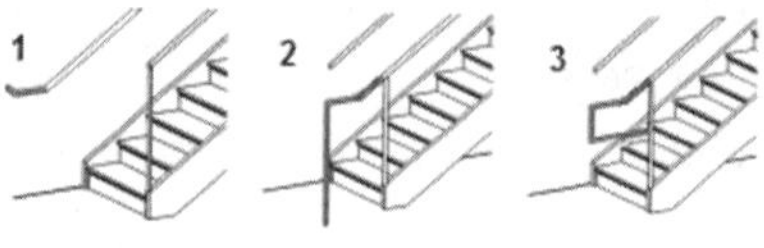 　　1　　　　　2　　　　　3 　墙　　楼层（板）　　支柱
长度	指定延伸的长度
加上踏板深度	选择此选项可将一个踏板深度添加到延伸长度
延伸（结束/顶部）	
延伸样式	参见"起始/底部延伸"
长度	参见"起始/底部延伸"
终端	
起始/底部终端	指定顶部扶栏或扶手的起始/底部的终端类型
结束/顶部终端	指定顶部扶栏或扶手的结束/顶部的终端类型
支座[支撑（仅扶手）]	
族	指定扶手支撑的类型
布局	指定扶手支撑的放置。 　　无。使用户可以手动放置支撑。 　　固定距离：使用下面定义的"间距"属性指定距离。 　　与支柱对齐：将支撑自动放置在栏杆扶手系统中的每个支柱上并水平居中。 　　固定数量：使用下面定义的"数量"属性指定支撑数。 　　最大间距：沿栏杆扶手系统放置最大数量的支撑，不超过"间距"值。 　　最小间距：沿扶栏路径适当放置最大数量的支撑，不小于"间距"值
间距	指定"布局"系统配置固定距离的间距值
对正	指定支撑位置的对正选项：(仅布局为固定距离时有效)。 　　起点：扶栏的下端（如果自动将扶栏放置在楼梯上），或第一个单击位置（如果手动放置扶栏）。 　　中心：整个扶手路径居中放置。 　　终点：扶栏的上端（如果自动将扶栏放置在楼梯上），或最后一个单击位置（如果手动放置扶栏）
数目	如果将"布局"设置为"固定数量"，该值将指定使用的支撑数
标识数据（略）	

（4）栏杆扶手（非连续）修改

栏杆扶手（非连续）位置和名称如图2.109所示。

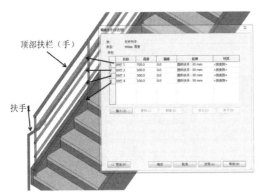

顶部扶栏（手）

扶手

图2.109　栏杆扶手（非连续）修改

在图2.109对话框可修改栏杆扶手类型的扶栏高度、偏移、轮廓、材质和数量，步骤如下。

① 在图2.107（a）对话框中，单击扶栏结构（非连续）后面的"编辑"，进入图2.109所示的编辑扶手（非连续）对话框。

② 在"编辑扶栏"对话框中，为每个扶栏指定下列属性。

● 名称：单击可修改扶栏的名字。
● 高度：扶栏相对于主体的高度。
● 偏移：扶栏相对于路径的水平偏移距离。
● 轮廓：单击可在下拉菜单中选择已载入的轮廓。
● 材质：单击可进入材质浏览器对话框，进入材质设置对话框。

③ 要另外创建扶栏，请单击"插入"。输入扶栏的名称以及高度、偏移、轮廓和材质属性。

④ 单击"向上"或"向下"可调整栏杆扶手在对话框中的顺序，在项目的竖向位置由高度值确定。

⑤ 单击"应用"，预览模型中的更改。

⑥ 完成后，单击"确定"。

> 注：对类型属性所做的修改会影响项目中同一类型的所有栏杆扶手。

（5）扶手支座（撑）的属性

若要修改栏杆扶手的支座，可按以下步骤。

① 选择扶手支座（可按 Tab 键帮助选择），如图2.110（a）所示。

② 单击"锁定"图标（🔒）解锁，支撑显示"解锁"图标（🔓），如图2.110（b）所示，才能进行修改，如实例替换。

③ 沿扶手路径拖动支撑，或使用"修改"面板上的移动工具（✛）。

④ 解锁后，可修改其实例属性和类型属性，如图2.110（c）和（d）所示，各参数含义见表2.20和表2.21。

> 注：要让支撑返回其原始位置，请单击"解锁"图标（🔓）。

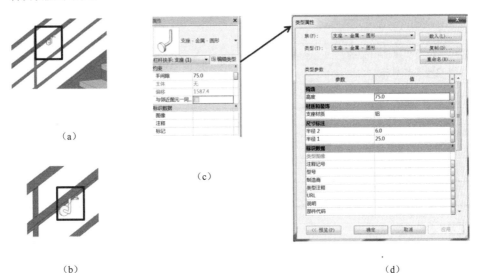

（a）

（b）

（c）

（d）

图2.110　扶手支座修改

表 2.20　扶手支座实例属性参数含义

名　称	说　明
限 制 条 件	
手间隙	指定从扶手顶部到支撑顶部的距离
主体	由栏杆扶手系统类型属性中的扶手"类型"属性确定（只读）
偏移	指定支撑顶部与扶栏的偏移距离
与邻近图元一同移动	确定支撑是否随邻近的图元一同移动
标识数据和阶段化（略）	

表 2.21　扶手支座类型属性参数含义

名　称	说　明
构　造	
高度	指定支撑底部相对于扶栏的位置
材质和装饰	
支座（撑）材质	指定支座（撑）的材质
支　座	
支座材质	指定支撑的材质。单击该值，然后单击"浏览"按钮以打开"材质"对话框
尺 寸 标 注	
半径 1	指定支撑臂的半径
半径 2	指定底部安装法兰的半径
其他	
弯曲半径	指定支撑臂与底部安装法兰连接处的弯曲半径
标识数据（略）	

（6）栏杆和支柱的属性

对于每个栏杆扶手类型，可以定义栏杆样式，指定栏杆族，附着到顶部和底部的方式、其间距、截断样式等属性。对于支柱，可以指定起点支柱、转角支柱和终点支柱的设计，如截面轮廓族，顶（底）偏移等。通过上述值的设置，可设计项目中大部分的栏杆，步骤如下。

① 在平面视图中，选择一个栏杆扶手。

② 在"属性"选项板上，单击 ▦ "编辑类型"。

> 注： 对类型属性所做的修改会影响项目中同一类型的所有栏杆扶手。

③ 在"类型属性"对话框中，单击"栏杆位置"对应的"编辑"，如图2.107（a）所示。

④ 在主样式对话框，名称列，可输入栏杆样式的名称。

⑤ 对于栏杆族，可执行表 2.22 栏杆的操作。

⑥ 对于基准，在底（顶）部列选择参照的对象，在顶（底）部偏移列，输入相应的偏移值。参照的对象含义见表 2.23。

⑦ 相对于前一栏杆的距离和偏移，其参数的含义见表 2.24。

表 2.22　栏杆的操作

目　标	操　作
显示扶栏和支柱，但不显示栏杆	选择"无"
使用已载入到项目中的栏杆族	在列表中选择一个栏杆
使用尚未载入到项目中的栏杆族	单击"插入"选项卡 ▶ "从库中载入"面板 ▶ 🔽 （载入族）

表 2.23　楼梯属性基准的含义

如果要指定基准作为…	操　作
楼板边缘、楼梯踏板、楼层或坡道	选择主体
图纸中的一个现有扶栏结构	在列表中选择指定的扶栏
图纸中没有定义的扶栏结构	选择"取消"，然后在"类型属性"对话框中单击"扶栏结构（非连续）"对应的"编辑"，添加相应的扶栏

表 2.24　相对于前一栏杆的距离和偏移参数的含义

相对前一栏杆的距离	控制样式中栏杆的间距，对于第一个栏杆（主样式表的第 2 行），该属性指定栏杆扶手段起点或样式重复点与第一个栏杆放置位置之间的间距。对于每个后续行，该属性指定新栏杆与上一栏杆的间距。 　　在列表中的最后一个栏杆之后，到样式终点还有一段距离。 如果样式终点后的栏杆扶手段仍然继续，则该样式将重复，直到没有足够的空间为止
偏移	相对栏杆扶手路径内侧或外侧的距离

⑧ 对于截断样式位置，其参数的含义见表 2.25。相应操作及目标如表 2.26 所示。

⑨ 指定对齐方式：起点、中点、终点、展开样式以匹配，其含义见表 2.27。

⑩ 如果为"对齐"选择了"起点""终点"或"中心"，则请选择"超出长度填充"，如超出长度中选择了具体的栏杆，则可指定栏杆的间距，其参数含义见表 2.28。

表 2.25　截断样式参数含义

截断样式位置	栏杆扶手段上的栏杆样式中断点
角度	此值指定某个样式的中断角度。如果"截断样式位置"的选择值为"角度大于"，则此属性可用
样式长度	"相对前一栏杆的距离"列中列出的所有值的和

表 2.26　截断样式的操作和目标

操　作	目　标
选择"每段扶手末端"	沿各栏杆扶手段长度展开
选择"角度大于"，然后输入一个"角度"值。 如果栏杆扶手转角等于或大于此值，则会截断样式并添加支柱。一般情况下，此值保持为 0。转角是在平面视图中进行测量的。 没有发生于转角处的栏杆扶手段截断将被忽略	在栏杆扶手转角处截断并放置支柱
选择"从不"。栏杆分布于整个栏杆扶手长度	无论栏杆扶手中的任何分离或转角，始终保持不发生截断

表 2.27　对齐方式

对齐	某个样式中的各个栏杆沿栏杆扶手段长度方向进行对齐
起点对齐	表示样式始自栏杆扶手段的始端。如果样式长度不是恰为栏杆扶手段长度的倍数，则最后一个样式实例和栏杆扶手段末端之间则会出现多余间隙
终点对齐	表示样式始自栏杆扶手段的末端。如果样式长度不是恰为栏杆扶手段长度的倍数，则最后一个样式实例和栏杆扶手段始端之间会出现多余间隙
中心对齐	表示第一个栏杆样式位于栏杆扶手段中心，所有多余间隙均匀分布于栏杆扶手段的始端和末端
展开样式以匹配	表示沿栏杆扶手段长度方向均匀扩展样式。 不会出现多余间隙，且样式的实际位置值不同于"样式长度"中指示的值

注：Revit 起点和终点的确定取决于栏杆扶手的绘制方式，绘制的第一点为起点

表 2.28　填充参数含义

超出长度填充	如果栏杆扶手段上出现多余间隙，但无法使用样式对其进行填充，用户可以指定此间隙的填充方式。可指定特定栏杆族填充多余间隙，并设置间隙增量。 可指定截断栏杆样式以填充多余长度，也可不进行指定以保持多余间隙不被填充。注意："对齐"设置为"起点""终点"或"中心"，才可使用此属性
间距	填充栏杆扶手段上任何多余长度的各个栏杆之间的距离。如果在"超出长度填充"属性选择了某个栏杆或支柱族，才可使用此属性

⑪ 楼梯上每个踏板都使用栏杆，勾选此选项，则相对前一栏杆的距离则为无效，并可指定每一踏板上的栏杆数量，如图2.111（d）和（e）所示。

⑫ 在"编辑栏杆位置"对话框的"支柱"下，指定起点支柱、转角支柱和终点支柱的族，如果不希望在栏杆扶手起点、转角或终点处出现支柱，请选择"无"。

⑬ 对于基准，在底（顶）部列选择参照的对象，在顶（底）部偏移列，输入相应的偏移值，其含义可参照第⑥步，空间列的距离是支柱沿栏杆路径的移动。

⑭ 转角支柱的位置设置，如图2.111（f）所示，其操作的含义如表2.29所示。

⑮ 单击"应用"，预览模型中的更改，符合要求后单击"确定"即可。

表2.29 转角支柱位置设置的含义

目　标	操　作
希望在各栏杆扶手段末端放置转角支柱	选择"每段扶手末端"
希望在栏杆扶手段转角大于指定值时放置转角支柱	选择"角度大于"，然后输入一个"角度"值。如果栏杆扶手转角大于此值，即会在转角处放置支柱。一般情况下，此值保持为0。这里需注意：1.转角是在平面视图中进行测量的；2.非转角处的栏杆扶手段截断将被忽略
无论栏杆扶手中出现什么分离或转角，都不希望放置支柱	选择"从不"

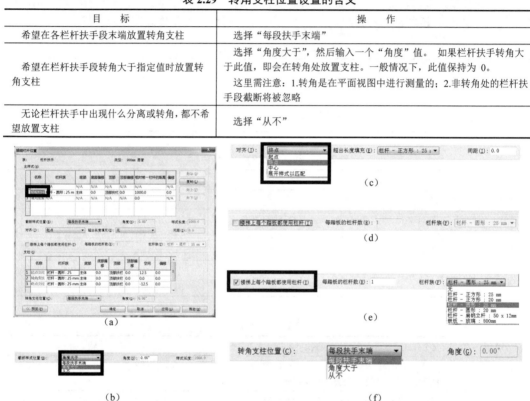

图2.111　栏杆与支柱设置

2.5.3　楼梯修改

楼梯创建完毕后，可通过对楼梯梯段、平台、栏杆扶手系统、支撑等的实例属性和类型属性进行修改，以满足项目中各种楼梯形式的需要。楼梯梯段、平台、栏杆扶手系统和支撑的实例与类型属性的修改，读者可参照2.5.2楼梯属性的相关内容进行修改。本节主要讲述草图模式下如何对楼梯梯段、踏步和平台的边界等进行修改。

（1）进入草图模式

① 在三维视图中，选择楼梯，单击工具面板上的"编辑楼梯"，如图2.112（a）所示，进入楼梯编辑界面。

② 在楼梯编辑界面，选择要编辑的梯段，单击工具面板上的"转换"工具，如图2.112（b）所示。

③ 弹出对话框，如图2.112（c）所示，关闭对话框，编辑草图命令高亮显示，如图2.112（d）所示，单击编辑草图，则进入草图编辑模式，如图2.112（e）和（f）所示。

注：图 2.112（e）所示为三维视图中草图编辑，图 2.112（f）所示为平面视图的草图编辑，建议在平面视图下进行编辑。

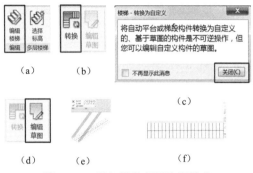

（a）　　　（b）

（c）

（d）　　（e）　　　　（f）

图 2.112　进入楼梯草图编辑模式

（2）在草图模式中对边界进行修改

进入草图编辑模式，可对楼梯的边界线、踢面线和路径进行修改，操作如下。

① 单击 "绘制" 面板 ▶ ▙（边界），对梯段或平台的边界线进行修改，如图 2.113（c）所示。

② 单击"绘制"面板 ▶ ▐▐ 踢面（踢面），对踢面的边界线进行修改，如图 2.113（c）所示，绘制左上踏步边界线。

③ 删除原有的踢面边界线，梯段和平台的边界线，如图 2.113（d）所示。

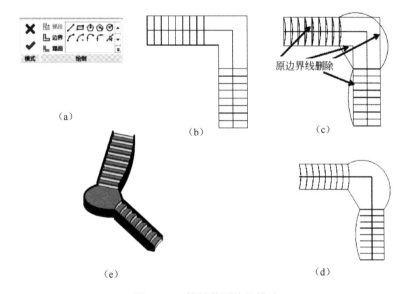

（a）

（b）

（c）

原边界线删除

（e）

（d）

图 2.113　楼梯草图编辑模式

④ 单击✔（完成编辑模式），退出草图模式，结果如图 2.113（e）所示。

2.5.4　楼梯文档

（1）给踏板和踢面编号

对于基于构件的楼梯，可在平面、立面或剖面视图中,给梯段的组成部分踏板/踢面进行编号，步骤如下。

注：1. 编号数字仅在标注视图中显示。

2. 踏板/踢面注释不能添加到基于草图的楼梯。

① 单击"注释"选项卡 ▶ "标记"面板 ▶ ⬚（踏板数量），如图 2.114（a）所示。

② 在 "属性"选项板中，修改实例属性，如标记类型、显示规则、对齐方式等，见图 2.114（b）。

③ 在平面视图中，将光标放在用户希望放置编号的参照上，从而高亮显示该参照（梯段上的位置），如图 2.114（c）所示。

④ 单击以放置踏板/踢面编号，结果如图 2.114（d）所示。

⑤ 如果需要，可以重复上一步，向楼梯中的所有梯段添加踏板/踢面编号。

⑥ 完成后，单击 Esc 以结束该命令。

注：1. 在剖面视图或立面视图中，踏板/踢面编号只能使用楼梯路径作为放置的参照。

2. 楼梯中所有梯段的踏板/踢面编号都是按顺序排列的。

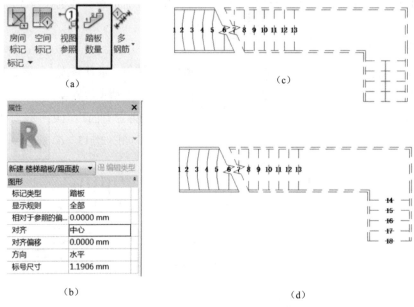

图 2.114　给踏板或踢面进行编号

（2）修改踏板和踢面编号

如果放置编号后，要修改踏板/踢面的编号，步骤如下。

① 选择踏板/踢面注释（根据需要使用 Tab 键将其高亮显示），如图 2.115（a）所示。

② 在选项栏上，根据需要更改"起始编号"的值，如图 2.115（b）所示，"踏板/踢面编号"的顺序将根据新值自动更改，并且楼梯中的所有踏板/踢面注释都将更新。

③ 在"属性"选项板中，修改实例属性，如图 2.115（c）所示。

④ 若要删除选定的踏板/踢面注释，请按"删除"。

（3）楼梯路径标注与移动

在平面图中，对于尚未显示楼梯路径的楼梯，可以添加注释以包含楼梯和行走线的向上方向，步骤如下。

① 依次单击"注释"选项卡 ▶ "符号"面板 ▶ ▦（楼梯路径），如图 2.116（a）所示。

② 选择楼梯，楼梯路径注释将在楼梯上显示，如图 2.116（b）和（c）所示。

③ 根据需要修改楼梯路径实例属性，如图 2.116（d）所示，选择不显示"向上"文字或显示其他文字，并指定文字字体和方向。

④ 还可以自定义楼梯路径族的类型属性，以将更改应用于使用此类型的所有楼梯路径，如图 2.116（e）所示。

（4）设置与修改楼梯的剪切标记

剪切标记是假想平面剖切获得平面视图时，假想平面与楼梯相交部位的剖切符号。可通过修改楼梯的剪切标记类型属性进行自定义，如修改现有剪切标记符号的类型属性，或复制类型以创建新剪切标记符号，然后根据需要更改属性参数值，步骤如下。

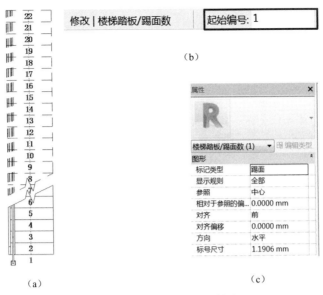

图 2.115 踏板/踢面编号修改

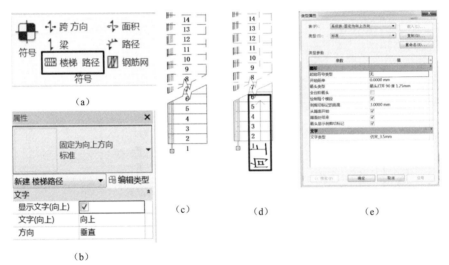

图 2.116 楼梯路径标注

① 在绘图区域中选择楼梯。

② 在属性选项板上，单击 ▦（编辑类型）。

③ 在"类型属性"对话框（用于楼梯类型）中的"图形"下单击"剪切标记类型"的值，然后单击浏览按钮，如图 2.117（a）所示。

④ 在"类型属性"对话框（用于剪切标记）中：

- 修改现有类型的属性；

- 单击"复制"，输入新类型的名称，然后修改属性。

⑤ 单击"确定"以关闭用于剪切标记类型的"类型属性"对话框。

⑥ 单击"确定"以关闭用于楼梯类型的"类型属性"对话框。

（5）创建不同详细程度的楼梯视图

如果想在平面视图[图 2.118（a）]中，仅以轮廓表示楼梯，如图 2.118（c）所示，或更详细的视图，包括所有楼梯模型和注释子类别，如踏板、踢面和楼梯走向信息。可通过如下设置实现。

① 在项目浏览器中的视图名称上单击鼠标右键，然后单击"复制视图" ➤ "带细节复制"，具体参照"4 视图图元"的相关内容。

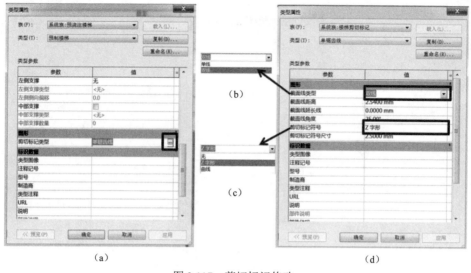

图 2.117　剪切标记修改

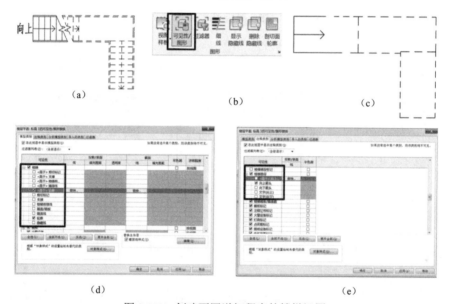

图 2.118　创建不同详细程度的楼梯视图

② 在项目浏览器中的视图"副本"上单击鼠标右键，然后单击"重命名"。

③ 在"重命名视图"对话框中，为视图输入一个描述性名称。

④ 在新视图处于打开状态时，单击"视图"选项卡 ▶ "图形"面板 ▶ 🗔 （可见性/图形），如图 2.118（b）所示。

⑤ 在"模型类别"选项卡上，展开"楼梯"，并清除除"<高于>轮廓"和"轮廓"外的所有子类别，如图 2.118（d）所示。

⑥ 在"注释类别"选项卡上，展开"楼梯走向"，然后清除"向上箭头"之外的子类别，如图 2.118（e）所示。

⑦ 单击"确定"，结果如图 2.118（c）所示。

（6）标记楼梯或单个楼梯构件

除了标记楼梯以外，还可以标记单个梯段、平台和支撑。标记可以放置在平面、剖面、立面和锁定的三维视图中。具体内容可参照本书"5 注释图元"。

第3章 构件图元

构件图元主要包括柱、梁、梁系统及其他结构构件、门、窗、家具、设备和植物等三维模型构件，该类图元属于可载入族，在添加图元之前，必须在项目中载入所需要的族。

本章主要从建模的角度讲解建筑柱、门、窗、家具的属性及应用。

3.1 建筑柱

建筑柱主要起装饰作用，其属性与墙体相同，种类较多，如矩形柱、壁柱、欧式柱、中式柱、圆柱等，也可根据设计需要创建建筑柱族载入项目使用。

（1）建筑柱的载入和属性编辑

① 单击"建筑"选项卡下"构建"的"柱"下拉按钮，如图3.1所示，在弹出的列表中选择"建筑柱"。从实例属性选择器中选择所需尺寸大小的柱子类型，如图3.2所示，如没有所需尺寸大小的类型，单击"类型属性"按钮，在"类型属性"编辑面板中选择"复制"并命名，如

图3.3所示，创建新的尺寸大小的建筑柱，并修改面板中柱子的长度、宽度等尺寸参数。

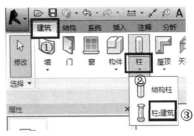

图3.1 建筑柱载入面板

图3.2 建筑柱实例类型

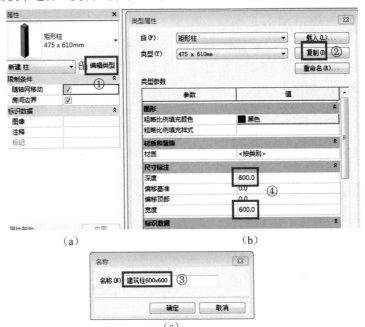

（a）　　　　　　　　　（b）

（c）

图3.3 建筑柱类型属性

② 如在实例属性面板中无所需的柱类型，在"插入"选项卡中选择"载入族"，打开相应的族库或自定义的建筑柱族载入，如图3.4所示。

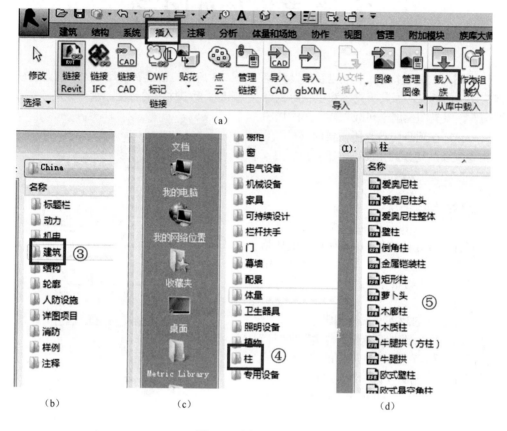

图 3.4　建筑柱族载入

③ 在实例属性面板中修改相应参数，如房间边界、随轴网移动等参数，前者确定放置的柱子是否为房间的边界，后者确定放置柱子时是否随着轴网移动，如图 3.5 所示。

④ 在选项栏设置放置标高等参数，如图3.6所示。放置后旋转是指确定放置后可继续进行旋转操作；高度/深度是指设置柱子布置方式为深度或高度值；未连接是指直接设置柱子高度数值，选择标高 1 或 2 时表示柱子高度直至所选标高。

注：1. 高度指以本层标高为柱底向上延伸。
2. 深度指以本层标高为柱顶向下延伸。

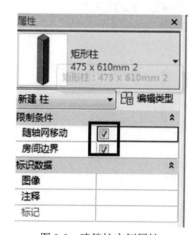

图 3.5　建筑柱实例属性

图 3.6　选项栏

（2）建筑柱的创建和调整

在完成柱子的实例属性和类型属性设置之后，调整选项栏参数，然后鼠标移至视图窗口点击相应位置放置柱子，按两次 Esc 键退出。单击放置的柱子，通过修改临时尺寸标注数字可调整柱子位置。

创建完毕后选择相应柱子，可继续修改其类型属性和实例属性。

3.2 门（窗）

作为基于主体的构件，门窗必须放于主体图元墙上，与墙体具有依附关系。删除墙体后，对应的门窗也随之删除。在项目中可以添加门窗到任何类型的墙内，也可以在平面视图、剖面视图、立面视图或三维视图中添加，添加门窗之后，Revit 将自动剪切墙体并放置门，插入点在创建族时进行设置。门窗图元模型在平面、立面、剖面视图中的显示表达并不是对应的剖切关系，其显示效果与门窗族创建时的参数设置有关，如图 3.7 所示。

（1）门（窗）的放置

① 打开一个平面、剖面、立面或三维视图。

② 单击"建筑"选项卡"门"选项，如图 3.8（a）所示。

③（可选）如果要放置的门类型与"类型选择器"中显示的门类型不同，从下拉列表中选择其他类型，如图 3.8（b）所示。

④（可选）如果希望在放置门时自动对门进行标记，单击"修改|放置门"选项卡"标记"面板（在放置时进行标记），然后在选项栏上指定标记选项，如图 3.9 所示。

⑤ 将光标移到墙上以显示门的预览图像。在平面视图中放置门时，按空格键可调整门开启方向和门轴位置，也可以点击翻转控制柄调整门开启方向和门轴位置。同样通过翻转控制柄可调整窗的水平方向或垂直方向，如图 3.10 所示。默认情况下，翻转控制柄所在部位为门窗的外部。

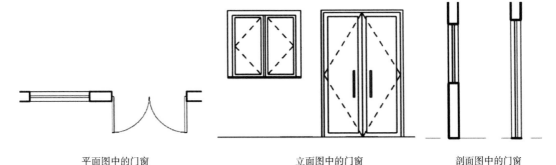

平面图中的门窗　　　　　　　　　立面图中的门窗　　　　　　剖面图中的门窗

图 3.7　门窗在平面、立面、剖面视图中的显示表达

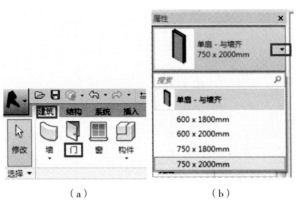

（a）　　　　　　　　　（b）

图 3.8　门类型选择

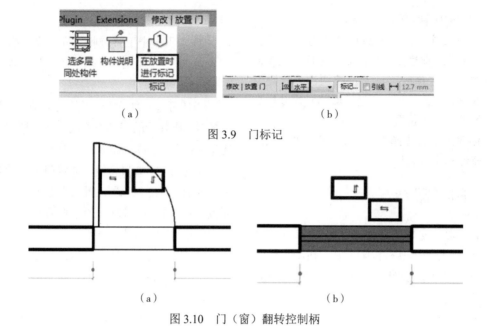

（a）   （b）

图 3.9　门标记

（a）   （b）

图 3.10　门（窗）翻转控制柄

⑥ 若要修改类型属性，单击"属性"面板 ► （类型属性），复制并命名新的门或窗类型，以增加新的类型，如 C0820、M1524 等，然后修改属性栏中相应的高度、宽度参数，如图 3.11 所示。

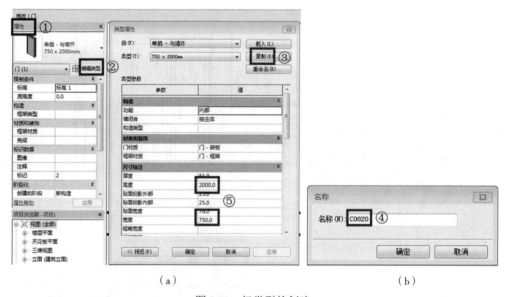

（a）   （b）

图 3.11　门类型的创建

注：高度、宽度、材质、窗台高等参数在类型属性栏中的位置，不同类型的窗可能不同，与建立族时参数的设置有关系。

⑦ 预览图像位于墙上所需位置时，单击以放置门。

⑧ 通过临时尺寸调整门或窗的位置。单击临时尺寸数字，输入所需尺寸，如图 3.12 所示。默认情况下，临时尺寸标注指示从门中心线到最近垂直墙的中心线的距离。要更改这些设置，参见临时尺寸标注设置。

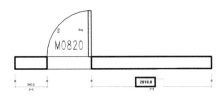

图 3.12　门的临时尺寸调整

⑨ 门的主体更换。若要将门移到另一面墙，选择门 ➤ 单击"修改|门"选项卡"主体"面板，"拾取新主体" ➤ 将光标移到另一面墙上，当预览图像位于所需位置时，单击以放置门，如图 3.13 所示。

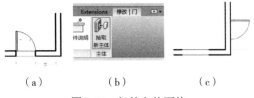

（a）　　　　（b）　　　　（c）

图 3.13　门的主体更换

（2）门的位置、方向调整

在平面视图中选择门，单击鼠标右键，然后单击所需选项：修改门轴位置（右侧或左侧）、门打开方向（内开或外开），如图 3.14 所示；也可以用鼠标左键单击翻转控制柄直接调整，或者选择门，按空格键调整门的方向，如图 3.15 所示。

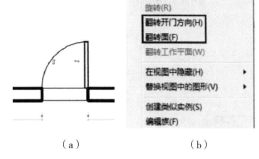

（a）　　　　　　　　（b）

图 3.14　通过右键调整门翻转方向和翻转面

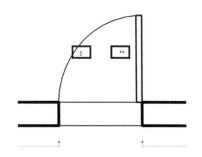

图 3.15　平面视图中门的翻转控制符号

（3）外部门族的载入

插入 ➤ 载入族，如图 3.16 所示，找到相应族文件，如图 3.17 所示。

图 3.16　载入族

（a）　　　　　　　　　　　　　　（b）

图 3.17　外部门族的载入

通过项目浏览器放置门族：项目浏览器 ➤ 族 ➤ 门，选中所需要族，左键点击拖动至项目视图中，如图 3.18 所示。

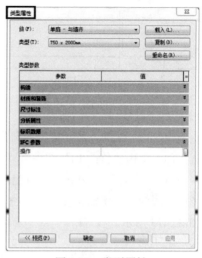

图 3.20　类型属性

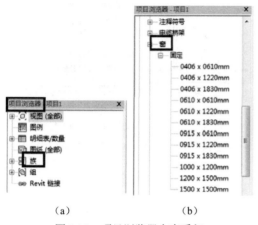

（a）　　　　　　　　（b）

图 3.18　项目浏览器中查看门

（4）门标记

参见本书"5 注释图元"。

（5）门材质修改

参见本书"2.1.1.2 墙体材质修改与添加"。

（6）门创建完毕后的调整

选择门可调整实例、类型属性，也可以替换实例（如图 3.19 所示）或类型（如图 3.20 所示）。

例：在一、二层标高创建如图 3.21 所示墙体，并创建门窗实例。

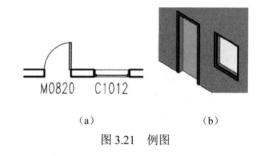

M0820　　C1012

（a）　　　　　　　　（b）

图 3.21　例图

① 创建墙体。

② 进入平面视图（或者立面视图、三维视图），点击"建筑"选项卡 ➤ "门"（门的创建快捷方式：DR），属性栏选择门类型，如图 3.22（a）所示，鼠标移至墙体图元上，点击放置门。

注：插入门窗时输入"SM"，自动捕捉到中点插入。

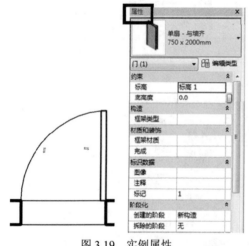

图 3.19　实例属性

门的修改操作，如复制、镜像、移动、旋转、对齐、位置调整与精确定位等命令参见 0.6 节常用编辑操作。

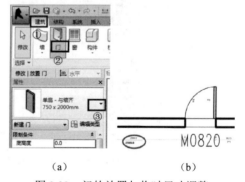

（a）　　　　　　　　（b）

图 3.22　门的放置与临时尺寸调整

插入门窗时在墙内外移动鼠标改变内外开启方向,也可按空格键改变开启方向、门轴位置。

　　创建完毕后选择门,调整临时尺寸以改变门的位置,如图3.22(b)所示。

　　③ 门类型的创建:门类型的创建可通过两种方式创建。

　　第一种方式:在创建门时点击属性栏中的"编辑类型",然后点击"复制"并命名类型,如图3.23所示,并在类型属性面板中修改门的高度、宽度、材质等参数,注意面板中选项不同的门类型,其选项不同。

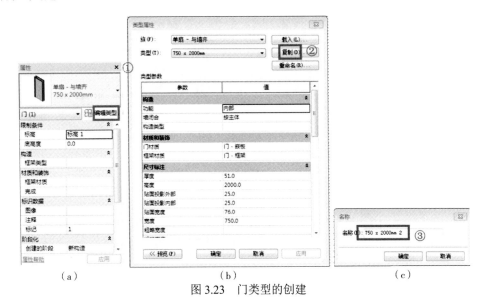

(a) 　　　　　　　(b) 　　　　　　　(c)

图3.23　门类型的创建

　　第二种方式:通过选择已创建的门,然后点击属性栏面板中的"编辑类型"进行创建,点击属性栏中的"编辑类型",并在类型属性面板中修改门的高度、宽度等参数。

　　④ 门实例属性的修改:选择创建的门图元,点击门类型下拉菜单,选择相应的门类型。在属性栏中可修改门的相应参数,如图3.24所示。

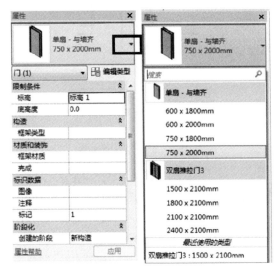

(a) 　　　　　　　(b)

图3.24　门实例属性修改

⑤ 门类型属性的修改：选择已创建的门实例，点击属性栏中的"编辑类型"，调整相关参数。

⑥ 门方向的修改：选择已创建的门实例，按空格键，每按一次，门方向改动一次，直至需要的方向；也可单击翻转控制柄进行调整或者单击鼠标右键进行修改。

⑦ 外部门族的载入：选项板"插入" ➤ "载入族"，找到相应的门族载入即可，如图3.25所示。

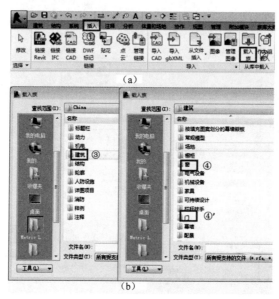

图 3.25 外部门族载入

⑧ 楼层不同但水平投影位置相同的门的创建：选择创建的门实例，右键 ➤ 选择全部实例 ➤ 在视图中可见，如图3.26所示 ➤ 复制到剪贴板 ➤ 粘贴 ➤ 与选定的标高对齐：选择相应的标高，即可复制到相应的标高上，如图3.27所示。

最终成果如图3.28所示。

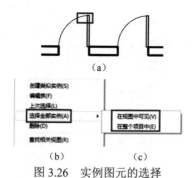

图 3.26 实例图元的选择

3.3 家具等构件图元

（1）通过功能区面板放置家具

① 打开适用于要放置的构件类型的项目视图，如平面视图或三维视图。进行如下之一操作。

- "建筑"选项卡"构件"面板：放置构件，如图3.29所示。
- "结构"选项卡"模型"面板 "构件"下拉列表：放置构件，如图3.30所示。
- "系统"选项卡"模型"面板"构件"下拉列表：放置构件，如图3.31所示。

（a）　　　　　　　　　　（b）　　　　　　　　　　（c）

图 3.27　通过复制创建不同楼层的门或窗

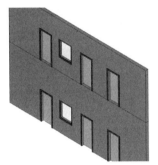

图 3.28　插入门窗后三维视图中的效果

图 3.29　从建筑面板插入构件

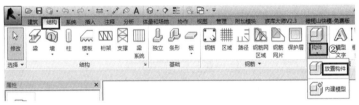

图 3.30　从结构面板插入构件

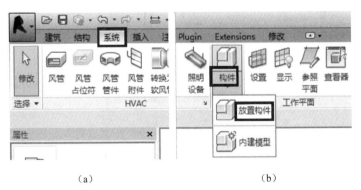

（a）　　　　　　　　　　　　（b）

图 3.31　从系统面板插入构件

② 在实例"属性"选项板顶部的"类型选择器"中，选择所需的构件类型，如图3.32所示。

图 3.32　构件类型选择

③ 如果选定构件族为基于面或基于工作平面的族，在"修改 | 放置构件"选项卡 ▶ "放置"面板上单击下列选项之一：放置在垂直面上，此选项仅允许放置在垂直面上；放置在面上，与方向无关；放置在视图中定义的工作平面上，可以在工作平面上的任何位置放置构件。

④ 在绘图区域中，移动光标直到构件的预览图像位于所需位置。如果要修改构件的方向，请按空格键以通过其可用的定位选项旋转预览图像。

⑤ 当预览图像位于所需位置和方向后，单击以放置构件。

（2）通过项目浏览器放置家具

进入项目浏览器 ▶ 族 ▶ 家具、橱柜族图元，选中相应的族拖动到项目中，在视图中点击，如图 3.33 所示，然后按 ESC 键确认。如需要修改族类型参数，操作步骤与门窗相同。

（3）将基于工作平面或基于面的构件图元移动到其他主体

可以将基于工作平面或基于面的构件或图元移动到其他工作平面或面上，基于工作平面的图元包括线、梁、模型文字和族几何图形，如橱柜、装置、家具和植物，锅炉、热水器和卫浴装置，结构中的梁构件等。操作步骤如下。

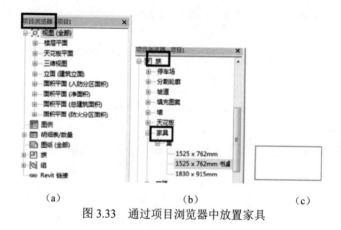

（a）　　　　　　　（b）　　　　　　　（c）

图 3.33　通过项目浏览器中放置家具

① 在绘图区域中，选择基于工作平面或基于面的图元或构件，如图 3.34 所示。

② 单击"修改 |<族类别>"选项卡"工作平面"面板（拾取新工作平面），如图 3.35 所示。

③ 在"放置"面板上，选择下列选项之一：面、工作平面，如图 3.36 所示。

④ 在绘图区域中，移动光标直到高亮显示所需的新主体（面或工作平面），且构件的

预览图像位于所需的位置，然后单击以完成移动，如图 3.37 所示。

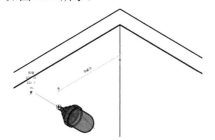

图 3.34　选择构件图元

图 3.35　拾取新的命令面板

图 3.36　面或工作平面选择

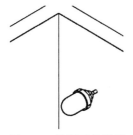

图 3.37　放置后的效果

（4）将基于标高的构件移动至其他主体

基于标高的构件包括家具、植物和卫浴装置，可以将基于标高的构件移动到其他标高、楼板或表面，所放置的构件保持在主体的无限平面上。将桌子放置在楼板上，如图 3.38 所示；然后将桌子拖曳至楼板边界之外时，桌子将保持在与楼板相同的平面上，如图 3.39 所示。

若将构件移至不同主体上，如将图 3.40（a）中书桌自标高 2 移至标高 1，步骤如下。

① 在剖面视图或立面视图中，选择基于标高的构件。

② 单击"修改 |<族类别>""主体"面板：拾取新主体，如图 3.40（b）所示。

③ 在绘图区域中，高亮显示所需的新主体（楼板、表面或标高），然后单击以完成移动，如图 3.40（c）所示。

图 3.38　立面视图中位于楼板上的书桌

图 3.39　立面视图中书桌移至标高上的效果

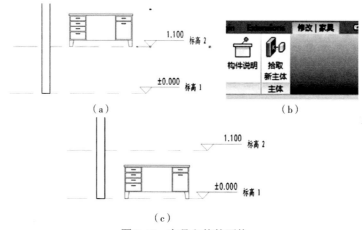

（a）　　　　　　　　　　（b）

（c）

图 3.40　家具主体的更换

第 **4** 章　视图图元

在计算机领域，视图是一个虚拟表，指计算机数据库中的视图，基本内容由查询定义组成，同真实的表一样，视图包含一系列带有名称的列和行数据。在建筑制图中，视图是将物体按正投影法向投影面投射时所得到的投影。在 Revit 中视图图元包含楼层平面图、天花板平面图、三维视图、立面图、剖面图及明细表等。

在 Revit 中，视图图元的平面图、立面图、剖面图及三维轴测图、透视图等都是基于模型生成的视图表达，它们是相互关联的，可以通过软件对象样式的设置来统一控制各个视图的对象显示，如图 4.1 所示。

图 4.1　可见性控制视图

每一个平面、立面、剖面视图都具有相对的独立性，如每一个视图都可以对其进行构件可见性、详细程度、出图比例、视图范围等的设置。下面对主要平、立、剖面，三维，明细表视图进行简单的介绍。

4.1　平面视图

平面视图属于二维视图，是 Revit 最重要的设计视图，大部分设计内容都是在平面视图中操作完成的。除常用的楼层平面视图、天花板投影平面视图、结构平面视图、场地平面视图和面积平面视图外，设计中常用的房间分析平面、可出租和总建筑面积平面、防火分区平面等平面视图都是从楼层平面视图演化而来的，并和楼层平面视图保持一定的关联关系。

4.1.1 平面视图的创建

平面视图的创建有如下三种方式。

（1）绘制标高时创建

在立面视图中创建标高时，勾选选项栏中的"创建平面视图"选项，则会自动创建相关视图。

（2）"平面视图"命令

当通过复制和阵列创建标高时，不自动创建平面视图。可通过单击"视图"选项卡 ▶ "创建"面板 ▶ "平面视图"选择要创建的相关平面视图。

（3）"复制视图"工具

有三种方式，具体见表4.1。

楼层平面、结构平面、天花板平面和三维视图的相关概念及创建方法如表4.2所列。

表 4.1　复制视图工具

命　令	内　　容
复制视图	该命令中复制图中的轴网、标高和模型图元，其他门窗标记、尺寸标注、详图线等注释类图元都不复制。而且复制的视图和原始视图之间仅保持轴网、标高、现有及新建模型图元的同步自动更新，后续添加的所有注释类图元都只显示在创建的视图中，在复制的视图中不同步
带细节复制	复制当前视图所有的轴网、标高、模型图元和注释图元。但复制的视图和原始视图之间仅保持轴网、标高、现有及新建模型图元、现有注释图元的同步自动更新，后续添加的所有注释类图元都只显示在创建的视图中，在复制的视图中不同步
复制作为相关	可复制当前视图所有的轴网、标高、模型图元和注释图元，而且复制的视图和原始视图之间保持绝对关联，所有现有图元和后续添加的图元始终自动同步

注：也可在项目浏览器的"楼层平面"节点下选择要复制的视图，单击鼠标右键，选择"复制视图"的相关命令，复制视图后再"重命名"视图。

表 4.2　平面视图相关概念与创建方法

名　　称		概　　念	创　建　方　法
楼层平面视图		楼层平面视图是新建项目的默认视图，为建筑平面视图	1.绘制新标高时自动创建； 2."视图"选项卡 ▶ "创建"面板 ▶ "平面视图"下拉列表 ▶ ▣（楼层平面）
结构平面视图		结构平面视图是使用结构样板开始新项目时的默认视图	1.绘制新标高时自动创建； 2."视图"选项卡 ▶ "创建"面板 ▶ "平面视图"下拉列表 ▶ ▦（结构平面）
天花板投影平面视图		天花板的投影视图	1.绘制新标高时自动创建； 2."视图"选项卡 ▶ "创建"面板 ▶ "平面视图"下拉列表 ▶ ▤（天花板投影平面）
面积平面视图		面积平面是模型中面积方案的视图	"视图"选项卡 ▶ "创建"面板 ▶ "平面视图"下拉列表 ▶ ▧（面积平面）
三维视图	正交三维视图	正交三维视图用于显示三维视图中的建筑模型，在正交三维视图中，不管相机距离的远近，所有构件的大小均相同	1.打开一个平面视图、剖面视图或立面视图； 2.单击"视图"选项卡 ▶ "创建"面板 ▶ "三维视图"下拉列表 ▶ "相机"； 3.在选项栏上清除"透视图"选项； 4.在绘图区域中单击一次以放置相机，然后再次单击放置目标点

名 称	概 念	创 建 方 法
三维视图	透视三维视图	透视三维视图用于显示三维视图中的建筑模型，在透视三维视图中，越远的构件显示得越小，越近的构件显示得越大	1. 打开一个平面视图、剖面视图或立面视图。 2. 单击"视图"选项卡 ▶ "创建"面板 ▶ "三维视图"下拉列表 ▶ "相机"； 3. 在选项栏上勾选"透视图"选项； 4. 在绘图区域中单击以放置相机，将光标拖曳到所需目标然后单击即可放置
	默认三维视图	相当于将相机放置在模型的东南角之上，同时目标定位在第一层的中心

4.1.2 平面视图编辑与设置

创建的平面视图，可以根据设计需要，通过视图控制栏（图 4.2 所示）或视图实例属性面板中（图 4.3 所示）的选项设置视图比例、图元可见性、详细程度、显示样式、视图裁剪等。

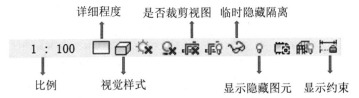

图 4.2 视图控制栏

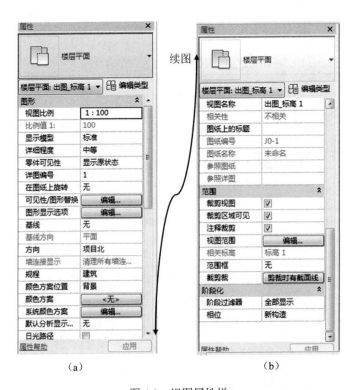

（a） （b）

图 4.3 视图属性栏

4.1.2.1 视图范围、平面区域与截剪裁

Revit 中平面视图图元的显示,由视图范围、平面区域与截剪裁的参数设置控制。

4.1.2.2 视图范围的概念

视图范围是控制对象在视图中的可见性和外观的水平平面集。每个平面图都具有视图范围属性,该属性也称为可见范围。定义视图范围的水平平面为"俯视图""剖切面"和"仰视图"。顶剪裁平面和底剪裁平面表示视图范围的最顶部和最底部的部分。剖切面是一个平面,用于确定特定图元在视图中显示为剖面时的高度。这三个平面可以定义视图范围的主要范围。

视图深度是主要范围之外的附加平面。更改视图深度,以显示底裁剪平面下的图元。默认情况下,视图深度与底剪裁平面重合。

图 4.4 显示了平面视图的视图范围⑦:顶部①、剖切面②、底部③、偏移(从底部)④、主要范围⑤和视图深度⑥。

右侧平面视图显示了②视图范围的结果。平面视图范围的设置如图 4.5 所示。

与剖切平面相交的图元,在平面视图中,除非指定基线以显示视图范围之外的标高平面视图的内容,否则视图范围外的图元不会显示在该视图中。与剖切面相交的图元,Revit 使用以下规则显示。

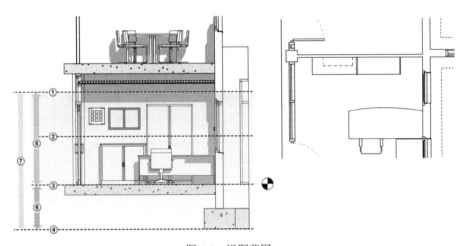

图 4.4 视图范围

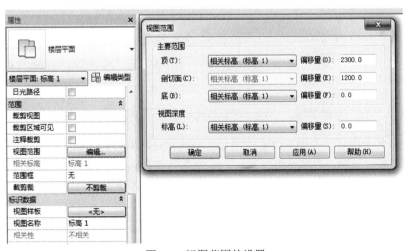

图 4.5 视图范围的设置

- 使用其图元类别的剖面线宽绘制。
- 当图元类别没有剖面线宽时，该类别不可剖切，此图元使用投影线宽绘制。

例外情况包括以下内容：

- 高度小于 6ft（或 2m）的墙不会被截断，即使它们与剖切面相交。如创建的墙的顶部比底剪裁平面高 6ft（或 2m），则在剖切平面上剪切墙。当墙顶部不足 6ft（或 2m）时，整个墙显示为投影，即使是与剖切面相交的区域也是如此；
- 如族被定义为不可剖切，则其图元与剖切面相交时，使用投影线宽绘制（如图 4.6 中②所示）；
- 如族被定义为可剖切，则其图元与剖切面相交时，使用剖切线宽绘制（如图 4.6 中①所示）。

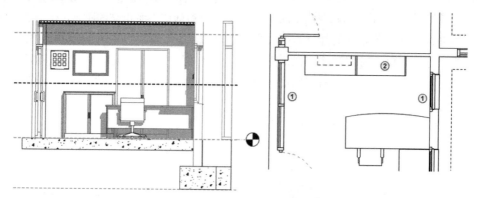

图 4.6　与剖切平面相交的图元显示

低于剖切面且高于底剪裁平面的图元，在平面视图中，Revit 使用图元类别的投影线宽绘制这些图元。图 4.7 所示，蓝色高亮显示低于剖切面且高于底剪裁平面的图元（图中框、桌、椅等），右侧平面视图显示以下内容：使用投影线宽绘制的图元（①所示），因为它们不与剖切面相交（橱柜、桌子和椅子）。

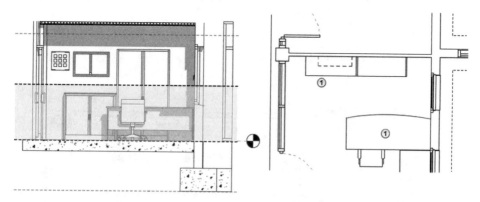

图 4.7　低于剖切面且高于底剪裁平面的图元

低于底剪裁平面且在视图深度内的图元使用<超出>线样式绘制，与图元类别无关。

例外情况：位于视图范围之外的楼板、结构楼板、楼梯和坡道使用一个调整后的范围，比主要范围的底部低 4ft（约 1.22m）。在该调整范围内，使用该类别的投影线宽绘制图元。如果它们存在于此调整范围之外但在视图深度内，则使用<超出>线样式绘制这些图元。如在图 4.8 中，蓝色高亮（粗虚线间灰色的部分）显示指示低于底剪裁平面且在视图深度内的图元（图中地面以下部分）。右侧平面视图显示以下内容：

① 使用<超出>线样式绘制的视图深度内的图元（基础）；

② 使用投影线宽为其类别绘制的图元，因为它满足例外条件。

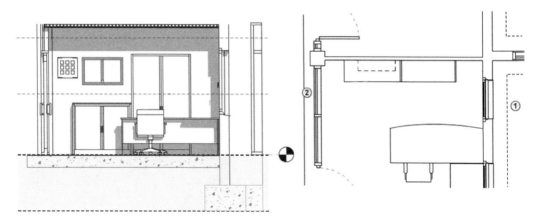

图 4.8　低于底剪裁平面且在视图深度内的图元

高于剖切面且低于顶剪裁平面的图元，这些图元不会显示在平面视图中，除非其类别是窗、橱柜或常规模型。这三个类别中的图元使用从上方查看时的投影线宽绘制。如图 4.9 中，蓝色高亮（虚线间的灰色部分）显示指示视图范围顶部和剖切平面之间出现的

图元（图中装饰画等），右侧平面视图显示以下内容。①使用投影线宽绘制的壁装橱柜。在这种情况下，在橱柜族中定义投影线的虚线样式。②未在平面中绘制的壁灯（照明类别），因为其类别不是窗、橱柜或常规模型。

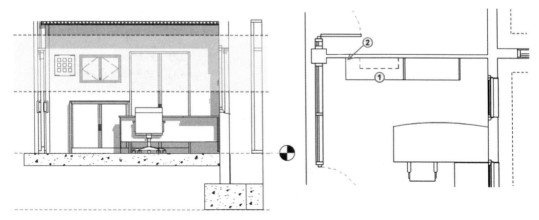

图 4.9　高于剖切面且低于顶剪裁平面的图元

4.1.2.3　平面区域

平面区域用于定义平面视图中的多个剖切面。单击"视图"选项卡 ▶ "创建"面板 ▶ "平面图"下拉列表 ▶ ⬚（平面区域），启动创建命令，在平面视图中相应位置使用线、矩形或多边形绘制闭合环，即可创建平面区域。如图 4.10 所示，可选中平面区域的绿色虚线（图右侧虚线），在属性栏中，视图范围，

设置平面区域的视图范围剖切面偏移量高于墙底高（1600mm），使墙 2 显示在平面图中。

如果不需要平面区域的绿色虚线（图右侧虚线）显示在平面图中，可通过单击"视图"选项卡 ▶ "图形"面板 ▶ ⬚（可见性/图形）▶ 单击"注释类别"选项卡 ▶ 滚动至"平面区域"类别，选中或清除该复选框以显示或隐藏平面区域。

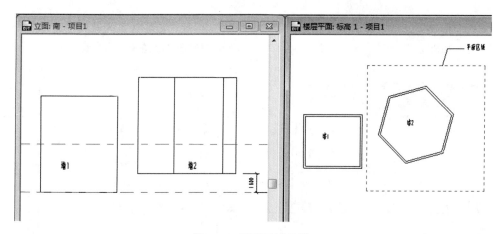

图 4.10　平面区域示例

4.1.2.4　截剪裁

控制给定剪裁平面下方的模型零件的可见性，设置方法如下。

① 在项目浏览器中，打开要由截剪裁平面剖切的平面视图。

② 在"属性"选项板上的"范围"下，找到"截剪裁"参数。

③ "截剪裁"参数可用于平面视图和场地视图。

④ 单击"值"列中的按钮。此时显示"截剪裁"对话框，如图 4.11 所示。

截剪裁设置对平面视图的影响如下。图

4.12（a）所示为二层建筑，在侧面有两斜墙，在二层平面视图中，三种设置对平面视图显示的影响如图 4.12（b）所示。

图 4.11　截剪裁操作对话框

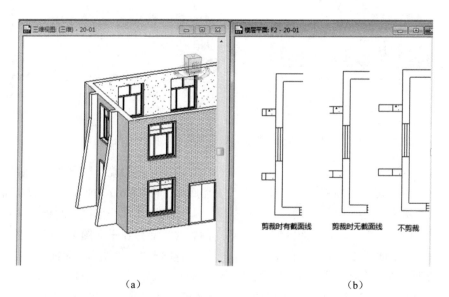

（a）　　　　　　　　　　　（b）

图 4.12　截剪裁设置对平面显示的影响

4.1.2.5 视图裁剪

视图裁剪功能在视图设计中非常重要，在大项目分区显示、分幅出图等情况下可以使用该功能调整裁剪范围，显示视图局部。裁剪区域定义了项目视图的边界，可以在所有图形项目视图中显示模型裁剪区域和注释裁剪区域，透视三维视图不支持注释裁剪区域。

（1）模型裁剪与注释裁剪

模型裁剪区域可用于裁剪位于模型裁剪边界上的模型图元、详图图元（例如隔热层和详图线）；注释裁剪区域可用于裁剪接触到的注释图元，只要注释裁剪区域接触到注释图元的任意部分，就会完全裁剪注释图元。

模型裁剪与注释裁剪的打开如图 4.13（a）所示，勾选属性栏范围中的裁剪视图、裁剪区域可见、注释裁剪，在平面视图中显示如图 4.13（b）所示的回形嵌套的矩形裁剪框：内框（实线）为模型裁剪框，外框（虚线）为注释裁剪框。

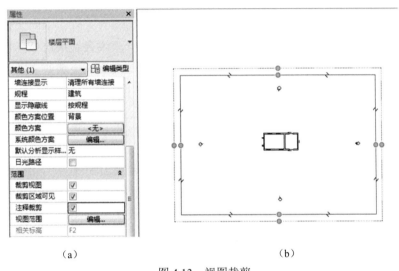

（a）　　　　　　　　　　　　　　（b）

图 4.13　视图裁剪

（2）编辑裁剪区域

在平面、立面或剖面视图中，选择裁剪区域，然后单击"编辑修改｜<视图类型>"选项卡 ▶ "模式"面板 ▶ ⬚编辑裁剪，使用"修改"和"绘制"面板上的工具根据需要编辑裁剪区域。修改或删除现有的线，然后绘制完全不同的形状，完成后，单击✔（完成编辑模式）。

（3）裁剪视图功能的其他应用

① 轴网标头与裁剪框

当轴网标头在模型裁剪框之内时，轴头为 3D 修改状态，在模型裁剪框之外时，为 2D 修改状态。在平面设计中如需要单独调整某层轴网标头位置，即可使用此功能。

② 楼梯间、卫生间详图设计

先用"带细节复制"工具复制并重命名平面视图，然后裁剪视图到楼梯间或卫生间位置。该详图在项目浏览器中和原平面图在同一节点下。在裁剪后的视图中标注尺寸、文字注释等，创建局部详图。此方法创建的详图，在原平面视图中没有索引详图的索引框，符合国内设计师习惯。但也没有详图索引标头，原始平面图和详图之间没有对应的索引关系不如索引详图方便。

4.2　立面视图

在 Revit 中，立面视图是默认样板的一部分。当用户使用默认样板创建项目时，项目将包含东、西、南、北 4 个立面视图。在立面视图中绘制标高线，将自动为每条标高线创建一个对应的平面视图。除了东南西北 4 个立面视图外，还可以根据设计需要创建更多的立面视图，如室内立面视图、参照立面视图。

东南西北 4 个正立面视图是根据楼层平面视图上的 4 个不同方向的立面符号 ⊙ 自动创建的，立面符号由立面标记和标记箭头两部分组成，如图 4.14 所示。

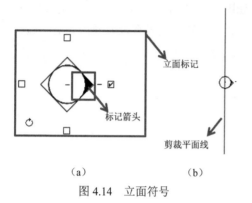

（a）　　　　　　　（b）
图 4.14　立面符号

① 单击选择完整的立面标记，如图 4.14（a）所示，符号四面有 4 个正方形复选框（不同模板外观可能不同），勾选即可自动创建一个立面视图。单击并选定左下角的旋转符号，可以旋转立面符号，创建斜立面。此功能无法精确控制旋转角度，可用修改中的旋转命令创建斜立面。

② 单击圆外的黑色三角标记箭头，在立面符号中心位置出现一条蓝色的线 [图 4.14（b）中右侧直线] 代表立面剪裁平面，如图 4.14（b）所示。

注：如果建筑的范围超出了 4 个立面符号的范围，范围外的构件在立面上不显示。可通过移动工具将立面符号及蓝色线（剪裁线）移动到建筑范围之外。

如果删除立面符号，则对应的立面视图也将被删除。虽然可以用"立面"命令重新创建立面视图，但在原来视图中已经创建的尺寸标注、文字注释等注释图元将不能恢复。

4.2.1　创建立面视图

立面视图包括室内立面视图、框架立面视图、参照立面视图。

4.2.1.1　立面视图的创建

① 打开平面视图。

② 单击"视图"选项卡 ➤"创建"面板 ➤"立面"下拉列表 ➤ 🏠（立面）。

③ 此时会显示一个带有立面符号的光标，移动光标，把立面符号放在相应的位置。

④ 可通过勾选或不勾选相应的方框设置相应的立面，如图 4.14（a）所示。

⑤（可选）在项目浏览器，更改新建的立面视图名称。

4.2.1.2　室内立面视图

室内立面视图依然是用"立面"工具创建，其创建、裁剪范围设置、重命名、打开方法同立面视图一样，不同之处为：室内立面创建时，其左右裁剪边界自动定位到左右内墙面，通常默认上裁剪边界自动定位到上面楼板的下表面，下裁剪边界自动定位到下面楼板或天花板的下表面。不满足时，可通过立面视图裁剪边界，根据需要调整裁剪边界位置。

4.2.1.3　框架立面视图

框架立面视图是一种特殊的立面视图，可作为辅助设计的一个工作平面使用。当创建竖向结构支承或创建其他模型图元，但在常规平面等视图中难以捕捉定位时，可以使用框架立面视图功能。

Revit Architecture 可以自动捕捉并对齐图中已有的轴线、已命名的参照平面图元来创建框架立面视图，同时将该轴线或参照平面作为该立面视图的工作平面，然后即可直接在图中创建结构支承等图元，无须再设置工作平面。框架立面视图的裁剪范围也被限制在垂直于选定轴线的左右相邻轴线之间的区域。

步骤如下。

① 单击"视图"选项卡 ➤ "创建"面板 ➤ "立面"下拉列表 ➤ ✎（框架立面）。

② 将框架立面符号垂直于选定的轴网线或参照平面线并沿着要显示的视图的方向放置，然后单击以将其放置，如图 4.15（c）所示。

③ 按 Esc 键完成，可通过图 4.15（c）所示框内的拖曳符号调整立面 1-a 的视图范围。

④ 双击立面箭头可打开框架立面。

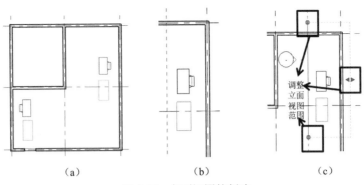

图 4.15　立面视图的创建

4.2.1.4　参照立面视图

前面用"立面"工具创建立面和框架立面视图时，都在项目浏览器中创建了一个真实的立面视图，可以在其中进一步完善立面施工图设计。而在实际设计中，经常有几个地方的立面视图完全一样的情况，那么就需要在项目浏览器中创建一个立面视图，其他地方都用参照立面视图功能直接指向该立面视图即可，从而减少重复劳动。

另外，在设计前期，当模型还不够完善，立面视图不能用来做汇报时，可以把已经完成的效果图或草图文件载入到项目中，然后用参照立面功能在模型立面和该视图之间创建关联关系。

（1）参照现有立面视图

参照图 4.15 已创建的立面 1-a。步骤如下。

① 单击"视图"选项卡 ➤ "创建"面板 ➤ "立面"下拉菜单 ➤ 🏠（立面）。

② 在"参照"面板上，勾选"参照其他视图"，如图 4.16（a）所示。

③ 从下拉列表中选择参照视图"立面1-a"，如图 4.16（a）所示。

④ 结果如图 4.16（b）所示。

⑤ 在浏览器中并没有创建新的立面视图，双击参照立面符号则打开立面 1-a 视图。

（a）　　　　　　　　　　　　　　（b）

图 4.16　参照立面创建

（2）参照图纸视图

用外部视图做立面的参照并建立关联，创建方法如下。

① 单击"视图"选项卡 ➤ "创建"面板 ➤ 🖶（绘图视图），如图 4.17（a）所示。

② 在"新绘图视图"对话框中，输入一个值作为"名称"，然后选择一个值作为"比例"。

③ 如果选择"自定义"，请输入一个值作为"比例值"，单击"确定"。

④ 绘图视图将在绘图区域中打开，单击"插入"选项卡 ➤ "导入"面板 ➤ 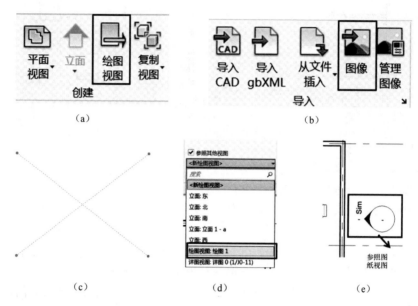（图像），如图 4.17（b）所示。

图 4.17　参照图纸视图创建

⑤ 在"导入图像"对话框中，定位到包含要导入的图像文件的文件夹，选择文件，然后单击"打开"。

⑥ 导入的图像将显示在绘图区域中，并随光标移动。此图像以符号形式显示，带有两条交叉线指明图像的范围，如图 4.17（c）所示，单击以放置图像。

⑦ 单击"视图"选项卡 ➤ "创建"面板 ➤ "立面"下拉菜单 ➤ ☖（立面）。

⑧ 在"参照"面板上，选择"参照其他视图"，从下拉列表中选择所创建的绘图视图，如图 4.17（d）所示。

⑨ 在平面图中放置立面符号，即创建了参照图纸视图，如图 4.17（e）所示。

⑩ 在浏览器中并没有创建新的立面视图，双击参照立面符号即可打开所创建的绘图视图。

4.2.2　立面视图的远剪裁设置

立面视图的复制视图、视图比例、详细程度、视图可见性、过滤器设置、视觉样式、视图"属性"、视图裁剪等设置，和楼层平面视图的设置方法完全一样。本节讲平面视图没有的"远剪裁"功能。

在平面视图的视图"属性"中有一个"截剪裁"参数，在立面视图中与之对应的功能是"远剪裁"，其功能和设置方法完全一样，如图 4.18 所示。步骤如下。

① 在项目浏览器中，在要按远剪裁平面进行剪切的视图上单击鼠标右键，然后单击"属性"，或如果该视图在绘图区域中处于活动状态，请单击鼠标右键，再单击"属性"，打开视图实例属性栏。

② 在"实例属性"选项板中，找到"远剪裁偏移"参数，设置合适的值，或在绘图区域拖曳调整，如图 4.18（a）和（b）所示。

③ 在"实例属性"选项板中，找到"远剪裁"参数，如图 4.18（a）所示。

④ 单击"值"列中的按钮，此时显示"远剪裁"对话框。

⑤ 在"远剪裁"对话框中，选择一个选项，并单击"确定"。

⑥ 三种远剪裁设置的效果如图 4.18（c）～（e）所示。

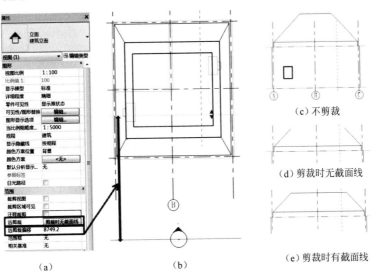

（a）　　　　　　　　（b）

（c）不剪裁

（d）剪裁时无截面线

（e）剪裁时有截面线

图 4.18　远剪裁设置

4.3　剖面视图

Revit 提供了两种剖面视图类型：建筑剖面和详图剖面。两种剖面视图的创建和编辑方法相同，但剖面标头显示不同、用途不同。建筑剖面用于建筑整体或局部的剖切，详图剖面用于墙身大样等的剖切详图设计。

剖面视图的复制视图、视图比例、详细程度、视图可见性、过滤器设置、视觉样式、视图属性、视图裁剪等设置，和楼层平面、立面视图的设置方法完全一样。

4.3.1　建筑剖面视图

4.3.1.1　创建建筑剖面视图

Revit 可在平面、剖面、立面或详图视图中创建剖面视图，创建步骤如下。

① 打开一个平面、剖面、立面或详图视图。

② 单击"视图"选项卡 ▶ "创建"面板 ▶ ◇（剖面）。

③ （可选）在"类型选择器"中，从列表中选择视图类型，或者单击"编辑类型"以修改现有视图类型或创建新的视图类型。

④ 将光标放置在剖面的起点处，并拖曳光标穿过模型或族。

⑤ 当到达剖面的终点时单击，这时将出现剖面线和裁剪区域，并且已选中它们，如图 4.19（a）所示。

⑥ 如果需要，可通过拖曳蓝色控制柄来调整裁剪区域的大小，如图 4.19（b）所示。剖面视图的深度将相应地发生变化。

⑦ 单击"修改"或按 Esc 键以退出"剖面"工具。

⑧ 要打开剖面视图，请双击剖面标头或从项目浏览器的"剖面"组中选择剖面视图。当修改设计或移动剖面线时，剖面视图将随之改变。

4.3.1.2　编辑建筑剖面视图

剖面视图的复制视图、视图比例、详细程度、视图可见性、过滤器设置、视觉样式、视图属性、视图裁剪等设置，和楼层平面、立面视图的设置方法完全一样。本节补充讲解剖面线的几个编辑方法。

（1）剖面标头位置调整

如图 4.19（b）所示，选择剖面线后，在剖面线的两端和视图方向一侧会出现裁剪边界、端点控制柄等，介绍如下。

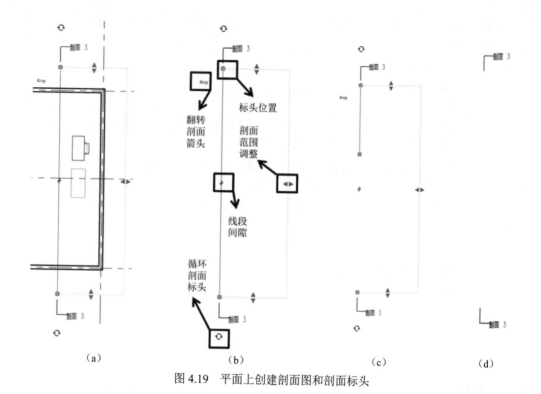

图 4.19　平面上创建剖面图和剖面标头

- 标头位置：拖曳剖面线两个端点的蓝色实心加点控制柄，可以移动剖面标头位置，但不会改变视图裁剪边界位置，如图 4.19（b）所示。
- 单击双箭头"翻转剖面" ⇆ 符号可以翻转剖面方向，剖面视图自动更新（也可以选择剖面线后从右键菜单中选择"翻转剖面"命令），如图 4.19（b）所示。
- 循环剖面标头 ↻：当翻转剖面方向后，两侧的"剖面 1"剖面标记并不会自动跟随调整方向。可单击剖面线两头的循环箭头符号 ↻，即可使剖面标记在对面、中间和现有位置间循环切换，如图 4.19（b）所示。
- 线段间隙：单击剖面线中间的折断符号 ∔，可以将剖面线截断，拖曳中间两个蓝色实心加点控制柄到两端标头位置即可和中国制图标准的剖面标头显示样式保持一致，如图 4.19（b）所示。

（2）转折剖面视图

Revit Architecture 可以将一段剖面线拆分为几段，从而创建转折剖面，方法如下。

① 绘制一个剖面，或选择一个现有剖面，如图 4.20（a）所示。

② 单击"修改 | 视图"选项卡 ▶ "剖面"面板 ▶ ▦（拆分线段）。

③ 将光标放在剖面线上的分段点处并单击。

④ 将光标移至要移动的拆分侧，并沿着与视图方向垂直的方向移动光标，如图 4.20（b）所示。

⑤ 单击剖面线中间的折断符号 ∔，把剖面线拆分为几部分，并分别调整每部分，如图 4.20（c）所示。

4.3.2　墙身等详图剖面视图

墙身等详图剖面视图的创建和编辑方法同建筑剖面完全一样，与建筑剖面不同的是：详图剖面的标头为带索引标头的剖面标头，且生成的剖面视图不在项目浏览器中"剖面（建筑剖面）"节点中，而在"详图视图（详图）"节点中。

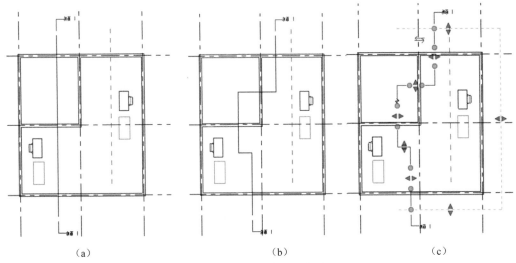

（a） （b） （c）

图 4.20　转折剖面的创建

① 打开一个平面视图。

② 单击"视图"选项卡 ▶ "创建"面板 ▶ ✦ （剖面）。

③ 在"类型选择器"中，从列表中选择视图类型为"详图视图 ▶ 详图"。

④ 将光标放置在剖面的起点处，并拖曳光标穿过模型或族。

⑤ 当到达剖面的终点时单击，这时将出现剖面线和裁剪区域，并且已选中它们，如图 4.21（a）所示。

⑥ 此时在项目浏览器中，将出现详图视图，详图 0。只有把详图 0 放入到图纸中，其详图索引编号才会显示，如图 4.21（b）所示，为放到图纸编号 J0-11 中后的效果，分子"1"为第一个。

⑦ 单击"修改"或按 Esc 键以退出"剖面"工具。

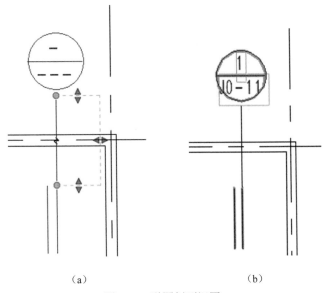

（a） （b）

图 4.21　详图剖面视图

4.4 详图视图

对建筑的细部或构配件，用较大的比例将其形状、大小、材料和做法，按正投影图的画法，详细地表示出来的图样，称为建筑详图，简称详图。

Revit 提供了两种详图：与模型关联的索引详图和与模型不关联的绘图视图。索引详图可以通过在平面、立面、剖面、详图视图中使用"详图索引"工具索引并放大显示视图局部创建节点详图。绘制详图索引的视图是该详图索引视图的父视图，如果删除父视图，则也将删除依附于该视图的详图索引视图；绘图（详图）视图与模型不关联，是独立于模型的，单独使用 Revit 提供的详图工具进行绘制，类似在 CAD 中绘图。

施工图中的大量节点详图、平面楼梯间详图等都可以通过"详图索引"工具快速创建。当绘制不需要模型的详图或模型无法生成相应的详图，可通过绘图视图创建，并使用详图工具绘图。

4.4.1 创建矩形详图索引视图

矩形详图索引视图常用于节点详图索引视图，步骤如下。

① 在项目中，单击"视图"选项 ➤ "创建"面板 ➤ "详图索引"下拉列表 ➤ 🗗⁺（矩形），如图 4.22（a）所示。

② 在"类型选择器"中，选择要创建的详图索引类型：楼层平面或详图，如图 4.22（b）所示。如选择楼层平面，则所创建的详图视图出现在楼层平面视图中，如选择详图，则出现在详图视图中，如图 4.22（c）所示。

③ 在绘图区域创建相应的详图索引，编号插入到图纸中自动读取。

④ 可通过双击浏览器中相应的视图，打开相应的详图。

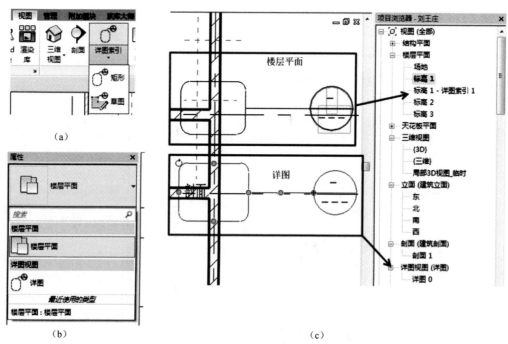

(a)

(b)

(c)

图 4.22 详图索引

4.4.2 创建手绘详图索引视图

如果要创建非矩形区域的详图索引，则可以通过手绘详图 ➤ 草图方式来实现，步骤如下。

① 在项目中，单击"视图"选项卡 ➤ "创

建"面板▶"详图索引"下拉列表▶ 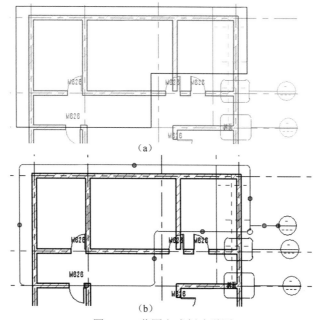（草图）。

② 在"类型选择器"中，选择要创建的详图索引类型：楼层平面或详图。如选择楼层平面，则所创建的详图视图出现在"楼层

平面视图"中，如选择详图，则出现在"详图"视图中。

③ 在绘图区域绘制详图范围，如图 4.23（a）所示，确认后，结果如图 4.23（b）所示。

（a）

（b）

图 4.23　草图方式创建详图

4.4.3　详图索引编辑与控制

4.4.3.1　索引范围的调整

详图索引的范围，有时需要调整其大小以更好地满足要求，调整的方式有如下两种。

- 可通过单击详图索引，在详图索引符号上出现蓝色实心圆点，通过拖曳实心圆心编辑索引的矩形框。
- 双击详图索引，可进入索引范围框的轮廓编辑模式，如图 4.24 所示。

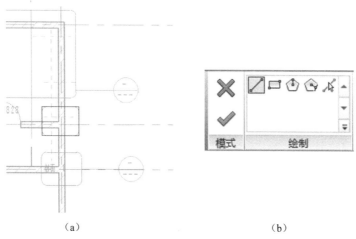

（a）　　　　　　　　　　　　　　（b）

图 4.24　详图索引范围框的编辑

4.4.3.2 详图索引可见性控制

当项目设计需要创建大量的节点索引详图时，在一个视图的图面中可能会有很多详图索引框和标头，影响图面的美观。可通过以下方法控制其可见性。

- 裁剪区域：在父视图中通过裁剪区域来控制索引符号的显隐，详图索引标记是否在父视图的裁剪区域之外，则不显示索引区域。可通过在父视图中的视图控制栏上，单击 （显示裁剪区域）。将裁剪区域扩展到图纸边界，以显示详图索引标记。
- 可见性/图形设置：打开要显隐控制详图索引标记的视图。单击"视图"选项卡 ▶ "图形"面板 ▶ （可见性/图形）。在"注释类别"选项卡上的"可见性"下，确保已选择"详图索引"，则显示详图索引（要在该视图中隐藏所有详图索引标记，请清除该选项）。

4.4.4 参照详图索引视图

参照详图索引是参照现有视图的详图索引。与参照立面视图、参照剖面视图等一样，在添加参照详图索引时，Revit 不会在项目中创建视图，而是创建指向指定的现有视图的指针。可以将参照详图索引放置在平面、立面、剖面、详图索引和绘图视图中。且多个参照详图索引可以指向同一视图。步骤如下。

① 在项目中，单击"视图"选项 ▶ "创建"面板 ▶ "详图索引"下拉列表 ▶ （矩形）或 （草图）。

② 在"参照"面板上，选择"参照其他视图"，如图 4.25（a）所示。

③ 从下拉列表中选择参照视图"详图1"，如图 4.25（a）所示。

④ 结果如图 4.25（b）所示。

⑤ 在浏览器中并没有创建新的立面视图，双击参照立面符号即可打开详图 1 视图。

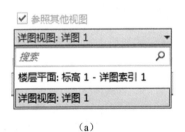 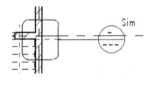

（a）　　　　　　　　　　　（b）

图 4.25　参照详图

4.4.5 绘图视图

① 单击"视图"选项卡 ▶ "创建"面板 ▶ （绘图视图）；

② 在"新绘图视图"对话框中，输入一个值作为"名称"，然后选择一个值作为

"比例"，如图 4.26（a）所示；

③ 如果选择"自定义"，在"比例值1："中输入相应的比例值，如图 4.26（b）（c）所示；

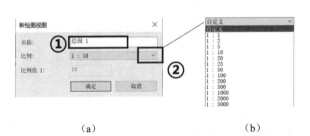 

（a）　　　　　　　　（b）　　　　　　　　（c）

图 4.26　绘图视图创建

④ 单击"确定",绘图视图将在绘图区域中打开;

⑤ 在项目浏览器中,展开"绘图视图"可看到所列出的最新创建的绘图视图;

⑥ 若要在绘图视图中创建详图,请使用"注释"选项卡上的详图工具;

⑦ 详图工具包括"详图线""隔热层""遮罩区域""填充区域""文字""符号"和"尺寸标注"。

4.4.6 详图工具

详图工具包括"详图线""隔热层""遮罩区域""填充区域""文字""符号"和"尺寸标注",大都分布在注释选项卡,如图 4.27(a)所示。文字、符号和尺寸标注,在第 5 章有详细讲解,此处不做介绍。本节主要讲解区域中的填充和遮罩命令。

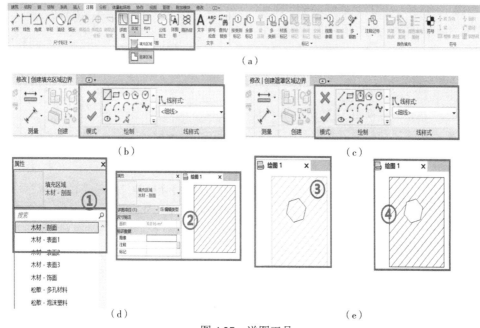

图 4.27　详图工具

4.4.6.1　填充的创建步骤

① 单击"注释"选项卡 ▶ "详图"面板 ▶ "区域"下拉列表 ▶ ▧（填充区域),如图 4.27(a)所示;

② 单击"修改｜创建填充区域边界"选项卡 ▶ "线样式"面板,然后从"线样式"下拉列表中选择边界线样式,如图 4.27(b)所示;

③ 要为区域填充图案,在"属性"选项板上,类型容器中选择相应填充类型如图 4.27(d)①所示,单击"编辑类型",可进行相应参数修改;

④ 使用"绘制"面板上的绘制工具来绘制区域,如绘制一个长方形区域,如图 4.27(d)所示;

⑤ 单击"完成编辑模式"以完成草图,结果如图 4.27(d)②所示。

4.4.6.2　遮罩区域的创建步骤

① 单击"注释"选项卡 ▶ "详图"面板 ▶ "区域"下拉列表 ▶ ▇（遮罩区域),如图 4.27(a)所示;

② 单击"修改｜创建填充区域边界"选项卡 ▶ "线样式"面板,然后从"线样式"下拉列表中选择边界线样式,如图 4.27(c)所示;

③ 绘制遮罩区域（或区域）,遮罩区域草图必须是闭合环形,如图 4.27(e)③所示;

④ 完成后，单击"完成编辑模式"，结果如图4.27（e）④所示。

4.5 三维视图

Revit Architecture 的三维视图有两种：透视三维视图和正交三维视图。透视三维视图用于显示三维视图中的建筑模型，在透视三维视图中，越远的构件显示得越小，越近的构件显示得越大；正交三维视图用于显示三维视图中的建筑模型，在正交三维视图中，不管相机距离的远近，所有构件的大小均相同。三维视图的分类与概念见表4.2。

默认三维视图创建方法如下：单击"视图"选项卡 ▶ "创建"面板 ▶ "三维视图"下拉列表 ▶ "默认三维视图"，如图4.28（a）所示，或单击快速启动栏"三维视图"下拉列表 ▶ "默认三维视图"，如图4.28（b）所示。默认三维视图为正交三维视图，此操作会将相机放置在模型的东南角之上，同时目标定位在第一层的中心。

4.5.1 透视三维视图

4.5.1.1 创建透视三维视图

① 打开一个平面视图、剖面视图或立面视图。

（a）　　　　　　　　（b）

图4.28　默认三维视图创建

② 单击"视图"选项卡 ▶ "创建"面板 ▶ "三维视图"下拉列表 ▶ "相机"。

> 注：如果清除选项栏上的"透视图"选项，则创建的视图会是正交三维视图，不是透视视图。

③ 在绘图区域中单击以放置相机，如图4.29（a）所示。

④ 将光标拖曳到所需目标，然后单击即可放置，如图4.29（a）所示。

⑤ Revit 将创建一个透视三维视图，并为该视图指定名称：三维视图1、三维视图2等。要重命名视图，在项目浏览器中的该视图上单击鼠标右键并选择"重命名"。

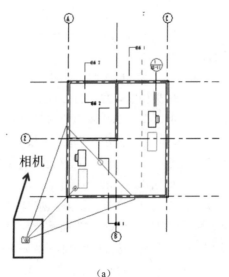

（a）　　　　　　　　　　　　　（b）

图4.29　相机及其属性

4.5.1.2　编辑透视三维视图

刚创建的透视三维视图需要精确设置相机的高度和位置、相机目标点的高度和位置、相机远剪裁、视图裁剪框等，才能得到预期的透视图效果，设置方法如下。

（1）相机属性选项板

在浏览器中双击刚创建"三维视图1"，在透视图"属性"选项板如图4.29（b）所示，设置以下参数，设置相机和视图。

- 在视图控制栏，"视觉样式"中选择"着色"。
- "远剪裁激活"：取消勾选该选项，则可以看到相机目标点处远剪裁平面之外的所有图元（默认勾选该选项，只能看到远裁剪平面之内的图元），如图4.30所示。
- "视点高度"：此值为创建相机时的相机高度"偏移量"参数值，本例中为5094mm。
- "目标高度"：此参数和视点高度决定了透视三维视图的相机由5094mm鸟瞰1750mm高度位置。

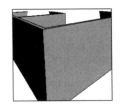

（a）勾选远剪裁激活　（b）不勾选远剪裁激活

图4.30　是否勾选远剪裁激活对视图的影响

（2）在平面、立面视图中显示相机并编辑

前面在透视图"属性"选项板设置了相机的"视点高度""目标高度"等高度位置，除此之外，还可以在立面视图中拖曳相机视点和目标的高度位置；相机平面位置必须在平面视图中拖曳调整。在平立面中相机的编辑方法如下。

① 打开平面视图，在项目浏览器中单击选择刚创建的"三维视图1"，单击鼠标右键选择"显示相机"命令，则在平面视图中显示相机。

- 单击并拖曳相机符号📷即可调整相机视点水平位置。
- 单击并拖曳相机目标符号即可调整相机方向。

② 打开立面视图，在项目浏览器中单击选择刚创建的"三维视图1"，单击鼠标右键选择"显示相机"命令，则在立面视图中显示相机，并调整如图4.31所示。

- 单击并拖曳相机符号📷即可调整相机视点位置。
- 单击并拖曳相机目标符号即可调整相机目标高度。
- 单击并拖曳相机目标符号即可调整相机方向。

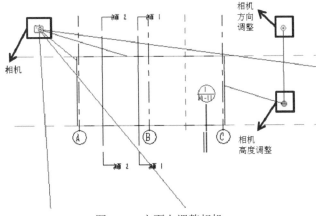

图4.31　立面上调整相机

（3）裁剪视图

打开三维视图，在实例属性栏中勾选"裁剪视图"和"裁剪区域可见"，如图4.32（a）所示，用以下方法调整裁剪范围。

- 拖曳裁剪框：单击并拖曳视图裁剪框四边的蓝色实心圆点，即可调整透视图裁剪范围，如图 4.32（b）和（c）所示。
- "尺寸裁剪"：单击功能区"尺寸裁剪"工具，设置宽度和高度，即可对三维视图进行调整，如图 4.32（d）和（e）所示。

> 注：透视三维视图无法使用注释裁剪选项。

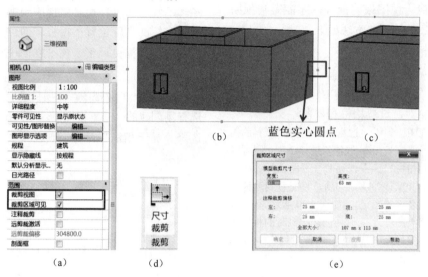

（a）　　　　　（d）　　　　　（e）

图 4.32　裁剪视图

4.5.2　正交三维视图

正交三维视图用于显示三维视图中的建筑模型，在正交三维视图中，不管相机距离的远近，所有构件的大小均相同。创建正交三维视图的方法与步骤如下。

4.5.2.1　用相机创建正交三维视图

① 打开一个平面视图、剖面视图或立面视图。

② 单击"视图"选项卡 ▶ "创建"面板 ▶ "三维视图"下拉列表 ▶ "相机"。

③ 在选项栏上清除"透视图"选项。

④ 在绘图区域中单击一次以放置相机，然后再次单击放置目标点，如图 4.33 所示。

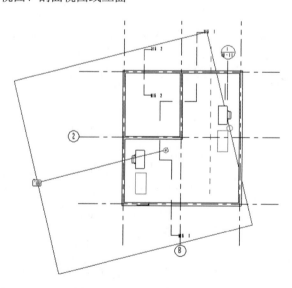

图 4.33　正交三维视图

4.5.2.2 复制定向正交三维视图

除用相机创建正交三维视图外，还可以使用复制并定向的方法快速创建正交三维视图。

- 在项目浏览器，右键单击默认正交三维视图[三维（3D）]，选择复制视图，带细节复制。

- 右键单击绘图区域右上角的视图导航ViewCube工具，打开ViewCube关联菜单，选择"确定方向"，选择要创建的方向，模型即可自动定向到相应的方向，如图4.34所示。

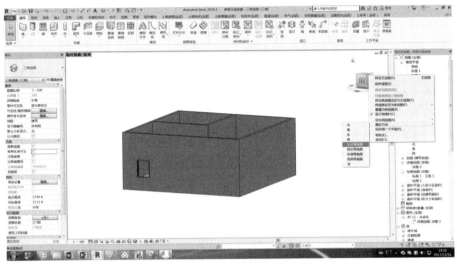

图4.34 复制定向正交三维视图

4.6 图纸视图

图纸在 Revit 中为收集施工图文档的视图（或视口），可以放置平立剖面视图、三维视图、详图索引视图、明细表视图。

Revit 创建图纸还是比较方便的，具体步骤如下。

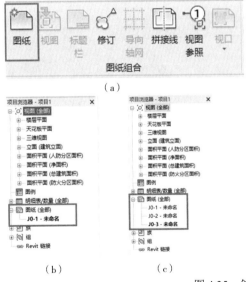

图4.35 创建图纸

① 打开项目。

② 单击"视图"选项卡 ▶ "图纸组合"面板 ▶ 🗎（图纸），如图4.35（a）所示。

③ 选择标题栏，如图 4.35（d）所示：

在"新建图纸"对话框中，从列表中选择一个标题栏，如图 4.35（d）②所示。如该列表无所需的标题栏，请单击"载入"，如图 4.35（d）①所示。载入的标题栏显示在标题栏列表中，如图 4.35（d）②所示。选择要载入的标题栏，然后单击"确定"，如图 4.35（d）③所示。

④ 创建的图纸在浏览器的位置如图 4.35（b）所示，如创建了多张图纸，则如图 4.35（c）所示。

⑤ 将视图添加到图纸中：把需要放入图纸的视图（平立剖面视图、详图、明细表等）用鼠标左键拖到图纸视图中，并调整到相应位置（也可放置后调整），如图 4.36（a）所示。

⑥ 在图纸视图中不能显示立面符号，方法是在要放到图纸中的平面视图中，打开裁剪视图框，并调整裁剪视图框使立面符号在裁剪视图框外，如图 4.36（d）所示。

⑦ 选中图纸中的视图，可调整图纸名称下划线长度，如图 4.36（b）所示；在属性栏，可通过更改图纸上的名称值，来修改图纸上的名称；如图 4.36（c）所示；也可通过修改标题的类型属性值，来修改相关的参数，如标题样式，如图 4.36（e）所示。

⑧ 在图纸的标题栏中输入信息：可直接单击标题栏中的相应内容，进行更改；也可通过属性栏或通过"管理"选项卡 ▶ "设置"面板 ▶ ▥（项目信息），进行相关信息的输入。

注：如要个性化标题栏，可参考第 4 篇中的"12.2.10 图框（标题）族创建讲解与实例"中标题栏（图框）制作的内容。

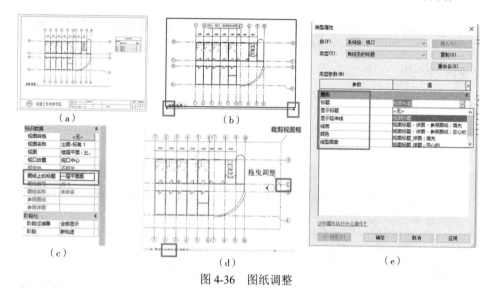

图 4-36 图纸调整

4.7 明细表

明细表是显示项目中任意类型图元的列表，以表格形式显示信息，这些信息是从项目中的图元属性参数中提取的，如各种建筑构件、房间和面积信息、材质、注释、修订、视图、图纸等图元的属性参数。可以在设计过程中的任何时候创建明细表，明细表将自动更新以反映对其项目的修改。与门窗等图元有实例属性和类型属性一样，明细表分为以下两种。

● 实例明细表：按个数逐行统计每一个图元实例的明细表。例如每个 C0918 的窗都占一行、每一个房间的名称和面积等参数都占一行。

● 类型明细表：按类型逐行统计某一类图元总数的明细表。例如 C0918 类型的窗及其总数占一行。

单击"视图"选项卡 ▶ "创建"面板 ▶ "明

细表"下拉列表，选择所要创建的明细表，目前 Revit 明细表下拉菜单中有六个明细表工具，见图4.37。

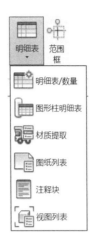

- 明细表/数量![图标]: 用于统计各种建筑、结构、设备、场地、房间和面积等构件明细表，如门窗表、梁柱构件表、卫浴装置统计表、房间统计表、用地面积统计表、土方量明细表、体量楼层明细表等。
- 图形柱明细表![图标]: 以图形的方式显示柱高、位置等信息，如图4.38所示。
- 材质提取![图标]: 用于统计各种建筑、结构、室内外设备、场地等构件的材质用量明细表，如墙、结构柱等的混凝土用量统计表。
- 图纸列表![图标]: 用于统计当前项目文件中所有施工图的图纸清单。
- 注释块![图标]: 用于统计使用"符号"工具添加的全部注释实例。

图 4.37　明细表创建

- 视图列表![图标]: 用于统计当前项目文件中的项目浏览器中所有楼层平面、天花板平面、立面剖面、三维、详图等各种视图的明细表。

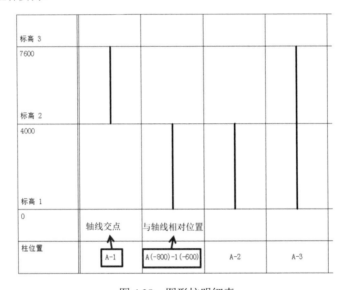

图 4.38　图形柱明细表

4.7.1　明细表视图

上述六类明细表的创建步骤是类似的："视图"选项卡 ▶ "创建"面板 ▶ "明细表"下拉列表 ▶ 选择要创建的明细表。

下面以创建明细表/数量为例讲解明细表的创建、表格属性设置。

① 单击"视图"选项卡 ▶ "创建"面板 ▶ "明细表"下拉列表 ▶ ![图标]"明细表/数量"。

② 在"新明细表"对话框的"类别"列表中选择一个构件"窗"，"名称"文本框中会显示默认名称"窗明细表"，可以根据需要修改该名称，如图4.39（a）所示。

③ 选择"建筑构件明细表"，不要选择"明细表关键字"。

④ 指定阶段——新构造（统计新建的窗）。

⑤ 单击"确定"。

⑥ 在"明细表属性"对话框中，"字段"中选择所需要统计字段，点击添加，即添加

到明细表字段中，如图4.39（b）所示。

⑦ 单击"确定"，结果如图4.40所示。

注：1.图 4.39（a）所示中的步骤顺序，可不严格执行。

2.图4.39（a）所示过滤器列表中的内容，

只有勾选的才能出现在类别列表中。

3. 如图4.39（b）所示，明细表字段也可以选中单击移出而取消统计。

4. 如图4.39（b）所示，明细表字段可以选中单击"上移"或"下移"而调整其位置。

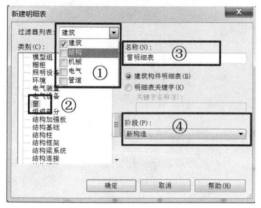

（a）

（b）

图 4.39　创建窗明细表

<窗明细表>				
A	B	C	D	E
族与类型	类型标记	标高	高度	宽度
推拉窗6: 1200 x 1500mm	C1516	F1	1500	1200
推拉窗6: 1200 x 1500mm	C1516	F1	1500	1200
中式窗2: 1500 x 1800mm	C1518	F1	1800	1500
中式窗2: 1500 x 1800mm	C1518	F1	1800	1500
上悬窗 - 带贴面: 900 x 1200mm	C1526	F1	1200	900
上悬窗 - 带贴面: 900 x 1200mm	C1526	F1	1200	900
窗嵌板_上悬铝窗: 窗嵌板_上悬无	C1528	G2	1460	740
窗嵌板_上悬无框铝窗: 窗嵌板_上悬无	C1528	F3	1449	1278

图 4.40　窗明细表

下面将逐一讲解图4.39（b）所示过滤器、排序/成组、格式和外观的设置。

4.7.1.1　过滤器

通过设置过滤器可统计符合过滤条件的部分构件，不设置过滤器则统计全部构件。通过过滤器可查看明细表中的特定类型信息。

操作方法：在"明细表属性"对话框（或"材质提取属性"对话框）的"过滤器"选项卡上，创建限制明细表中数据显示的过滤器。

并不是所有明细表字段都能作为过滤器条件，具体字段由明细表类型及字段确定。如图4.41所示设置，只显示C1516的窗。如图4.42所示，过滤条件为"标高1"时，则只显示一层的窗。

4.7.1.2　排序/成组属性

设置表格列的排序方式及总计。

如图4.42所示的窗明细表，按图4.43（a）所示设置排序方式，结果图4.43（b）所示。排序/成组中主要参数含义见表4.3。

图 4.41 过滤器设置 C1516 的窗

图 4.42 过滤器设置 F1 层的窗

（a）   （b）

图 4.43 排序/成组属性

表 4.3　排序/成组参数含义

名　称	目标/操作
指定排序字段	用于"排序"的字段，选择"升序"或"降序"。多个条件时用"否则按"，选择其他字段
页眉	将排序参数值作为明细表的页眉，如按标高对窗明细表进行了排序，标题可设置为 F1
页脚	在排序组下方添加页脚信息，即页脚显示的信息。 　　1. 标题、合计和总数："标题"显示页脚信息，"合计"显示组中图元的数量，两者左对齐显示在组的下方。"总数"在对应列的下方显示其小计，小计之和即为总计。具有小计的列的范例有"成本"和"合计"。须在"格式"选项卡上对这些列进行总计（计算总数）。 　　2. 标题和总数：显示标题和小计信息。 　　3. 合计和总数：显示合计值和小计。 　　4. 仅总数：仅显示可求和的列的小计信息。
"空行"	在排序组间插入一空行
"逐项列举每个实例"元的每个实例	逐项列举明细表中的图元：该选项逐行显示图元的实例。如果清除此选项，则多个实例会根据排序参数压缩到同一行中，如果未指定排序参数，则所有实例将显示到一行中

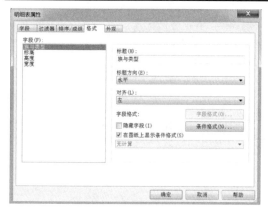
（a）

（b）

图 4.44　明细表格式和外观属性

4.7.1.3　格式

　　设置构件属性参数字段在表格中的列标题、单元格式对齐方式等，如图 4.44（a）所示，各参数主要含义见表 4.4。

4.7.1.4　外观

　　外观选项，可设置明细表表格放在图纸上以后的表格边线、标题和正文的字体等，如图 4.44（b）所示，各参数含义见表 4.5。

表 4.4　明细表格式说明

选　项	目　标	功能/操作
标题	编辑明细表列上方显示的标题	可以编辑每个列名
标题方向	指定列标题在图纸上的方向	选择一个字段，然后选择一个方向选项作为"标题方向"
对齐	对齐列标题下的行中的文字	选择一个字段，然后从"对齐"下拉菜中选择对齐选项
字段格式	设置数值字段的单位和外观格式	选择一个字段，然后单击"字段格式"，将打开"格式"对话框，清除"使用项目设置"可调整数值格式
计算总数、最小（大）值	显示组中数值列的小计、最小（大）值	单击三角箭头，然后选择"计算总数""计算最小值"等，此设置只能用于可计算的字段，如房间面积、成本、合计或房间周长。如果在"排序/成组"选项卡中清除了"总计"选项，则本选项不可用
隐藏字段	隐藏明细表中的某个字段	选择该字段，再选择"隐藏字段"。如果要按照某个字段对明细表进行排序，但又不希望在明细表中显示该字段时，可使用该选项

选 项	目 标	功能/操作
在图纸	将字段的条件格式包含在图纸上	选择该字段，然后选择"在图纸上显示条件格式"。格式将显示在图纸中，也可以打印出来
条件格式	基于一组条件高亮显示明细表中的单元格	选择一个字段，然后单击"条件格式"。在"条件格式"对话框中调整格式参数

注：在明细表视图中，可隐藏或显示任意项。要隐藏一列，应选择该列中的一个单元格，然后单击鼠标右键。从关联菜单中选择"隐藏列"。要显示所有隐藏的列，请在明细表视图中单击鼠标右键，然后选择"取消隐藏全部列"

表 4.5 明细表外观设置参数含义

选 项	目 标	操 作
网格线	在明细表行周围显示网格线	列表中选择网格线样式。可以创建新的线样式
页眉/页脚/分隔符中的网格	将垂直网格线延伸至页眉、页脚和分隔符	"页眉/页脚/分隔符中的网格"
轮廓	在明细表周围显示边界	勾选"轮廓"，再从列表中选择线样式。将明细表添加到图纸视图中时将显示边界。如不勾选，但仍选中"网格线"选项，则网格线样式被用作边界样式
数据前空行（见图 4.45 中③）	在数据前设置/不设置一空行	勾选或不勾选
显示标题	显示明细表的标题	显示标题
显示页眉	显示明细表的页眉	选择"显示页眉"
标题文本	指定表格标题文字的字体	从"标题"文字列表中选择文字类型。如有需要，可以创建新的文字类型
标题文本（见图 4.45 中①）	指定标题文字的字体	从下拉列表中选择相应的文字样式类型
标题（见图 4.45 中②）	指定标题文字的字体	从"页眉"文字列表中选择文字类型。如有需要，可以创建新的文字类型
正文（见图 4.45 中④）	指定正文文字的字体	从"正文"文字列表中选择文字类型。如有需要，可以创建新的文字类型

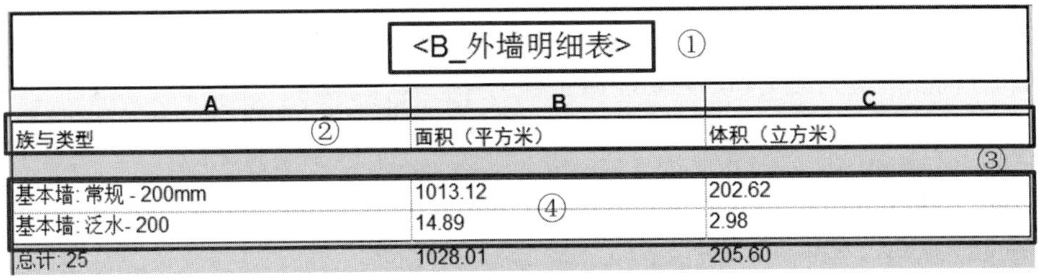

图 4.45 明细表外观名称

4.7.2 明细表表格编辑

除上述明细表"属性"选项板外，还有专用的明细表视图编辑工具，可编辑表格样式或自动定位构件在图形中的位置。主要功能如图 4.46 所示。

4.7.2.1 属性与参数功能面板

属性与功能面板上的按键位置如图 4.47 所示，功能作用如下。

图 4.46 明细表编辑功能

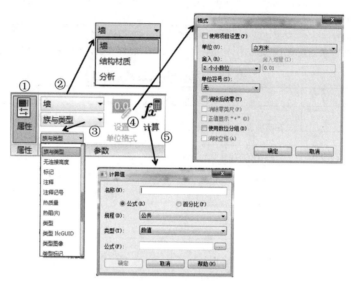

图 4.47 属性与参数面板

- 通过单击，属性面板可打开或关闭属性对话框。
- 表格标题名称：可修改表格名称及所统计内容。
- 列标题：可修改统计字段，不同表格内容不同。
- 设置单位格式：可设置选定列的单位格式。
- 计算：为表格添加计算值，并修改选定列标题。

4.7.2.2 列/行功能面板

列和行面板按键见图 4.48，各功能简述如下。

图 4.48 表格行列功能

- 插入 ：将列与相应的字段添加到表格。选择明细表正文中的一个单元格或列。单击 "列" 面板上的 （插入）以打开 "选择字段" 对话框，其作用类似于 "明细表属性" 对话框的 "字段" 选项卡。添加新的明细表字段，并根据需要调整它们的顺序。

- 删除 / ：删除列/行，选择单元格，然后单击 （删除列）/ （删除行），则删除单元格所在的行或列。

- 调整列宽 ：选择单个/多个单元格，然后选择 （调整列宽），并在对话框中指定一个值，则调整选定的列。如选择多个列，设置的尺寸值为所有选定列宽之和，每列宽度等间距分配。

- 隐藏和取消隐藏列 / ：选择一个单元格或列页眉，然后单击 （隐藏列），则隐藏相应的列。单击 （取消隐藏所有列）可显示所有隐藏的列。

- 插入 ：将空行添加到标题，选择表格页眉中的一行。从 "行" 面板的 （插入）下拉菜单中单击 （在选定位置上方）或 （在选定位置下方）。

- 插入数据行 ：将数据行添加到房间明细表、面积明细表、关键字明细表、空间明细表或图纸列表。选择任意单元格。从 "行" 面板单击 （插入数据行）。新行显示在明细表的底部。根据需要输入值。只用于关键字明细表。

- 调整行高 ：调整标题部分中的行，选择标题部分中的一行或多行，然后单击 ÷（调整行高），并在对话框中指定一个值。

4.7.2.3 标题和页眉功能面板

标题和页眉功能面板见图 4.49，各功能简述如下。

图 4.49 表格标题和页眉

- 合并/取消合并 ▦：选择要合并的页眉单元格（明细表名称），然后单击 ▦（合并）。选择合并的单元格，然后再次单击 ▦（合并）可分离合并的单元。
- 插入图像 ▨：将图形插入到标题部分的单元格中，选择一个或多个单元格，然后单击 ▨（插入图像）并指定图像文件。此功能用于明细表中的标题部分。配电盘明细表中的非参数单元格将允许使用图形。
- 清除单元格 ▨：删除表格标题单元格中的参数，选择单元格，然后单击 ▨（清除单元）。
- 成组 ▦：在选定的两列或多列标题单元格上方增加一个合并后的单元格。
- 解组 ▦：对已成组的单元格分解。

4.7.2.4 外观与图元功能面板

外观与图元功能面板见图 4.50。各功能简述如下。

图 4.50 外观与图元

- 着色 ▦：对选定标题添加背景色。
- 边界 ▦：为选定的单元格指定线样式和边框。
- 重置 ▨：删除单元格格式，选择单元格或列，然后单击 ▨（重设），恢复为最初的外观。
- 字体 A：修改选定单元格的字体属性，目前只可修改标题。
- 对齐水平：水平对齐列标题下各行中的文字，选择多个单元格，然后从 ▤（水平对齐）下拉列表中选择对齐选项。
- 对齐垂直：竖向对齐列标题下各行中的文字，选择多个单元格，然后从 ▤（垂直对齐）下拉列表中选择对齐选项。
- 在模型中高亮显示 ▦：在表格中选中相应的图元，单击 ▦，则在模型中高亮显示选定的图元。

4.7.3 明细表应用

明细表是对工程量进行统计的表格，除了创建外，还可进行如下的设置，以符合个性化要求。

（1）控制明细表中的数据显示

通过过滤器中的过滤条件的设置，控制明细表中数据是否显示，具体见 4.7.1.1 "过滤器"。

（2）对明细表的字段进行排序

通过表格属性，排序/成组，设置相应的排序方式，如图 4.43 所示。具体见 4.7.1.2 排序/成组属性。

（3）在明细表中合计

在明细表底部统计总数，步骤如下。

① 在项目浏览器中，选择明细表名称。

② 在"属性"选项板上，单击"排序/成组"对应的"编辑"。

③ 在"排序/成组"选项卡上，选择"总计"以显示所有组中图元的总和，如图 4.51（a）所示。从下拉菜单中选择，选项如图 4.51（a）所示。

- 标题、合计和总数：标题显示"自定义"总计标题字段上的文字。
- 标题和总数：显示"自定义"总计标题字段上的文字和小计信息。
- 合计和总数：显示合计值和小计。
- 仅总数：仅显示可求和的列的小计信息。

④（可选）在"自定义"总计标题字段中，输入自定义文字以替换默认的"总计"标题，如图 4.51（a）改为窗总扇数。也可以清除该字段中的文字，并以无标题的形式显示总计。

⑤ 如勾选图 4.51（a）中"逐项列举每

个实例"，结果如图4.51（b）所示。如不勾选"逐项列举每个实例"，结果如图4.51（c）所示。

⑥ 单击"确定"。

注：1. "合计"：显示组中图元的数量，标题和合计左对齐显示在组的下方。

2. "总数"：在列的下方显示其小计，小计之和即为总计，例如"成本"。

3. 若要显示可计算字段（例如"成本"）的小计和总计，请确认在"格式"选项卡上为字段选择"计算总数"，结果如图4.51（d）所示。由于标题与合计左对齐位置的原因，在"计算总数"指定为明细表中的第一列时，将不会显示标题与合计，仅显示小计。

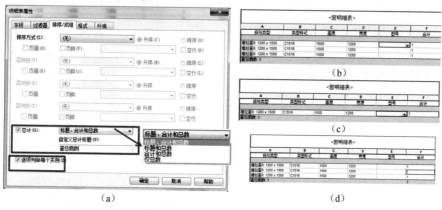

图 4.51　明细表合计

（4）指定明细表的条件格式

如果要以不同着色的方式显式明细表中的内容，可用"格式"属性中的"条件格式"来实现，步骤如下。

① 在项目浏览器中，选择明细表名称。

② 在"属性"选项板上，单击"格式"对应的"编辑"。

③ 单击"条件格式"。"条件格式"对话框将打开，如图4.52所示。

④ "字段"下拉列表包含出现在明细表中的字段列表，单击选择相应的字段，如高度。

⑤ 在"测试"下，单击下拉列表以选择格式规则，如大于。

⑥ 指定条件值，对于"介于"或"不介于"之外任何条件，"值"字段变为单个字段，本例设为1200。

⑦ 单击"背景颜色"对应的颜色样例，此时将显示"颜色选择"对话框，指定单元格的背景颜色，如黄色，然后单击"确定"。

⑧ 在明细表中，受影响的单元格在条件满足时将显示背景颜色，如图4.52所示。

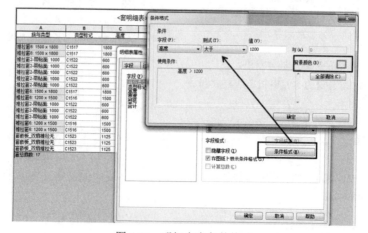

图 4.52　明细表中条件格式

（5）在图纸上拆分明细表

如果明细表过长，应把明细表插入到图纸中，会出现如图4.53（a）所示的情况，可通过明细表的打断、移动功能对明细表进行分列显示或合并。步骤如下。

① 选中要打断的表格，单击表格边线上的Z形截断控制柄，如图4.53（b）所示，大约在Z形截断控制柄的位置拆分开，结果如图4.53（c）所示，要进一步拆分明细表的一个分段，请再次单击Z形截断控制柄。

② 选中打断的表格，可通过拖曳表格左上角的箭头，如图4.53（d）所示，来调整两个表格的间距，当把右边的表格拖曳到左侧表格的正文重叠时，则表格自动融合为一个表格。

③ 要调整明细表分段中的行数，请拖曳第一个分段底部的蓝点，如果缩小明细表分段，容纳不下的行会自动移动到下一分段。

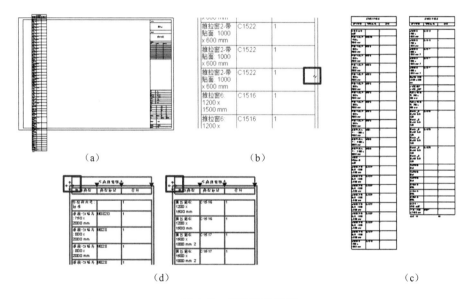

图4.53　明细表的打断

（6）关键字明细表

当需要给某一类或几类构件添加一个或几个共同的参数，并且希望该参数既能在"属性"选项板中显示并编辑，也能在明细表中统计并编辑。如给所有的家具添加一个"物资编码"的参数，不同的类型家具、同类型家具不同规格的家具其"物资编码"不同，此参数只在当前项目中需要，使用"关键字明细表"可方便地实现。

步骤如下。

① 单击"视图"选项卡 ▶ "创建"面板 ▶ "明细表"下拉列表 ▶ ▦ "明细表/数量"。

② 在"新建明细表"对话框中，选择要设置明细表关键字的图元类别，如图4.54（a）所示。

③ 选择"明细表关键字"，Revit会自动填写关键字名称。这个名称将出现在图元的实例属性之中。如果需要，可输入一个新名称。

④ 单击"确定"。

⑤ 在"明细表属性"对话框中为样式添加预定义字段，如图4.54（b）所示。

⑥ 单击"确定"，此时关键字明细表打开，如图 4.54（c）所示。

⑦ 单击"修改明细表/数量"选项卡 ▶ "行"面板 ▶ (插入数据行)，以便在表中添加行。在每一行创建一个新关键字值。例如，如果要家具编号关键字明细表，可以为家具创建编号等关键值，如图 4.54（d）所示。

⑧ 填写每个关键字值的相应信息，如图 4.54（d）所示。

创建了关键字明细表，并给关键字进行了赋值，下一步就是把关键字赋给相应的家具。

步骤如下。

⑨ 选择含有预定义关键字的图元。例如，可以在平面视图中选择家具，如图 4.55（a）所示。

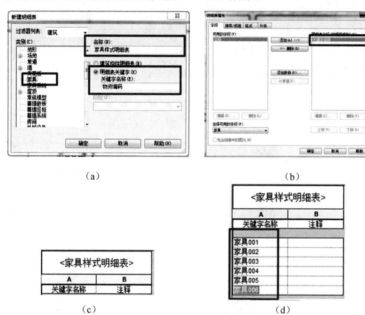

（a）

（b）

（c）

<家具样式明细表>

A	B
关键字名称	注释
家具001	
家具002	
家具003	
家具004	
家具005	
家具006	

（d）

图 4.54　创建关键字明细表

⑩ 在"属性"选项板中，找到关键字名称（例如，"物资编码"），然后单击值列。

⑪ 从列表中选择要赋给桌子的"关键字"，如图 4.51（a）所示"家具001""家具002"……。

⑫ 打开家具明细表，结果如图 4.55（b）所示。

注：当应用新样式时，在关键字明细表中定义的属性将作为只读实例属性显示。

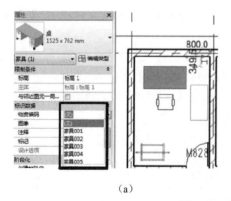

（a）

<家具明细表>

A	B	C
族与类型	图像	物资编码
桌: 1525 x 762 mm	桌子.PNG	家具001
办公椅1: 办公椅1	Jellyfish.jpg	家具003
玻璃柜: 玻璃柜		家具002
衣架1: W1200*D6		家具004

（b）

图 4.55　关键字赋予家具

（7）给明细表添加参数和计算值

① 单击"视图"选项卡 ➤ "创建"面板 ➤ "明细表"下拉列表 ➤ 🔢 "明细表/数量"。

② 在"新明细表"对话框的"类别"列表中选择一个构件"窗"，"名称"文本框中会显示默认名称"窗明细表"，根据需要添加相应的字段，如图4.56（a）所示。

③ 点击图4.56（a）中添加参数，在弹出的对话框中，加入要添加的参数，如图4.56（b）所示，结果如图4.56（c）所示。

④ 点击图4.56（a）中计算值，在弹出的对话框中，加入要添加的参数，如图4.52（d）所示，结果如图4.56（e）和（f）所示。

> 注：在添加计算参数时，如弹出单位不一致时，可把公式改为"宽度*高度/1"即可。

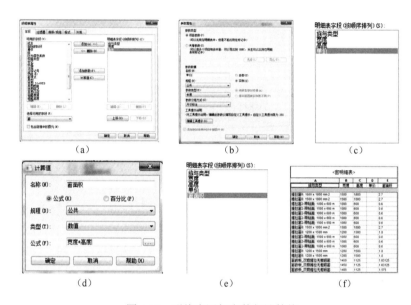

(a)　　　　　　(b)　　　　　　(c)

(d)　　　　　　(e)　　　　　　(f)

图4.56　明线表添加参数与计算值

（8）创建带有图像的明细表

创建带有图像的明细表即明细表带有图元的图像，如图4.57（c）所示。

① 选中要添加图像的图元，浏览图元的以下任意一属性：

- 图像（模型中图元的实例属性）；
- 类型图像（模型或族中图元的类型属性）；
- 形状图像（钢筋形状类型族的类型属性）。

② 单击属性的值字段，然后单击浏览按钮以打开"管理图像"对话框，如图4.57（b）所示。

③ 单击"添加"，然后浏览到与该图元关联的图像位置。

④ 选择该图像，然后单击"打开"。

⑤ 单击"确定"，该图像会导入并与模型一起保存。

⑥ 根据指定图像的方式创建明细表，其中包括"图像""类型图像"或"形状图像"字段。

⑦ 创建图纸视图，并将明细表放置在图纸上，图像显示在图纸上放置的明细表视口中，如图4.57（c）所示。

> 注：1. 对于系统族，例如墙、楼板和屋顶，可以编辑模型中图元的"图像和类型图像"参数，以将图像与实例或族类型相关联。
>
> 2. 对于可载入的族，编辑模型中的"图像"属性可以将图像与可载入族的实例相关联。若要更改与族类型关联的图像，必须在"族编辑器"中打开该族，编辑族的"类型图像"属性，然后将族重新载入到模型中，并覆盖现有族和参数。

3. 对于钢筋形状族，可在"族编辑器"中打开该族，修改"钢筋形状参数"对话框（族类型）中的"形状图像"类型属性并重新加载族来管理与族关联的图像。"形状图像"属性与钢筋形状组关联。更改模型中钢筋图元的指定形状，也会更改"形状图像"。

4. "图像"和"类型图像"属性归类在"属性"选项板和"类型属性"对话框的"标识数据"下，"形状图像"归类在"构造"下。

5. 在第3和4步中，可将所有图像一次载入，在明细表中一一对应。

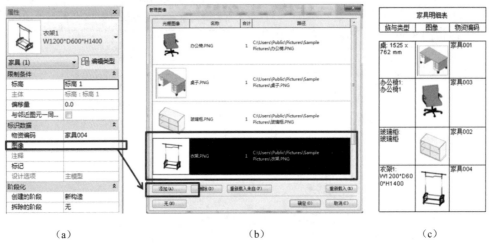

(a)　　　　　　　　　　(b)　　　　　　　　　　(c)

图 4.57　创建带有图像的明细表

4.7.4　视图列表

视图列表显示在"项目浏览器"和图形区域中。创建视图列表的步骤如下。

① 在项目中，单击"视图"选项卡 ▶ "创建"面板 ▶ "明细表"下拉列表 ▶ （视图列表），如图 4.58（a）所示。

② 在"视图列表属性"对话框的"字段"选项卡上，选择要包含在视图列表中的字段，如图 4.58（b）所示。

③ （可选）要创建用户定义的字段，请单击"添加参数"。

④ 使用"过滤""排序/成组""格式"和"外观"选项卡指定明细表属性。

⑤ 单击"确定"，结果如图 4.58（c）所示。

注：默认情况下，视图列表中将包含所有项目视图。使用"过滤器"选项卡可根据视图的属性从列表中排除视图。

生成的视图列表会显示在绘图区域中。在项目浏览器中，它显示在"明细表/数量"下，本例没有创建图纸等，所以列表中显示为空白。

(a)　　　　　　　　　　(b)　　　　　　　　　　(c)

图 4.58　创建视图列表

第5章 注释图元

5.1 文字注释

5.1.1 文字添加

① 单击"注释"选项卡 ➤ "文字"面板 ➤ **A**（文字）。此时光标变为文字工具 ⊢A。

② 在"格式"面板上，选择一个引线选项：

- 无引线（默认）
- 一段引线
- 二段引线
- 曲线形－要修改曲线形状，拖曳折弯控制柄

③ 选择一个左附着点和一个右附着点。

> 注：1. 当放置带引线的文字注释时，引线的终点会从附近的文字注释中捕捉所有可能的引线附加点。
>
> 2. 放置没有引线的文字注释时，它会捕捉附近文字注释或标签的文字原点。
>
> 3. 原点是根据文字对齐方式（左、右或中心）确定的点。
>
> 4. 默认附着点是左上和右下附着点，可更改默认值。

④ 选择水平对齐方向（左、中心或右）。

⑤ 执行以下操作之一。

- 对于非换行文字。单击一次以放置注释。Revit 会插入一个要在其中键入内容的文本框。
- 对于换行文字。单击并拖曳以形成文本框。
- 对于具有一段引线或弯曲引线的文字注释。单击一次放置引线端点，绘制引线，然后单击光标（对于非换行文字）或者拖曳引线（对于换行文字）。
- 对于具有二段引线的文字注释。单击一次放置引线端点，单击要放置引线折弯的位置，然后通过单击光标（对非换行文字）或者拖曳引线（对换行文字）完成引线。

⑥ （可选）在"格式"面板上，选择文字的属性：粗体、斜体和下划线（或按 Ctrl+B、Ctrl+I 或 Ctrl+U）。

⑦ （可选）要在注释中创建一个列表，请单击 ≣（段落格式），然后选择列表样式。

⑧ 输入文字，然后在视图中的任何位置单击以完成文字注释。文字注释控制柄仍处于活动状态，以便用户可以修改注释的位置和宽度。

⑨ 双击 Esc 键结束该命令。

5.1.2 文字修改

单击选中要修改的文字，出现文字修改工具，如图 5.1 所示。在格式工具中可进行添加引线修改引线的样式、对齐方式、编号、加粗等修改。在工具下拉菜单中，可进行拼写检查和查找/替换。

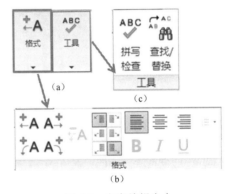

图 5.1 文字编辑命令

> 注：1. 拼写检查：可检查选定内容或者当前视图或图纸中的文字注释的拼写。
>
> 2. 查找/替换：可查找需要的文字，并将其替换为新的文字。

5.2 标记

标记是用于在图纸中识别图元的注释，各种构件图元都可以根据需要创建自己的标记。

5.2.1 创建标记

5.2.1.1 自动标记

创建图元时,自动标记的步骤如下。

① 在绘图区放置图元时,自动放置标记。

② 在"修改|放置<图元>"选项卡 ▶ "标记"面板上,确认 ⚙①(在放置时进行标记)已高亮显示,这说明该功能处于活动状态,如图 5.2(a)所示。

> 注:如果未载入相应的标记,则系统会提示用户为该类别载入标记。单击"是"载入标记。

③ 在选项栏上,如图 5.2(b)所示,选择所需操作。

- 要设置标记的方向,请选择"垂直"或"水平"。
- 放置标记后,可以通过选择标记并按空格键来修改其方向。
- 如果希望标记带有引线,请选择"引线"。
- 如果需要,可在"引线"复选框旁边的文本框中为引线长度输入一个值。

④ 单击以放置图元,将按照所指定的方式显示标记,如图 5.2(c)所示。

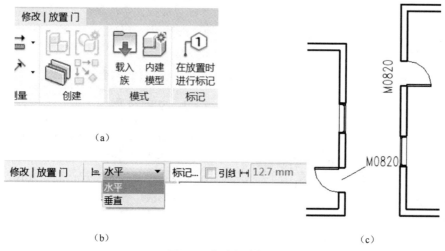

(a)

(b)

(c)

图 5.2　自动创建标记

5.2.1.2 手动标记

（1）逐一标记

步骤如下。

① 单击"注释"选项卡 ▶ "标记"面板 ▶ ⚙①(按类别标记),如图 5.3(a)所示。

② 在选项栏上,如图 5.3(b)所示,选择所需操作。

- 要设置标记的方向,请选择"垂直"或"水平"。
- 放置标记后,可以通过选择标记并按空格键来修改其方向。
- 如果希望标记带有引线,请选择"引线"。
- 指定引线将带有"附着端点"还是"自由端点"。
- 如果需要,可在"引线"复选框旁边的文本框中为引线长度输入一个值。

③ 高亮显示要标记的图元并单击以放置标记,如图 5.3(c)所示。在放置标记之后,它将处于编辑模式,而且可以重新定位。可以移动引线、文字和标记头部的箭头。

（2）批量标记

步骤如下。

① 打开要在其中对图元进行标记的视图。

② (可选)选择一个或多个要标记的图元。如果没有选择图元,"标记所有未标记的对象"工具将标记视图中所有尚未标记的图元。

③ 单击"注释"选项卡 ▶ "标记"面板 ▶ ⚙①"全部标记"。此时显示"标记所有未标记的对象"对话框,如图 5.4 所示。

④ 指定要标记的图元。

- 要标记当前视图中未标记的所有可见图元,请选择"当前视图中的所有对象"。

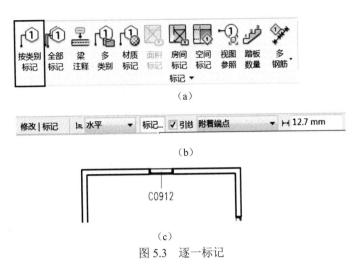

（a）

（b）

C0912

（c）

图 5.3　逐一标记

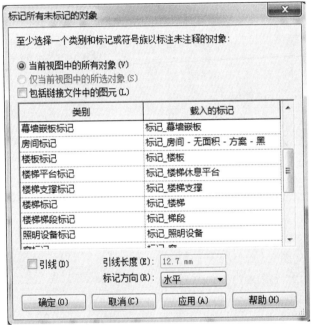

图 5.4　全部标记

- 要标记在视图中选定的那些图元，请选择"仅当前视图中的所选对象"。
- 要标记链接文件中的图元，请选择"包含链接文件中的图元"。

⑤ 选择一个或多个标记类别。

⑥ 要将引线附着到各个标记，请执行下列操作：

- 选择"引线"；
- 输入合适的引线长度作为"引线长度"。

⑦ 选择"水平"或"垂直"作为"标记方向"。

⑧ 单击"确定"，Revit 将标记选定族类别的图元。

注：1. 符号适用于结构图元。

2. 通过选择多个标记类别，可以通过一次操作标记不同类型的图元（例如，详图项目和常规模型）。

3. 要选择多个类别，请在按住 Shift 键或 Ctrl 键的同时，选择所需的类别。

4. 如果标记类别或其对象类型的可见性处于关闭状态，则会出现一条信息。单击"确定"可允许 Revit 在标记该类别之前开启其可见性。

5.2.2 编辑标记

选择要修改的标记，可在标记选项栏，如图 5.5（a）所示，或标记功能面板，如图 5.5（b）所示对标记进行修改。

（a）标记选项栏　　（b）标记功能面板

图 5.5　标记编辑功能

② 水平与垂直：更改标记与图元的关系——水平或垂直。

③ 附着端点：创建时自动捕捉引线起点，放置标记后只能拖曳标记折点和标记位置，引线起点不能调整。

④ 自由端点：创建时手动捕捉引线起点、折点、终点位置，完成后自由拖曳其位置。

> 注：对多类别标记，即使拖曳引线起点离开其标记的图元，标记也不会自动更新。必须使用"拾取新主体"刷新其标记内容，材质标记才可以自动更新。

5.2.2.2　标记主体更新

① "拾取新主体"：选择标记，单击"拾取新主体"，再单击视图新的标记图元，则标记内容自动更新，如图 5.5（b）所示。

② 协调主体：用于链接模型的标记注释图元的更新或删除，如图 5.5（b）所示。当外部链接模型文件发生变更时，以其为主体的标记图元可能需要更新，或需删除已经无用的孤立标记，则可以使用该工具。

5.3　符号与注释块明细表

5.3.1　符号

5.3.1.1　创建符号

使用"符号"工具可以在项目中放置二维图纸符号，如指北针、坡度符号、参考图籍符号等。

单击"注释"选项卡 ▶ "符号"面板 ▶ ⊕

5.2.2.1　引线控制

① 删除/添加引线：选择标记后，在选项栏取消勾选或勾选"引线"即可删除/添加引线，如图 5.5（a）所示，完成后需要拖曳调整标记位置等。

（符号），则打开符号属性栏，如图 5.6 所示，选择相应的符号及类型，放到相应位置即可。

5.3.1.2　编辑符号

选择符号，功能面板显示"修改｜常规注释子选项卡"，如图 5.7 所示。

图 5.6　符号类型

符号的编辑方法和文字与标记类似，可以添加/删除引线，可以鼠标拖曳引线端点和符号位置，可以在"属性"面板中选择其他类型，设置符号实例参数或设置符号的类型属性参数。

> 注：符号的实例和类型参数，因符号不同而不同。

5.3.2 注释块明细表

Revit 可以自动使用"注释块"明细表工具，自动统计使用"符号"工具添加的全部符号实例。具体操作参见"4.7 明细表"。

注释块的自动统计功能可以用来在表格中批量修改符号类型，如给几面墙附着了同样的符号注释，当修改注释时，为提高效率，希望一次性修改所有相同的注释，则可以先统计该符号注释，然后在表格中编辑修改，图形中的符号注释即可自动更新。

图 5.7　修改 | 常规注释子选项卡

5.4　尺寸标注

尺寸标注在项目中显示测量值，可通过"注释"选项卡 ➤ "尺寸标注"面板，选择相应的尺寸标注方式，如图 5.8（a）所示。Revit 有两种尺寸标注类型。

临时尺寸标注：是当放置图元、绘制线或选择图元时在图形中显示的测量值，在完成动作或取消选择图元后，这些尺寸标注会消失。如图 5.8（b）所示。

永久性尺寸标注：是添加到图形以记录设计的测量值。它们属于视图专有，并可在图纸上打印，如图 5.8（c）所示。

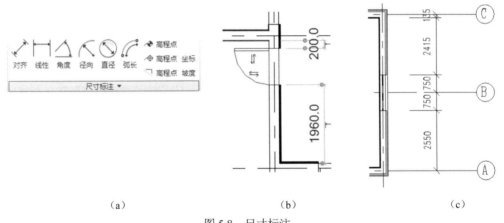

（a）　　　　　　　　（b）　　　　　　　　（c）

图 5.8　尺寸标注

5.4.1 尺寸标注样式的设置

Revit 的两种尺寸标注类型：临时尺寸标注和永久性尺寸标注，其样式设置方式不同，下面分别叙述。

5.4.1.1 临时尺寸标注的设置

临时尺寸标注捕捉到最近的垂直图元并按定义的值进行调整。用户可以定义捕捉增量，如果将捕捉增量定义为 6cm，则移动图元进行放置时，尺寸标注按 6cm 递增或递减。放置图元后，Revit 会显示临时尺寸标注，当放置另一个图元时，前一个图元的临时尺寸标注将不再显示。要查看某个图元的临时尺寸标注，请单击"修改"，然后选择该图元。

临时尺寸标注只是最近的一个图元的尺寸标注，因此用户看到的尺寸标注可能与原始临时尺寸标注不同，若要始终显示尺寸标注，请创建永久性尺寸标注。

5.4.1.2 定义临时尺寸标注的增量

① 单击"管理"选项卡 ➤ "设置"面板

➤ ⬛（捕捉），如图 5.9（a）所示。

② 在"捕捉"对话框中，清除"关闭捕捉"，如图 5.9（b）所示。

③ 若要打开增量捕捉设置，请选择"长度标注捕捉增量"和"角度标注捕捉增量"，如图 5.9（b）所示。

④ 对于每个捕捉增量集，请输入用分号分隔的数值。

⑤ 单击"确定"。

> 注：可以指定任意多个增量，用分号隔开。如角度标注捕捉增量的示例：90°；45°；15°；5°；1°。

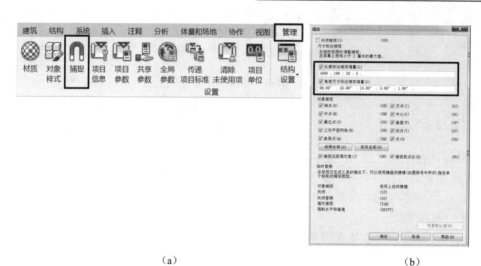

（a）   （b）

图 5.9　临时捕捉设置

5.4.1.3　指定临时尺寸标注设置

临时尺寸标注可以以下方式设置。

- 从墙中心线、墙面、核心层中心或核心层表面开始测量。
- 从门和窗的中心线或洞口开始测量。

步骤如下。

① 单击"管理"选项卡 ➤ "设置"面板

➤ "其他设置"下拉列表 ➤ ⬛（临时尺寸标注），如图 5.10（a）所示。

② 从"临时尺寸标注属性"对话框中，选择适当的设置，如图 5.10（b）所示。

③ 单击"确定"。

（a）

（b）

图 5.10　临时尺寸标注

5.4.1.4　修改临时尺寸标注的外观

　　① 单击 文件 ➤ "选项"。

　　② 在"选项"对话框中单击"图形"选项卡。

　　③ 为"临时尺寸标注文字外观",指定字号和背景(透明或不透明),如图 5.11 所示。

图 5.11　临时尺寸标注外观设置

5.4.1.5　永久尺寸标注样式的设置

　　尺寸标注的文字字体、字体大小、高宽比、文字背景、尺寸记号、尺寸界线样式、尺寸界线长度、尺寸界线延伸长度、尺寸线延伸长、中心线符号的样式、尺寸标注颜色等尺寸标注的细节设置,都可在相应尺寸标注样式对话框中事先设置或随时设置,设置完成后,尺寸标注将自动更新。

　　不同的尺寸标注其标注样式也不完全一样,但其设置方法完全一样,通用步骤如下。

　　① 单击"注释"选项卡 ➤ "尺寸标注"面板下拉列表,然后选择一个选项,如图 5.12(a)和(b)所示。

　　② 从"类型属性"对话框的"类型"列表中选择要使用的尺寸标注类型,如图 5.12(c)所示。

　　③ 如果需要,单击"重命名"以重命名该类型,或单击"复制"以创建新尺寸标注类型。

　　④ 指定尺寸标注显示属性,如图 5.12(c)所示。

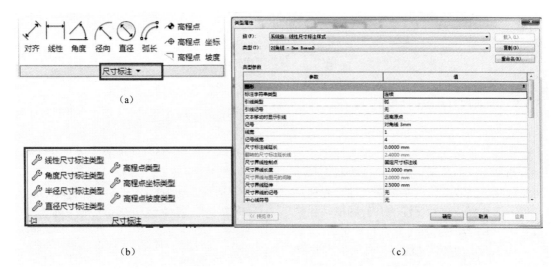

(a)

(b)

(c)

图 5.12　永久尺寸标注样式设置

5.4.2　临时尺寸标注应用

5.4.2.1　图元查询与定位

　　当创建或选择几何图形时,Revit 会在图元周围显示临时尺寸标注,使用临时尺寸标注以动态控制模型中图元的放置。或选择已创建好的图元,将显示其与相邻图元的位置关系,如图 5.13 所示。

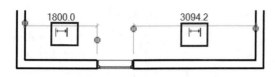

图 5.13　临时尺寸标注

5.4.2.2　转换为永久尺寸标注

可以将临时尺寸标注转换为永久性尺寸标注，以便其始终显示在图形中，步骤如下。

① 在绘图区域中选择部件。

② 单击在临时尺寸标注附近出现的尺寸标注符号├─┤，如图 5.14（a）所示，即可将临时尺寸标注转换为永久尺寸标注。

③ 单击选择转换后的永久尺寸标注，即可编辑其尺寸界线位置、文字替换等。

5.4.2.3　移动临时尺寸标注的尺寸界线

① 选择一个图元，显示临时尺寸标注，如图 5.14（a）所示。

② 执行下列操作之一：

- 将尺寸界线的控制柄（图中显示的蓝点）拖曳到不同的参照；
- 在尺寸界线控制柄上单击鼠标右键，然后单击"移动尺寸界线"，如图 5.14（b）所示。随后即可将尺寸界线移到新参照上。

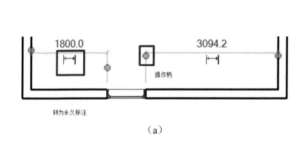

（a）

（b）

图 5.14　移动尺寸界线

5.4.3　永久尺寸标注

永久性尺寸标注是一个视图专有的图元，记录了模型的测量尺度。永久性尺寸标注有两种不同的显示状态：可修改状态和不可修改状态。若要修改某个永久性尺寸标注数值，请选择该尺寸标注的几何图形，并修改几何图形的尺寸，尺寸标注自动更新。

在 Revit 功能区"注释"选项卡中共有 9 个永久尺寸标注工具：对齐尺寸标注、线性尺寸标注、角度尺寸标注、径向尺寸标注、直径尺寸标注、弧长度尺寸标注、高程点标注、高程点坐标标注、高程点坡度标注。

下面将分别讲述如何创建各种尺寸标注及如何编辑永久尺寸标注。

5.4.3.1　创建永久尺寸标注

（1）对齐尺寸标注——单个参照点：逐点捕捉标注

① 单击"注释"选项卡 ▶ "尺寸标注"面板 ▶ ⟋（对齐）。

> 注：选项栏的设置选项有"参照墙中心线""参照墙面""参照核心层中心"和"参照核心层表面"，如图 5.15（a）中①所示。如选择墙中心线，则将光标放置于某面墙上时，光标将首先捕捉该墙的中心线。

② 在选项栏上，选择"单个参照点"作为"拾取"设置，图 5.15（a）中②所示。

③ 将光标放置在某个图元（例如墙）的参照点上，如果可以在此放置尺寸标注，则参照点会高亮显示。

④ 单击以指定标注位置。

⑤ 将光标放置在下一个参照点的目标

位置上并单击。

⑥ 当选择完参照点之后，鼠标离开图元到合适位置，并单击，永久性对齐尺寸标注将会显示出来。

注：1. 第③步选择时，按 Tab 键可以在不同的参照点之间循环切换；

2. 第⑤步可以连续选择多个参照，当移动光标时，会显示一条尺寸标注线。

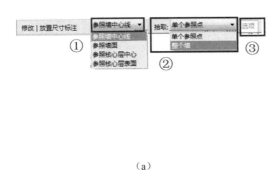 

（a）　　　　　　　　　　　（b）

图 5.15　永久尺寸标注设置

（2）对齐尺寸标注——整个墙：自动捕捉批量标注

① 单击"注释"选项卡 ➤ "尺寸标注"面板 ➤ （对齐）。

② 在选项栏上，选择"整个墙"作为"拾取"设置，如图 5.15（a）中②所示。

③ 单击"选项"，弹出如图 5.15（b）所示对话框，含义如下。

- "洞口"：对某面墙及其洞口进行尺寸标注，可选择"中心"或"宽度"设置洞口参照。
- 如选择"中心"，尺寸标注链将使用洞口的中心作为参照。如果选择"宽度"，尺寸标注链将测量洞口宽度。
- "相交墙"：对某面墙及其相交墙进行尺寸标注。选择要放置尺寸标注的墙后，多段尺寸标注链会自动显示。
- "相交轴网"：对某面墙及其相交轴网进行尺寸标注。选择要放置尺寸标注的墙后，多段尺寸标注链会自动显示，并参照与墙中心线相交的垂直轴网。

注：如果轴线与另一个墙参照点（例如墙端点）相重合，则不为此轴网创建尺寸界线。该功能避免创建长度为零的尺寸标注线段。

④ 单击"确定"。

⑤ 将光标放置于某墙之上，待该墙高亮显示之后单击鼠标。如果需要，继续高亮显示其他墙，将其添加至尺寸标注链中。

⑥ 将光标从墙上移开，以使尺寸标注线

显示出来，在合适位置单击放置尺寸标注。

注：当轴线很多时，"整个墙"功能可以用来快速自动标注第 2 道开间（进深）尺寸：先绘制一面穿过所示轴线的辅助墙，然后用"整个墙"功能，并设置"自动尺寸标注选项"为只勾选"相交轴网"，然后单击捕捉墙即可创建第 2 道尺寸，但墙两头有两个多余的尺寸。删除辅助墙，多余尺寸自动删除，即可完成第 2 道开间（进深）尺寸标注。

（3）线性尺寸标注

"线性"尺寸标注工具可以标注两个点之间（如墙或线的角点或端点）的水平或垂直距离尺寸，步骤如下。

① 单击"注释"选项卡 ➤ "尺寸标注"面板 ➤ （线性）。

② 将光标放置在图元（如墙或线）的参照点上，或放置在参照的交点（如两面墙的连接点）上。如果可以在此放置尺寸标注，则参照点会高亮显示。通过按 Tab 键可以在交点的不同参照点之间切换。

③ 单击以指定参照。

④ 将光标放置在下一个参照点的目标位置上并单击。当移动光标时会显示一条尺寸标注线。如果需要，可以连续选择多个参照。

⑤ 选择另一个参照点后，按空格键使尺寸标注与垂直轴或水平轴对齐。

⑥ 当选择完参照点之后，从最后一个图

元上移开光标并单击，此时显示尺寸标注。

注：按 Tab 键切换捕捉相应的点。

（4）角度尺寸标注

角度尺寸标注，用于标注有公共交点的多个参照点之间的角度，不能通过拖曳尺寸标注弧来标注整圆。步骤如下。

① 单击"注释"选项卡 ▶ "尺寸标注"面板 ▶ △（角度）。

② 将光标放置在构件上，然后单击以创建尺寸标注的起点，如图 5.16（a）所示。

③ 将光标放置在与第一个构件不平行的某个构件上，然后单击鼠标，如图 5.16（b）所示。

④ 拖曳光标以调整角度标注的大小，当尺寸标注大小合适时，单击以进行放置，如图 5.16（c）所示。

注：1. 通过按 Tab 键，可以在墙面和墙中心线之间切换尺寸标注的参照点。

2. 可以为尺寸标注选择多个参照点。所标注的每个图元都必须经过一个公共点。要在四面墙之间创建一个多参照的角度标注，每面墙都必须经过一个公共点。

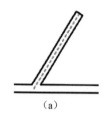 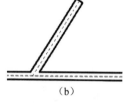 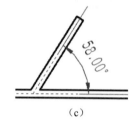

（a）　　　　　　　　（b）　　　　　　　　（c）

图 5.16　角度标注

（5）径向尺寸标注

径向尺寸标注是将径向尺寸标注添加到图形以测量弧的半径。

① 单击"注释"选项卡 ▶ "尺寸标注"面板 ▶ ⟋（半径）。

② 将光标放置在弧上，然后单击，一个临时尺寸标注将显示出来，如图 5.17 所示。

提示：通过按 Tab 键，可以在墙面和墙中心线之间切换尺寸标注的参照点。

③ 再次单击以放置永久性尺寸标注。

① 单击"注释"选项卡 ▶ "尺寸标注"面板 ▶ ◌（直径）。

② 将光标放置在圆或圆弧的曲线上，然后单击，一个临时尺寸标注将显示出来。

③ 将光标沿尺寸线移动，并单击以放置永久性尺寸标注。

注：通过按 Tab 键，可以在墙面和墙中心线之间切换尺寸标注的参照点。

（7）弧长尺寸标注

可以对弧形墙或其他弧形图元进行尺寸标注，以获得墙的总长度。步骤如下。

① 单击"注释"选项卡 ▶ "尺寸标注"面板 ▶ ⌒（弧长）。

② 在选项栏上，选择一个捕捉选项，如图 5.18（a）所示，如选择"参照墙中心线"，以使光标捕捉内墙或外墙中心线。捕捉选项有助于选择径向点。

③ 将光标放置在弧上，并单击左键选择，如图 5.18（b）所示，然后单击选择弧的起点和终点，如图 5.18（c）所示。

④ 然后将光标向上移离弧形，单击放置该弧长尺寸标注，如图 5.18（d）所示。

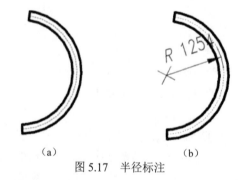

（a）　　　　　　　　（b）

图 5.17　半径标注

（6）直径尺寸标注

使用图形中的直径尺寸标注，标注圆或圆弧的直径。

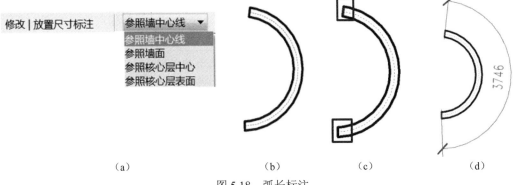

（a）　　　　　　　　　　（b）　　　　　　　　（c）　　　　　　　（d）

图 5.18　弧长标注

（8）高程点标注

用高程点标注可以获取或标注图元（如坡道、道路、地形表面或楼梯平台）的高程。步骤如下。

① 单击"注释"选项卡 ▷ "尺寸标注"面板 ▷ ⊙（高程点）。

② 在"类型选择器"中，选择要放置的高程点的类型。在选项栏上执行下列操作，如图 5.19（a）所示。

- 选中或清除"引线"，如果选中了"引线"，可以选择"水平段"，以在高程点引线中添加一个折弯。
- 如果要放置相对高程点，请选择一个标高作为"相对于基面"的值。
- 为"显示高程"选择一个选项（在平面视图中放置高程点时，会启用该功能）。
- "实际（选定）高程"：显示图元上的选定点的高程。
- "顶部高程"：显示图元的顶部高程。

- "底部高程"：显示图元的底部高程。
- "顶部高程和底部高程"会显示图元的顶部和底部高程。

③ 选择图元的边缘，或选择地形表面上的某个点。在可以放置高程点的图元上移动光标时，绘图区域中会显示高程点的值，如图 5.19（b）所示。

④ 如果要放置高程点，请执行下列操作。

- 如果不带引线，单击即可放置。
- 如果带引线，请将光标移到图元外的位置，然后单击即可放置高程点。
- 如果带引线和水平段，请将光标移到图元外的位置。单击一次放置引线水平段。再次移动光标并单击以放置该高程点。

⑤ 要完成该操作，请按 Esc 键两次，结果如图 5.19（c）所示。

> 注：如果放置高程点之后再选择它，可以使用拖曳控制柄来移动它。如果删除其参照的图元或关闭其可见性，高程点将被删除。

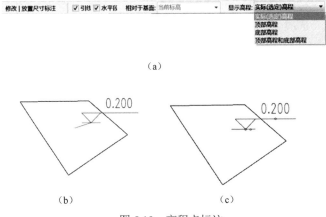

（a）

（b）　　　　　　　　　　　　（c）

图 5.19　高程点标注

（9）高程点坐标标注

① 单击"注释"选项卡 ➤ "尺寸标注"面板 ➤ ⊕（高程点坐标）。

② 在"类型选择器"中，选择要放置的高程点坐标的类型。

③ 在选项栏上，选中或清除"引线"。如果选中了"引线"，可以选择"水平段"，以在高程点引线中添加一个折弯。

④ 除了要显示高程点坐标外，如果还要显示高程，请执行下列操作：

- 在属性选项板上，单击 ▦（编辑类型）；
- 在"文字"下，选择"包括高程"。

⑤ 选择图元的边缘或选择地形表面上的点。将光标移动到可以放置高程点坐标的图元上方时，高程点坐标值会显示在绘图区域中。

⑥ 如果要放置高程点坐标，请执行下列操作：

- 如果不带引线，单击即可放置；
- 如果带引线，请将光标移到图元外的位置，然后单击即可放置高程点坐标；
- 如果带引线和水平段，请将光标移到图元外的位置，单击一次放置引线水平段，再次移动光标，然后单击以放置高程点坐标。

⑦ 要完成该操作，请按 Esc 键两次。

如果放置高程点坐标之后再选择它，可以使用拖曳控制柄来移动它。如果删除参照的图元或关闭其可见性，则将会删除高程点坐标。若要修改高程点的外观，请选择该高程点并修改其属性。

（10）高程点坡度标注

① 单击"注释"选项卡 ➤ "尺寸标注"面板 ➤ ⌐（高程点坡度）。

② 在"类型选择器"中，选择要放置的高程点坡度的类型。

③（可选）在选项栏上修改下列内容：

- 选择"箭头"或"三角形"作为"坡度表示"（在立面或剖面视图中启用）；
- 输入"相对参照的偏移"值，该值可以相对于参照移动高程点坡度，使之离参照更近或更远。

④ 单击要放置高程点坡度的边缘或坡度。

⑤ 单击以放置高程点坡度，可以位于坡度上方或下方。

> 注：将光标移动到可以放置高程点坡度的图元上时，绘图区域中会显示高程点坡度的值。

⑥ 放置高程点坡度时，您还可以执行下列操作。

- 单击翻转控制柄（ ↕ ）以翻转高程点坡度尺寸标注的方向。
- 坡度表示具有两种表示形式：箭头或三角形。尽管两种表示形式的显示方式不同，但其中的信息都相同。三角形不能用在平面视图中。

⑦ 要完成该操作，请按 Esc 键两次。

5.4.3.2　编辑永久尺寸标注

尺寸标注的编辑方法有以下 6 种：编辑尺寸界线、鼠标控制、图元与尺寸关联更新、编辑尺寸标注文字、"类型属性"参数编辑（尺寸标注样式）和限制条件。尺寸标注样式见前述，限制条件见 5.4.4 限制条件的应用。本节重点讲解前 4 种功能的应用。

（1）编辑尺寸界线

该编辑方法仅适用于"对齐"和线性尺寸标注类型。选择尺寸标注，将以蓝色亮显，如图 5.20（a）所示。可以选择图 5.20（a）中①和②所示的点进行拖曳，从而调整尺寸界线位置及间隙、删除尺寸界线和增加尺寸界线。具体步骤如下。

（2）编辑尺寸界线——移动尺寸界线和间隙

① 在两个或多个图元之间（例如在两面墙之间）创建线性尺寸标注，如图 5.20（a）所示。

② 选择一条尺寸标注线。尺寸界线上将出现蓝色控制柄，如图 5.20（a）所示，①可调整尺寸界线位置，②可调整尺寸界线与图元的间隙。

③ 将光标放在尺寸界线端点处的一个蓝色控制柄上，然后拖曳控制柄来调整尺寸界线与图元之间的间隙或尺寸界线的位置。

提示：当移动尺寸标注线所参照的图元时，间隙的距离将保持不变。

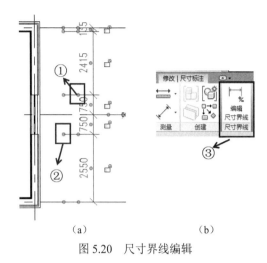

（a）　　　　　　（b）

图 5.20　尺寸界线编辑

（3）编辑尺寸界线——删除或增加尺寸界线

① 择一个永久性尺寸标注。

② 在尺寸界线中点处的蓝色圆形控制点[如图 5.20（a）图①点]上单击鼠标右键，然后单击"删除尺寸界线"。

③ 如要增加尺寸界线，选中尺寸标注，单击功能面板上的"编辑尺寸界线"，在图形上单击要增加的参照。

（4）编辑尺寸标注文字

Revit 的尺寸值是自动提取的实际值，单独选择尺寸标注，其文字不能直接编辑。但可以在尺寸值前后增加辅助文字或其他前缀后缀等，或直接用文本替换尺寸值。如图 5.21（a）所示，结果如图 5.21（b）所示。

（a）

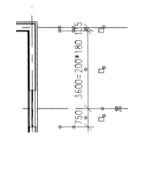

（b）

图 5.21　尺寸标注文字替换

（5）图元与尺寸关联更新

与临时尺寸一样，Revit 的永久尺寸标注和其标注的图元之间始终保持关联更新关系，可以通过"先选择图元，然后编辑尺寸值"的方式精确定位图元。

5.4.4　限制条件的应用

（1）应用尺寸标注的限制条件

锁定尺寸标注可使其值无法更改，还限制了参照图元的移动。只要在放置永久性尺寸标注后，单击尺寸的锁形符号，如图 5.22（a）所示，锁定尺寸标注，即可锁定选择的尺寸，结果如图 5.22（b）所示。

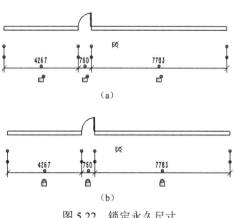

（b）

图 5.22　锁定永久尺寸

（2）相等限制条件

相等限制条件可用于快速等间距定位图元，例如定位参照平面、门窗间距、内墙间距等。如图 5.23（a）所示尺寸标注，选中相应的连续标注，单击尺寸标注上的 ，结果如图 5.23（b）所示，可实现尺寸的自动等间距，图元也等间距布置。

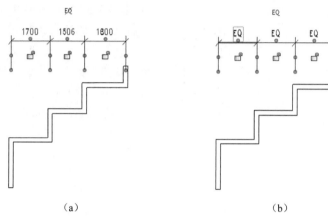

（a）　　　　　　　　　　　　（b）

图 5.23　相等限制条件

（3）删除限制条件

可使用以下三种方法取消、删除限制条件。

① 单击锁形符号解除锁定。

② 单击 EQ 符号变为"不相等"符号 ，解除相等限制条件。

③ 删除应用了限制条件的尺寸标注时，在弹出的提示对话框中按以下方法执行。

- 单击"确定"：只删除尺寸标注，保留了限制条件。限制条件可以独立于尺寸标注存在和编辑，删除尺寸标注后，选择约束的图元即可显示限制条件。
- 单击"取消约束"：同时删除尺寸标注和限制条件。

第 2 篇
结构篇

本篇主要内容为 Revit 在结构专业中的建模应用，包括结构构件（梁、板、柱、墙和屋顶）、钢筋和钢结构。结构板、结构柱、结构墙和屋顶的建模方法同建筑，其中结构板、结构墙和屋顶为主体图元，其他为构件图元。本篇不再按图元划分来讲解，而是根据专业习惯来讲解，主要侧重于结构方面的讲解。

第 6 章　混凝土结构创建

本章主要以混凝土结构为例，讲解其竖向构件（柱、墙），水平构件（梁、板），支承系统和基础的创建。

6.1　竖向结构构件

6.1.1　柱

结构柱主要承受竖向和水平荷载，结构柱按截面形式分为方柱、圆柱、管柱、矩形柱、工字形柱等，按所用材料分为石柱、砖柱、木柱、钢柱、钢筋混凝土柱等类型。

结构柱为构件图元，其族的载入、属性编辑、创建和调整与建筑柱的操作相似。结构柱的族归类为结构中的柱，但是结构柱和建筑柱由于功能上的不同及专业流程的不同（先建筑后结构），Revit 对结构柱提供了更多的创建方式及属性。结构柱与建筑柱的创建方式与属性对比如图 6.1 所示，图 6.1（a）与图 6.1（c）为结构柱的创建与选项栏和属性栏，图 6.1（b）与图 6.1（d）为建筑柱的创建与选项栏和属性栏。二者的不同之处还有结构构件有特有的属性，如结构图元（如，梁、支承和独立基础）与结构柱连接，不与建筑柱连接；结构柱有分析模型等。

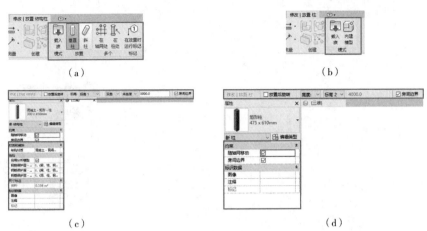

（a）　　　　　　　　　　　　　　　（b）

（c）　　　　　　　　　　　　　　　（d）

图 6.1　结构柱与建筑柱的创建对比

6.1.1.1　创建

通常由建筑师先进行建筑设计，提供图纸和模型给结构师进行结构设计。建筑师提供的图纸与模型通常包含轴网和建筑柱。结构师可通过以下方式创建结构柱：手动放置每根柱或使用"在轴网处"工具将柱添加到选定的轴网交点，或使用在建筑柱处放置结构柱。在添加结构柱之前设置轴网很有帮助，因为结构柱可以捕捉到轴网，实现在轴网处快速创建结构柱。

（1）垂直柱

垂直柱指垂直于楼层平面的柱，也是最多的结构柱。创建步骤如下。

① 在功能区面板上，单击 ▯（结构柱）：
  ➢ "结构"选项卡 ▶ "结构"面板 ▶ ▯（柱）；
  ➢ "建筑"选项卡 ▶ "构建"面板 ▶ "柱"下拉列表 ▶ ▯（结构柱）。

② 从"属性"选项板上的"类型选择器"下拉列表中，选择一种柱类型。

③ 在选项栏上指定下列内容，如图 6.1（c）所示。

  ● 放置后旋转。选择此选项可以在放置柱后立即将其旋转。
  ● 标高。（仅限三维视图）为柱的底部选择标高。在平面视图中，该视图的标高即为柱的底部标高。

  ● 深度。此设置从柱的底部向下绘制。要从柱的底部向上绘制，请选择"高度"。
  ● 标高/未连接。选择柱的顶部标高；或者选择"未连接"，然后指定柱的高度。

④ 单击以放置柱：其位置可通过临时尺寸进行定位或放置后进行调整。

（2）倾斜柱

倾斜柱指与楼层平面夹角不为 90° 的柱，创建步骤如下。

① 启动结构柱命令，位置参见垂直柱。

② 在放置面板，选择斜柱，如图 6.2① 所示。

③ 选项栏设置标高，如图 6.2② 所示。

④ 在类型容器选择结构柱的类型，如图 6.2③ 所示。

⑤ 设置截面样式，如图 6.2④ 所示。

⑥ 在平面视图上选择相应的点，如图 6.2⑥ 所示。

斜柱创建时要注意的事项如下。

  ● 放置斜柱时，柱顶部的标高始终要比底部的标高高，如柱顶部的标高比底部的标高低，则弹出如图 6.2⑤ 所示的对话框。放置柱时，处于较高标高的端点为顶部，处于较低标高的端点为底部。定义后，不得将顶部设置于底部下方。

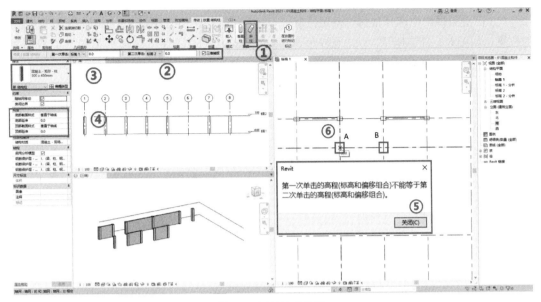

图 6.2 倾斜柱的放置

- 如果放置在三维视图中，"第一次单击"和
  "第二次单击"设置将定义柱的关联标高
  和偏移。 如果放置在立面或横截面中，端
  点将与其最近的标高关联。默认情况下，端
  点与立面之间的距离就是偏移。
- 斜柱不会出现在图形柱明细表中。处于倾斜
  状态的柱不会显示与图形柱明细表相关的
  图元属性，如"柱定位轴线"。
- "复制/监视"工具不适用于斜柱。

建议斜柱在平面并结合立面或剖面创建。

（3）在轴网放置柱

通常建筑师已创建了轴网，此方法能快速
地创建轴网交点处的柱，创建步骤如下。

① 启动结构柱命令，位置参见垂直柱。

② 单击"修改 | 放置结构柱"选项卡
▶ "多个"面板 ▶ （在轴网处），如图 6.3
（a）所示。

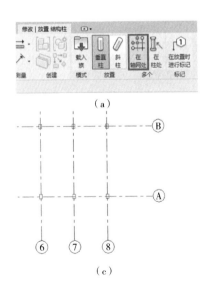

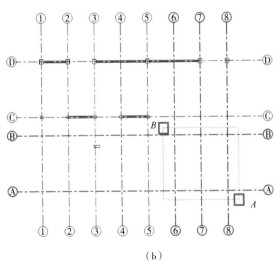

图 6.3 在轴网处建柱

③ 在平面视图中选择轴网，确定柱放置的位置，如图 6.3（b）所示，从右到左框选，与虚框相交的轴网都被选中。

④ 在所选的轴网相交处即创建了结构柱，预览如图 6.3（c）所示。单击✔（完成）前，按空格键可旋转正在创建的所有柱。

⑤ 连续按空格键，直至柱处于所需的方向。

⑥ 要将其他柱添加到轴网交点，请按住 Ctrl 键并拖曳其他拾取框。

⑦ 单击"修改｜放置结构柱" ➤ "在轴网交点处"选项卡 ➤ "多个"面板 ➤ ✔（完成），以创建柱。

（4）在建筑柱内放置结构柱

建筑师如已布置了建筑柱，也可以不删除，直接在建筑柱的位置布置结构柱。

① 启动结构柱命令，位置参见垂直柱。

② 从"属性"选项板上的"类型选择器"下拉列表中，选择一种柱类型。

③ 单击"修改｜放置结构柱"选项卡 ➤ "多个"面板 ➤ 🛢（在柱上），如图 6.4（a）所示。

④ 选择各个建筑柱，或者在视图中拖曳一个拾取框选择多个建筑柱，来选取多个柱，如图 6.4（b）所示。

⑤ 结构柱自动捕捉到建筑柱的中心，如图 6.4（b）右标高 1 视图所示。

⑥ 完成后，单击"修改｜放置结构柱" ➤ "在建筑柱处"选项卡 ➤ "多个"面板 ➤ ✔（完成）。

> 注：此例结构柱的尺寸小于建筑柱，项目中根据实际情况而定。

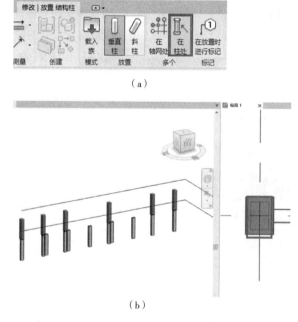

（a）

（b）

图 6.4　在建筑柱处放结构柱

6.1.1.2　修改

结构柱的实例和类型属性参数也比较多，在此主要讲述比较常用的参数的修改对柱的影响。

（1）柱顶和柱底的位置的控制

选中结构柱，在实例属性中有约束和构造可控制柱顶和柱底的位置，约束中的底部标高和底部偏移、构造中的底部延伸，都可控制柱底和顶的偏移值，如图 6.5 所示。两者同时设置，效果为累加，如图 6.5（b）所示。

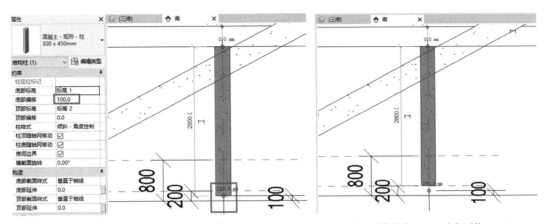

（a）底部偏移：100；底部延伸：0　　　　（b）底部偏移：100；底部延伸：-100

图 6.5　柱底高度控制

注：1.约束中的底部偏移以正值向上，如图 6.5（a）所示，构造中的底部延伸负值为向上，如图 6.5（b）所示。

2. 两者都是以底部标高为基准的。

3. 建议用约束中的底部偏移值控制柱底的高度。

4. 柱顶的标高控制同柱底。

（2）手动调整斜柱端位置

选择斜柱，在其端部出现控制箭头及控制端点，如图 6.6 所示，通过拖曳箭头和端点（圆点）都可调整其端部的位置。使用中的注意事项如下。

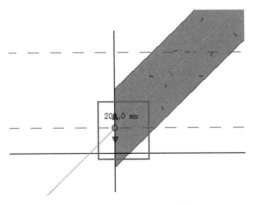

图 6.6　斜柱端手动调整

● 柱样式为倾斜-端点控制时，这些控制点才可用。

● 拖曳箭头时仅会沿垂直方向移动。

● 拖曳圆点时可竖向或水平移动。

● 建议在立面中拖曳控制点。

（3）横截面旋转

对垂直柱可通过旋转横截面（断面），改变柱截面与轴网的夹角，如图 6.7 所示。对斜柱，软件在实例属性栏中提供了横截面旋转的参数对柱进行旋转，如图 6.8 所示。

（4）将柱锁定到轴网

可以将垂直柱的当前位置或者斜柱的顶部和底部限制在某个轴网处。当移动轴网时，柱顶或柱底会随轴网的移动而改变。

① 选择要锁定到轴网的柱。

② 在"属性"选项板的"限制条件"部分，选择下列项。

● 垂直柱："随轴网移动"，如图 6.9（a）所示；

● 斜柱："柱顶随轴网移动"或"柱底随轴网移动"，或者同时选择这两个参数，如图 6.9（b）所示。

③ 单击属性栏底部的"应用"。

● 如果斜柱两个端点都锁定到轴网，则柱的"柱样式"参数将更改为"倾斜 - 端点控制"。

● 对角度驱动的柱锁定到的轴网进行移动时，整个柱会随之移动。

● 而对端点驱动的柱锁定到的轴网进行移动时，只有柱的端点会随之移动。柱会根据轴网的新位置而加长或缩短。

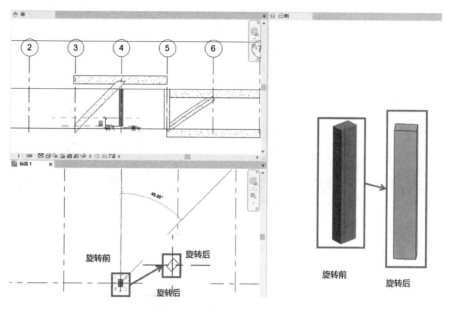

图 6.7　垂直柱的截面旋转

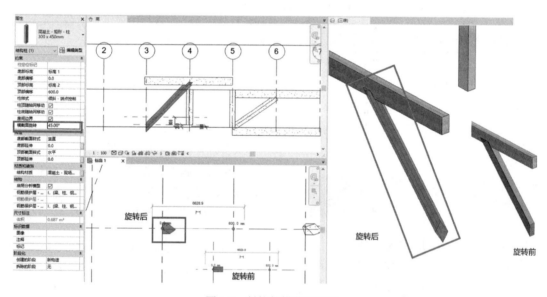

图 6.8　斜柱的横截面旋转

6.1.2　墙

6.1.2.1　创建

结构墙是指剪力墙，其材质及力学行为不同于建筑墙，结构墙有分析模型，能放置钢筋，建筑墙则不能。Revit 中结构墙的创建方法与建筑墙相同。结构墙的创建步骤如下。

① 在功能区上，单击 ☐ （结构墙）。

- "结构"选项卡 ▶ "结构"面板 ▶ "墙"下拉列表 ▶ ☐ （墙：结构）。
- "建筑"选项卡 ▶ "构建"面板 ▶ "墙"下拉列表 ▶ ☐ （墙：结构）。

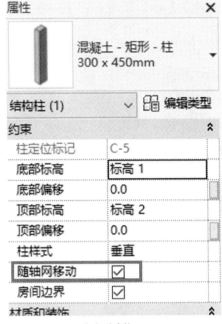

（a）垂直柱

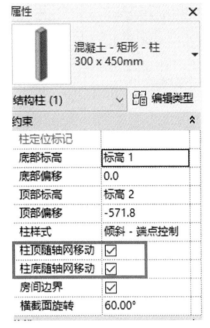

（b）倾斜柱

图 6.9　柱锁定到柱网

注：倾斜结构墙不支持分析模型。

② 在"属性"选项板上的"类型选择器"下拉列表中选择墙的族类型，如图 6.10②所示。

③（可选）通过单击"属性"选项板，修改要放置的墙的实例属性，如图 6.10③所示。

④（可选）通过在"属性"选项板中单击"编辑类型"按钮，可以修改要放置的墙的类型参数，如图 6.10④所示。

⑤（可选）在选项栏上指定下列内容，如图 6.10⑤所示。

- 标高：设置墙的底部和顶部约束。
- 深度：选深度，墙顶为本层标高，向下创建；选高度，墙底置于本层标高，向上创建。
- 定位线：选择在绘制时要将墙的哪个垂直平面与光标对齐，或要将哪个垂直平面与将在绘图区域中选择的线或面对齐。

注：使用椭圆或半椭圆墙绘图工具创建或修改叠层墙时，"属性"选项板中的"定位线"参数和"类型属性偏移"必须设置为"墙中心线"。

- 链：选择此选项，以绘制一系列在端点处连接的墙分段，即连续绘制墙。
- 偏移：（不适用于椭圆或半椭圆墙）可选择输入一个距离，以指定墙的定位线与光标位置或选定的线或面之间的偏移。

⑥ 绘制墙的形状：选择相应的草图绘制模式，进行创建，如图 6.10①所示。

6.1.2.2　修改

墙的轮廓编辑、开洞、附着与分离、修改中的修剪/延伸同建筑墙，可参见主体图元中的墙。本节主要讲解前面没有讲述的墙连接，此部分内容也适用于建筑墙。

（1）更改墙连接的方式

更改墙连接方式的步骤如下。

① 单击"修改"选项卡 ➤ "几何图形"面板 ➤ ［墙连接），如图 6.11①和②所示。

② 此时连接配置的选项栏为灰色，为不可用状态，如图 6.11③所示。

③ 将光标移至墙连接上，然后在显示的灰色方块中单击，如图 6.11④所示。

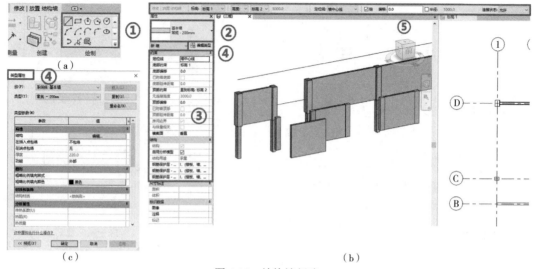

图 6.10　结构墙创建

④ 此时连接配置的选项栏为可用状态，如图 6.11⑤所示。

⑤ 若要选择多个相交墙连接进行编辑，在按下 **Ctrl** 键的同时选择相应连接（可框选）。

⑥ 在选项栏上，选择以下可用连接类型之一，如图 6.11⑤所示。

- 平接：为默认连接类型。
- 斜接：无法将斜接与倾斜墙一起使用。
- 方接：对墙端进行方接处理，使其呈 90°，无法将方接与倾斜墙一起使用。

三种连接方式的区别如图 6.12 所示，当然最终的显示结果还和显示中的设置有关。

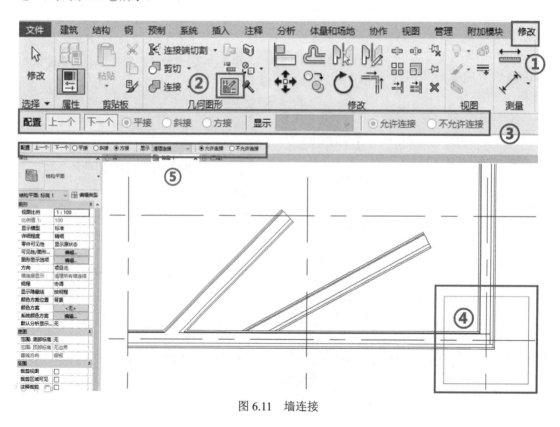

图 6.11　墙连接

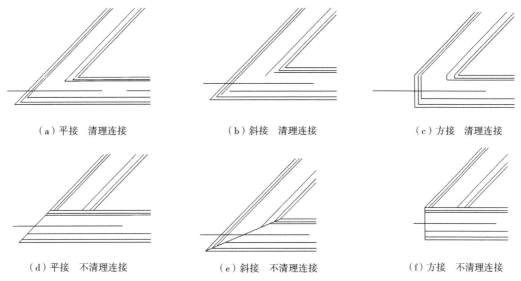

（a）平接　清理连接　　　　　　（b）斜接　清理连接　　　　　　（c）方接　清理连接

（d）平接　不清理连接　　　　　（e）斜接　不清理连接　　　　　（f）方接　不清理连接

图 6.12　连接方式与是否清理连接选项对显示的影响

（2）指定墙连接清理选项

在修改墙连接方式时，还可选择对连接处的处理方式，这影响显示结果，步骤如下。

① 启动墙连接命令，并选择相应的连接，步骤见前述，如图 6.11①②④所示。

② 若要使墙在当前配置下连接，需在选项栏上选择"允许连接"，然后为"显示"选择以下选项之一。

- 清理连接：显示平滑连接。选择连接进行编辑时，临时实线指示墙层实际在何处结束，如下所示；退出"墙连接"工具且不打印时，这些线将消失。
- 不清理连接：显示墙端点针对彼此连接的情况。
- 使用视图设置：按照视图的"墙连接显示"

实例属性清理墙连接。此属性控制清理功能适用于同种类型的墙。

结果可参照图 6.12（a）和（c）、（b）和（e）、（c）和（f）的对比。

③ 如果选择"不允许连接"，则不能进行连接和显示的相关设置。

（3）强制墙不连接

如果需要墙不连接，则可通过连接命令，选择相应的节点，在选项栏上，选择"不允许连接"，结果如图 6.13（a）所示。如果需要把设置了"不允许连接的墙"重新连接起来，则应选择相应的墙，如图 6.13(b)所示。单击 ⊡，如图 6.13（b）所示，则可重新连接，如图 6.13（c）所示。

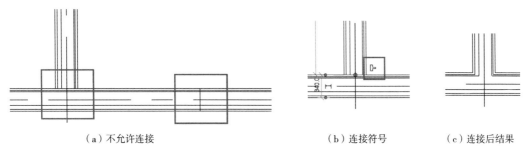

（a）不允许连接　　　　　　　（b）连接符号　　　　　（c）连接后结果

图 6.13　是否允许连接

（4）连接平行墙

连接平行墙功能，可用于不同专业建模、处理时使用。如结构专业建结构墙不考虑构造做法，只有一层钢筋混凝土墙，并预留了洞口，建筑师在结构墙的外部直接进行墙构造层次建模，外部构造就要遮挡到洞口，如图6.14（a）所示，这时就要用到平行墙的连接，步骤如下。

① 单击"修改"选项卡 ▶ "几何图形"面板 ▶ "连接"下拉列表 ▶ 🔲（连接几何图形）。

② 选择要连接的墙，如图6.14（a）所示。

③ 如果某一面墙具有插入对象（如门窗洞口），则它将剪穿连接墙，如图6.14（b）所示。

注：平行连接的墙，两墙距离在6in（15.24cm）之内。

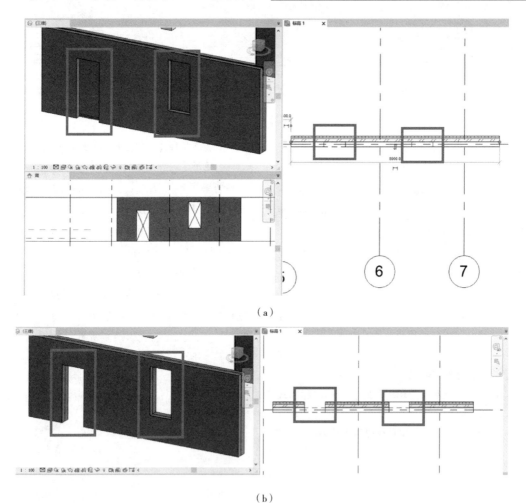

（a）

（b）

图6.14 平行墙连接

6.2 水平结构构件

6.2.1 梁

梁是一个方向尺寸远大于其截面尺寸的构件，梁具有结构属性，如承受板传来的荷载并传给支承它的竖向构件，如柱和墙。建梁之前先建轴网、竖向构件和主梁，建轴网是为了便于定位和快速创建，建竖向构件后梁会根据其支承构件自动判断结构用途。Revit默认规则如表6.1所示。

表 6.1　梁结构用途自动判断表

	墙	柱	水平支承	大梁	托梁	檩条	其他
墙	G/O	G/O	HB	G	J	P	O
柱	G	G	HB	G	J	P	O
水平支承			HB	HB	HB	HB	O
大梁				J	J	P	O
托梁					P	P	O
檩条						P	O
其他							O

注：1. HB—水平支承；G—大梁；J—托梁；P—檩条；O—其他。

2. 梁支承在一端是墙一端是柱时或两端都是墙时，如梁与墙垂直，则为 G，如梁与墙平行则为 O。

梁除结构属性外，还具有以下特性。

- 可以使用"属性"选项板修改默认的"结构用途"设置，如图 6.15（a）所示。
- 可以将梁附着到任何其他结构图元（包括结构墙）上，但是它们不会连接到非承重墙。
- 结构用途参数可在结构框架明细表中出现，

这样用户便可以计算大梁、托梁、檩条和水平支承的数量，如图 6.15（b）所示。

- 结构用途参数值可确定粗略比例视图中梁的线样式。可使用"对象样式"对话框修改结构用途的默认样式，如图 6.15（c）所示。
- 梁还可作为结构桁架的弦杆。

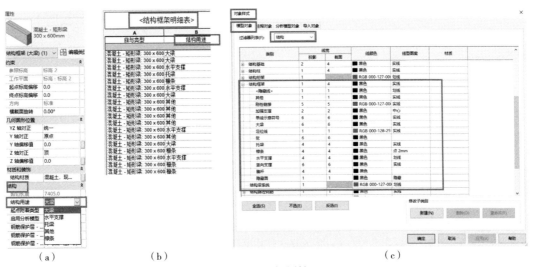

（a）　　　　　　（b）　　　　　　　　　　　　　（c）

图 6.15　梁属性

6.2.1.1　单根梁创建

Revit 提供了直接绘制和在轴网上放置梁两种创建梁的方法，如图 6.16 所示。下面分别讲述这两种方法的操作。梁为构件图元，在创建之前要先载入相应的梁族，载入方法同其他构件图元如门窗，分类在结构类框架。

（1）草图绘制

此种方法如前面栏杆的绘制，可绘制直线梁和弧线梁。

① 单击"结构"选项卡 ▶ "结构"面板 ▶ 🖉（梁）。

② 在选项栏上可做如下操作。

- 指定放置平面和结构用途，如图 6.16（a）所示。
- 选择"三维捕捉"来捕捉任何视图中的其他结构图元。可在当前工作平面之外绘制梁。如启用了三维捕捉之后，不论高程如何，屋顶梁都将捕捉到柱的顶部。
- 选择"链"以依次连续放置梁，在放置梁时的第二次单击将作为下一个梁的起点，按 Esc 键完成链式放置梁。

③ 在绘制面板选择绘制梁（如直线梁）的方式如图 6.16（b）和（a）所示。

④ 在绘图区域中单击，确定起点以绘制梁。如光标将捕捉到其他结构图元（例如柱的质心），状态栏将显示光标的捕捉位置，如图 6.16（c）所示。

⑤ 把光标放在梁的第二点，单击，如图 6.16（d）所示，结果如图 6.16（e）所示。

⑥ 选中所创建的梁，可通过修改临时尺寸来修改梁的长度。此时梁将以中心为基点进行移动，如图 6.16（f）所示。

⑦ 也可拖曳控制点修改梁的长度、角度，如图 6.16（g）和（f）所示。

> 注：梁操纵柄也是梁的附着点。梁操纵柄显示为实心小圆，指示在何处将所选梁的端点附着到柱或墙。

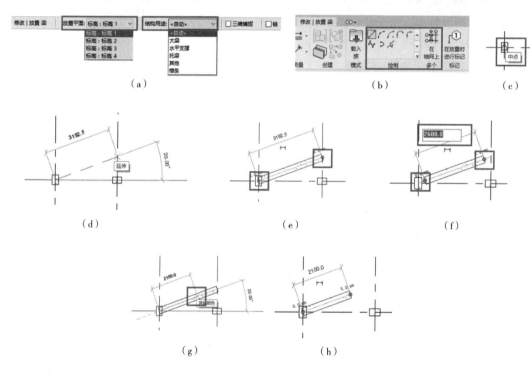

图 6.16　结构梁的创建

（2）在轴网上创建

如果已创建了竖向构件和轴网，可以选择在轴网上创建梁，有时可提高效率，步骤如下。

① 单击"结构"选项卡 ▶ "结构"面板 ▶ （梁）。

② 单击"修改 | 放置梁"选项卡 ▶ "多个"面板 ▶ （在轴网上）。

③ 选择要放置梁的轴线：

● 按住 Ctrl 键可选择多个轴网；

● 也可以拖曳拾取框来选取多条轴线。

④ 单击"修改|放置梁">"在轴网线上" ▶ "多个"面板 ▶ ✔（完成），如图 6.17 ①所示。

Revit 沿轴线放置梁时，它将使用下列条件：

● 将扫描所有与轴线相交的可能支座，例如柱、墙或梁；

● 如果墙位于轴线上，则不会在该墙上放置梁，墙的各端用作支座；

● 如果梁与轴线相交并穿过轴线，会创建新梁，如图 6.17②所示；

● 如果梁与轴线相交但不穿过轴线，则不会创建新梁，如图 6.17③所示。

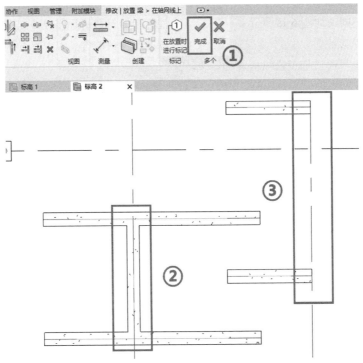

图 6.17　在轴线上放置梁

（3）层间梁与斜梁的创建

层间梁与斜梁的创建步骤和正常梁的创建步骤一样，只是在其实例属性中，起点/终点标高偏移值设为要偏移的位置（默认以梁顶为参照），也可创建完再选择相应的梁进行修改，步骤如下。

① 按前述步骤创建相应的梁。

② 在实例属性栏，设置梁顶相对于参照标高的偏移距离，如图 6.18②所示。

③ 或如果已创建了梁，可选择相应的梁，如图 6.18①所示，再修改相应的偏移距离。

④ 应用后，结果如图 6.18③所示。

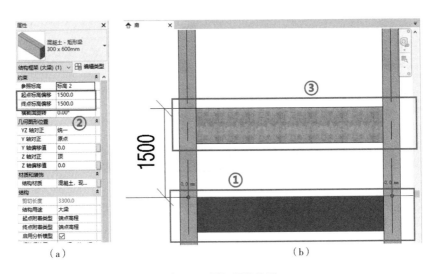

图 6.18　层间梁的设置

斜梁的创建步骤同层间梁，只是起点/终点标高偏移值不同，如图 6.19 所示。

（4）梁属性参数

梁在图形上可通过拖曳操纵柄进行修改，如图 6.20（b）和（c）所示；也可通过修改属性栏中的参数进行修改，如图 6.20（a）所示。各主要参数的含义如表 6.2 所列。

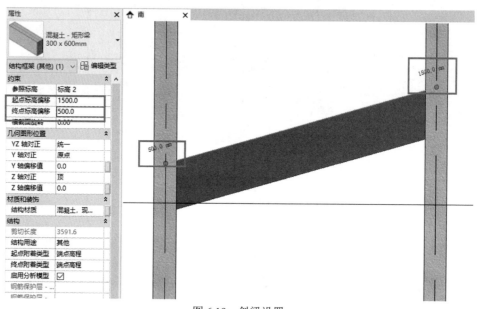

图 6.19 斜梁设置

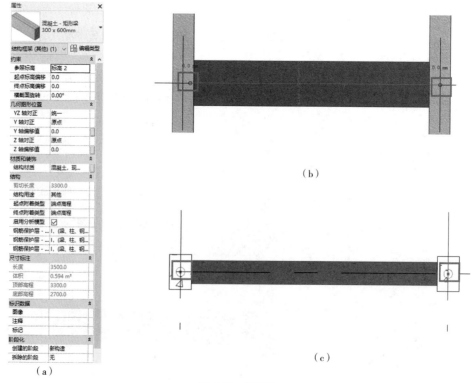

（a）

（b）

（c）

图 6.20 梁属性

表 6.2　梁主要实例参数含义

名称	说明	备注
	约束	
参照标高	标高限制，放置梁的工作平面	通用
起点标高偏移	梁起点与参照标高间的距离，当锁定构件时，会重设此处输入的值。锁定时只读	
终点标高偏移	梁端点与参照标高间的距离，当锁定构件时，会重设此处输入的值。锁定时只读	
横截面旋转	控制旋转梁和支承的横截面	
	几何图形位置	
开始（起点）延伸	尺寸标注，用于在梁的起点之外添加梁几何图形	只适用于钢梁
端点（终点）延伸	尺寸标注，用于在梁的终点之外添加梁几何图形	
起点连接缩进	梁的起点边缘和梁连接到的图元之间的尺寸标注。仅适用于已连接的图元起点	
端点连接缩进	梁的终点边缘和梁连接到的图元之间的尺寸标注。仅适用于已连接的图元终点	
YZ 轴对正	"统一"或"独立"。使用"统一"可为梁的起点和终点设置相同的参数，如图 6.21（a）所示。 使用"独立"可为梁的起点和终点设置不同的参数，如图 6.21（b）所示	
Y 轴对正	只适用于"统一"对齐钢梁。指定物理几何图形相对于 Y 方向上定位线的位置："原点""左侧""中心"或"右侧"	
Y 轴偏移值	只适用于"统一"对齐钢梁。几何图形在 Y 方向上偏移的数值。在"Y 轴对正"参数中设置的定位线与特性点之间的距离	
Z 轴对正	只适用于"统一"对齐钢梁。指定物理几何图形相对于 Z 方向上定位线的位置："原点""顶部""中心"或"底部"	
Z 轴偏移值	只适用于"统一"对齐钢梁。几何图形在 Z 方向上偏移的数值。在"Z 轴对正"参数中设置的定位线与特性点之间的距离	

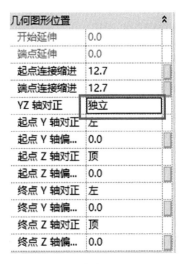

（a）　　　　　　　　　　　（b）

图 6.21　"统一"和"独立"

6.2.1.2　梁系统创建

软件提供了两种创建梁系统的方式：自动创建梁系统和绘制梁系统。下面分别讲述其创建方法。

（1）自动创建梁系统

通过单击鼠标快速创建梁系统，但是需满足下列条件。

- 只能在平面视图或天花板视图中，才能添加通过一次单击创建的梁系统。如果视图或默认的草图平面不是标高，并且单击了"梁系统"，系统将会重定向到"创建梁系统边界"选项卡。
- 必须已经绘制了支承图元（墙或梁或柱梁）的闭合环，否则程序将自动重定向到"创建梁系统边界"选项卡。

自动创建梁系统的步骤如下。

① 激活相应视图，如结构平面视图。

② 单击"结构"选项卡 ▶ "结构"面板 ▶ （梁系统），如图6.22（a）所示。

③ 单击"修改 | 创建梁系统边界"选项卡 ▶ "梁系统"面板 ▶ （自动梁系统），如图6.22（b）所示。

④ 在类型容器中选择相应的类型或单击编辑类型，在类型属性对话框中创建新的类型，如图6.22（c）①所示。

⑤ 在"属性"选项板上定义相关属性，如图6.22（c）②所示。

- 在"填充图案"下，选择"梁类型"；
- 在"填充图案"下，为"布局规则"定义梁系统间距要求；
- 如果要使梁系统倾斜或与标高不平行，请选择"三维"选项。

> 注：如果要使用项目中的结构墙定义三维梁系统的坡度，需先勾选"选项栏"中的"三维"，再勾选"墙定义坡度"，如图6.22（c）③所示。

⑥ （可选）单击"修改 | 放置结构梁系统"选项卡 ▶ "标记"面板 ▶ （在放置时进行标记）并选择"系统"或"框架"作为"标记样式"。

⑦ 在平面视图的相应位置单击鼠标，如单击图6.22（c）④所示的区域内，结果如图6.22（c）⑤所示。

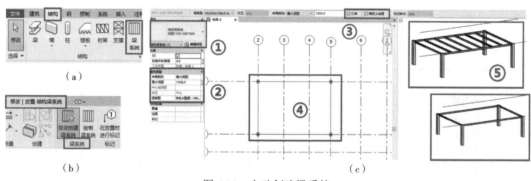

图6.22　自动创建梁系统

（2）绘制梁系统

绘制梁系统的步骤如下。

① 单击"结构"选项卡 ▶ "结构"面板 ▶ （梁系统），如图6.22（a）所示。

② 单击"修改 | 放置结构梁系统"选项卡 ▶ "梁系统"面板 ▶ （绘制梁系统），如图6.22（b）所示。

③ 单击"绘制"面板 ▶ "线"以进行绘制，或者单击"绘制"面板 ▶ "拾取线"以选择现有的线，或者单击"绘制"面板 ▶ "拾取支座"以选择梁系统的边界，如图6.23（a）所示。

④ 在"属性"选项板上定义相关属性，如图6.22（c）②所示。

- 在"填充图案"下，选择"梁类型"；
- 在"填充图案"下，为"布局规则"定义梁系统间距要求；
- 如果要使梁系统倾斜或与标高不平行，请选择"三维"选项。

⑤ 绘制或拾取用于定义梁系统边界的

线，如图 6.23（b）所示。

⑥ 单击如图 6.23（a）所示梁方向，在绘图区域单击梁边界，可改变梁方向。如图 6.23（b）所示梁方向 3D 视图如图 6.23（f）所示。图 6.23（c）所示梁方向 3D 视图结果如图 6.23（d）所示。

⑦ 选择已创建的梁系统，单击"修改 |

放置结构梁系统"选项卡 ➤ "模式"面板 ➤（编辑边界），可修改梁方向，如图 6.23（a）所示。

⑧ 如图 6.23（c）所示梁方向，单击相应边界线，如图 6.23（e）所示边界线，则自动修改梁的方向，结果如图 6.23（f）所示。

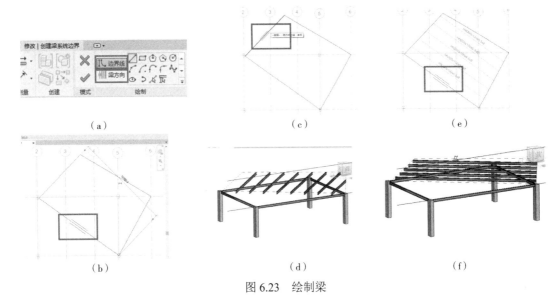

（a）

（b）

（c）

（d）

（e）

（f）

图 6.23　绘制梁

6.2.2　板

结构楼板的创建和建筑楼板的创建方法基本一样，使用草图绘制，因两者的力学行为不同，如结构楼板［如复合楼板（压型钢板）、板托（托板）］有自己独特的属性和特点，压型钢板不能修改子图元等，所以本节主要讲与建筑楼板不同的内容。

6.2.2.1　普通楼板创建

① 在功能区上，单击 （结构楼板）：
- "建筑"选项卡 ➤ "构建"面板 ➤ "楼板"下拉列表 ➤ （楼板：结构）；
- "结构"选项卡 ➤ "结构"面板 ➤ "楼板"下拉列表 ➤ （楼板：结构）。

② 在"类型选择器"中，指定结构楼板类型，如图 6.24（a）所示。

③ 在功能区上，单击 （边界线）；或单击 （拾取墙），然后选择边界墙；或使用"拾取线" 工具可以沿在图形中选择的线来创建楼板边界，如图 6.24（b）所示。

注：楼板边界必须连续封闭或形成闭合环。

④ 若要更改跨方向，请单击 "跨方向"，如图 6.24（b）所示，然后单击所需的边或线，如图 6.24（d）所示。

注：跨方向是指定压型钢板的长肋与哪个楼板边平行，如图 6.24（d）和（e）所示。

⑤ （可选）在选项栏上，如图 6.24（c）所示：
- 为楼板边缘指定偏移量；
- 选择"延伸到墙中（至核心层）"。

⑥ 在功能区上，单击 （完成编辑模式）。

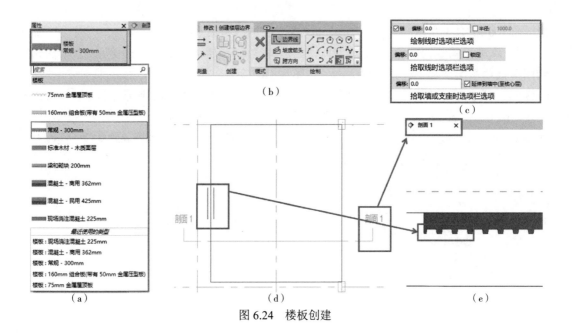

图 6.24　楼板创建

6.2.2.2　斜楼板创建

结构斜楼板的创建和建筑楼板一样，有两种方法实现：坡度箭头或修改子图元，两者只能选一个。使用坡度箭头创建斜楼板的步骤如下。

① 启动绘制结构楼板命令，绘制楼板边界，参照前述。

② 启动坡度箭头，并在视图中绘制，如图 6.25（a）和（b）所示。

③ 设定箭头的属性，如图 6.25（c）所示。

> 注：在约束中可设置坡度设置的方式：
> 1. 尾高或坡度；
> 2. 指定最低和最高处标高；
> 3. 设定偏移值或坡度角。

④ 结果如图 6.25（d）所示。

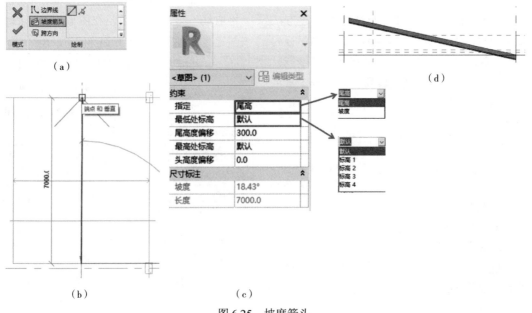

图 6.25　坡度箭头

结构楼板在修改子图元时可以通过拾取支座来快速创建，步骤如下。

① 修改如图6.26（b）所示楼板，选择楼板，启动命令"拾取支座"，如图6.26（a）所示。

② 如拾取梁①，结果如图6.26（c）所示。

③ 如拾取梁②，结果如图6.26（d）所示。

通过支座来调整板的竖向高度、设置板坡度更加智能。

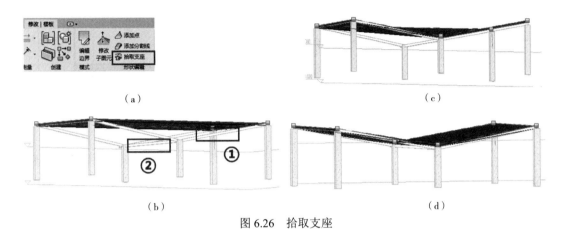

（a）　　　　　　　　　　　　　（c）

（b）　　　　　　　　　　　　　（d）

图 6.26　拾取支座

6.2.2.3　压型钢板的创建

压型钢板指组合楼板，如图6.27（a）所示，下部为波纹钢板，上部绑扎钢筋现浇混凝土楼板，通常用于钢结构中，创建步骤如下。

① 启动楼板创建命令，在类型容器中选择组合楼板，如图6.27（b）所示；

② 绘制楼板边界，用跨方向来修改波纹板的肋的方向，如图6.24（b）和（d）所示；

③ 在剖面图中才能看到波纹板，如图6.24（e）所示；

④ 如要对组合楼板的波纹板的参数进行修改及重定义，可选中楼板，编辑类型，进入楼板编辑部件对话框，如图6.27（c）所示；

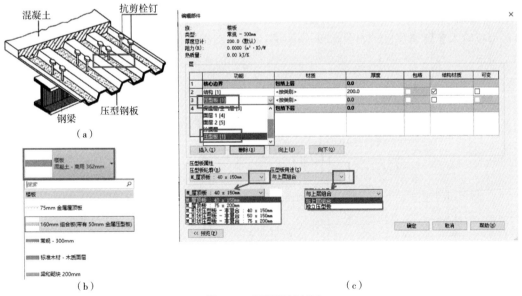

图 6.27　压型钢板创建

⑤ 在编辑部件对话框中，同建筑楼板一样，添加构造层次，选择压型板即可，放在核心边界内；

⑥ 选中层次压型板，在下方的压型板属性中，在压型板轮廓中可选择波纹板的轮廓，压型板用途中可选择压型板与混凝土板的关系，如图6.27（c）所示。

注：1.压型板轮廓是轮廓族，可通过族创建来改变其形状。

2.压型板组合与独立的区别如图6.28所示。

（a）与上层组合

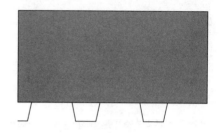
（b）独立压型板

图6.28　压型板组合与独立的区别

6.2.2.4　悬臂楼板创建

悬臂楼板指楼板与支座的关系为，端部与支座相距一定距离。可以在创建楼板边界时进行放大，这种方式对于组合楼板不能控制下部压型钢板的悬臂长度，而对于悬壁楼板则可灵活控制，步骤如下。

① 在平面视图中选择结构楼板。

② 单击"修改 | 楼板"选项卡 ➤ "模式"面板 ➤ ▨（编辑边界）。

③ 选择要设悬臂的结构楼板边缘线，如图6.29（c）所示边。

④ 在选项栏中，为混凝土结构楼板和金属压型板输入悬臂偏移值，如图6.29（a）①和②所示。

⑤ 对任何需要悬臂的结构楼板边缘重复步骤①～④。

⑥ 单击"修改 | 楼板" ➤ "编辑边界"选项卡 ➤ "模式"面板 ➤ ✔（完成编辑模式）。

注：1.在复合混凝土面板和金属压型板中，钢悬臂值应不大于混凝土悬臂值。

2.悬臂仅应用于指定的所选边线，并不应用于整块结构楼板。

3.悬臂值的正负号只代表悬臂偏移方向。

4.图6.29（b）③为波纹板肋的方向（平行于此边）。

6.2.3　支撑

支撑是指在平面视图或框架立面视图中添加的连接梁和柱的斜构件。

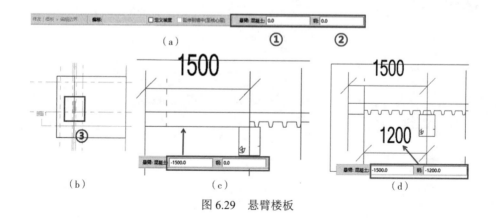

图6.29　悬臂楼板

（1）支撑族的载入和属性编辑

创建支撑之前，首先从库中载入所需支撑族类型并进行实例属性和类型属性参数设置。支撑的实例属性和类型属性参数设置方法与梁一致。

（2）支撑的创建和调整

支撑属性参数设置完成后即可进入平面视图进行绘制，操作步骤如下。

① 进入相应平面视图，单击"结构"选项卡下的"支撑"按钮，如图6.30所示。

图6.30　支撑创建面板

② 设置选项栏。

③ 绘制支撑。在视图绘图区，单击支撑的起点和终点完成创建。

6.2.4　桁架

桁架是由直杆组成的，一般具有三角形单元的平面或空间结构。

（1）桁架的载入和属性编辑

创建桁架之前，首先从库中载入所需桁架类型并进行实例属性和类型属性参数设置，进入绘图区进行创建。创建步骤如下。

① 单击"结构"选项卡下的"桁架"按钮，如图6.31所示。从实例属性选择器中选择所需相应参数的桁架类型，修改实例属性参数，如图6.32、图6.33所示。如没有所需相应参数大小的类型，单击"类型属性"按钮，在"类型属性"编辑面板中选择"复制"并命名，创建新的桁架类型，并修改面板中的桁架上、下弦杆及腹杆参数，如图6.34所示。

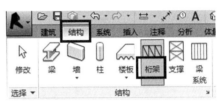

图6.31　桁架创建面板

② 如在实例属性面板中无所需的桁架类型，在"插入"选项卡中选择"载入族"，打开相应的族库，选择桁架类型族载入，如图6.35所示。

图6.32　桁架实例属性

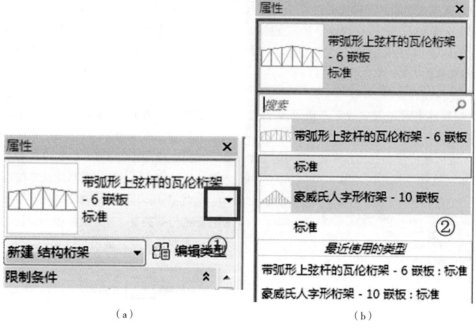

（a）

（b）

图 6.33　桁架实例选择

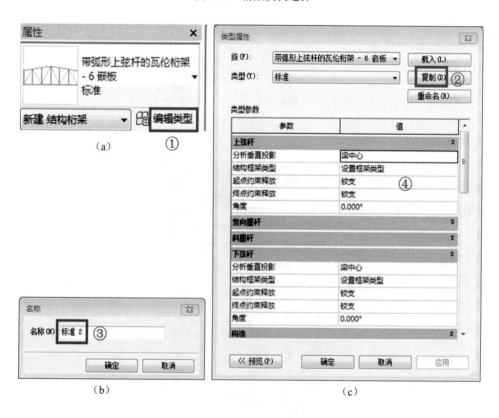

（a）

（b）

（c）

图 6.34　桁架类型属性

（a）

（b）　　　　　（c）　　　　　（d）

图 6.35　桁架族的载入

③ 在实例属性面板中修改相应参数，如是否创建上弦杆、下弦杆、桁架高度等参数。

（2）桁架的创建和调整

桁架参数设置完成之后，即可在平面视图中创建桁架，操作步骤如下。

① 进入绘制桁架的平面视图，单击"结构"选项卡下的"桁架"按钮，选择参数设置好的桁架类型。

② 设置选项栏参数，如图 6.36 所示。

注：放置平面：设置桁架放置标高或参照平面。
链：勾选此复选框之后可进行连续绘制。

③ 鼠标移至绘图区域，单击桁架的起点和终点完成桁架的创建。

④ 选择创建完成的桁架，进入实例属性栏可修改相应的参数。

⑤ 单击选择已创建的桁架，进入"结构|结构桁架"上下文选项卡，使用选项卡面板工具对桁架进行相关修改，如图 6.37 所示。

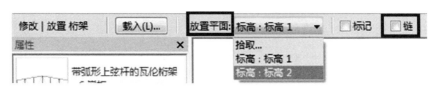

图 6.36　选项栏

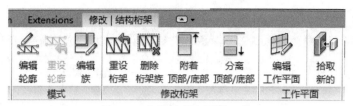

图 6.37　桁架选项卡面板工具

各工具用途如下。

- 编辑轮廓：单击进入桁架轮廓草图编辑模式，编辑上下弦杆的模型线样式。
- 编辑族：在族编辑器中修改桁架，完成后载入。
- 重设桁架：将桁架类型及构件还原为默认值。
- 删除桁架族：删除桁架族，使弦杆和腹杆保留在原位置。
- 附着顶部/底部：将桁架的顶部或底部附着至屋顶或结构楼板。
- 分离顶部/底部：将桁架自屋顶或结构楼板分离。
- 编辑工作平面：用于修改与当前桁架关联的工作平面，也可取消与工作平面的关联。

6.3　基础

Revit 提供了三种基础的创建，如图 6.38（a）所示。🏗️（独立）适用于：柱下独立基础和桩基础；🏗️（墙）适用于墙下条形基础；🏗️（板）适用创建筏板基础。Revit 提供的基础创建还是比较简单的，只适用于简单的情况，目前还不能方便地创建柱下条基、桩筏基础等复杂基础，只有通过其他方法，如常规模型自定义族等。本节主要讲述软件提供的三种命令的操作。复杂基础的创建可参照族创建，或采用针对国内规范和用户习惯所开发的插件。

6.3.1　独立基础

🏗️（独立）可用于柱下独立基础或桩基础的创建，目前 Revit 默认的安装基础属于结构，基础类，Revit2021 提供的族如图 6.38（b）所示。创建步骤如下。

① 单击"结构"选项卡 ➤ "基础"面板 ➤ 🏗️（独立）。

② 从"属性"选项板上的"类型选择器"中，选择一种独立基础类型，如图 6.38（c）所示。

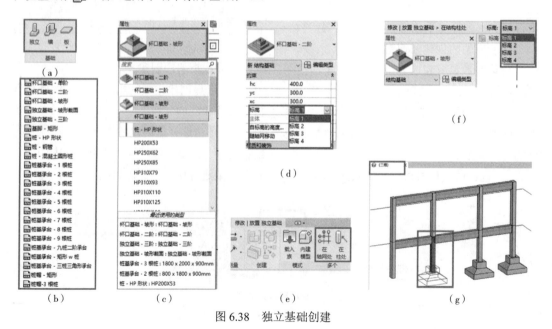

图 6.38　独立基础创建

③ 单击激活平面视图或三维视图进行基础创建：
- 如在平面视图中创建，在属性栏中如图6.38（d）所示设置基顶标高及基础尺寸；
- 如在三维视图中创建，在选项栏中如图6.38（f）所示设置基顶标高。

④ 若要在平面视图的轴网交点处放置基础的多个实例，单击"修改 | 放置独立基础" ➤ "多个"面板 ➤ 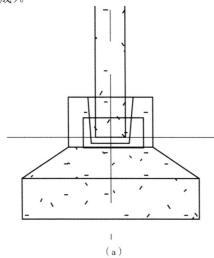（在轴网处），如图6.38（e）所示；选择该轴网，然后单击 ✔（完成）。

⑤ 如若要在指定柱下方放置基础的多个实例，单击"修改 | 放置独立基础" ➤ "多个"面板 ➤ ▯（在柱处）。选择该柱，然后单击 ✔（完成）。

> 注：1. ▦（在轴网处）创建时，其基顶标高在所激活的平面视图所在标高处。
> 2. ▯（在柱处）可在三维视图中创建，自动附着所选的柱底，如选择三层的柱，其自动放在其下柱底处。
> 3. 基顶标高与柱底默认关系与基础类型有关，如图6.39所示。

（a）　　　　　　　　　　　　　　　（b）

图6.39　柱底与基顶的关系

基础的参数修改，主要是实例属性和类型参数，是否有杯口或阶数不同、参数不同，在此不一一对每个参数进行讲解，读者可进行修改尝试，类型参数可在类型属性对话框中打开三维视图，点选相应参数，可在预览中看到参数所修改的尺寸，如图6.40和图6.41所示。

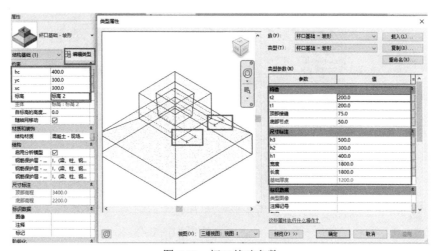

图6.40　杯口基础参数

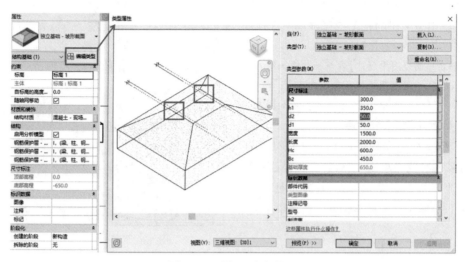

图 6.41　无杯口独立基础

6.3.2　条形基础

　　（墙）命令主要用于创建墙下条形基础，所创建的条形基础被约束到所支承的墙，并随之移动。到 Revit2021，对墙下条基提供了两种结构用途：挡土墙和承重墙，用途不同，其基础参数也不同。创建步骤如下。

　　① 单击"结构"选项卡 ➤ "基础"面板 ➤ （墙）。

　　② 从"类型选择器"中选择"挡土墙基础"或"承重基础"类型，如图 6.42（a）所示。

　　③ 如要创建新的条基类型，单击编辑类型，打开类型属性对话框，可复制或重命名，如图 6.42（b）和（c）中①②所示。

　　④ 选择基础的结构用途，如图 6.42（b）和（c）中④所示。

　　⑤ 在尺寸标注中修改基础的尺寸，如图 6.42（b）和（c）中③所示。

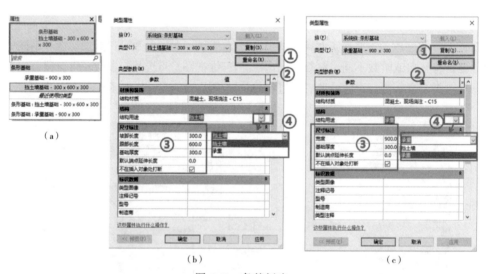

　　（a）　　　　　　　　　　（b）　　　　　　　　　　（c）

图 6.42　条基创建

　　⑥ 在平面或三维视图中选择要使用条形基础的墙。

　　当条基在洞口下，如要打断条基，可在类型属性中取消勾选"不在插入对象处打断"，结果如图 6.43（a）所示，在洞口处条基被打断。如勾选"不在插入对象处打断"，结果如

图 6.43（b）所示，在洞口处条基连续（不被打断）。如果要使条基在墙端外伸一段距离，在类型属性中，尺寸标注中"默认端点延伸长度"中设置相应的距离为非零值，如图 6.42③所示。

结果如图 6.43（c）所示，默认两边距离相等，如要求两边不等，则选中条基，通过拖曳两端的实心圆点进行手动修改，如图 6.43（d）所示。

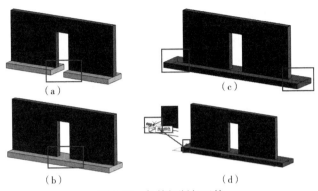

（a）

（c）

（b）

（d）

图 6.43　条基打断与延伸

6.3.3　筏板基础

⬭（底板）可用于建立表面平整的筏板基础，也可用于创建柱墩，所创建的筏板和其他结构图元没有相互的关联。其创建方法类似于楼板，步骤如下。

① 单击"结构"选项卡 ▶ "基础"面板 ▶ ⬭（底板），如图 6.44（a）所示。

② 选择边界创建方式，如图 6.44（b）所示，可参见建筑和结构楼板。

注：草图必须连续封闭。

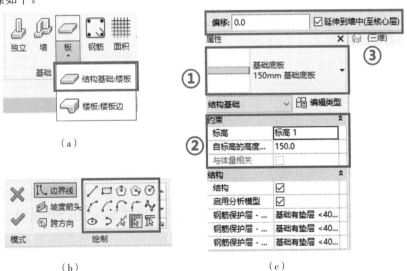

（a）

（b）

（c）

图 6.44　筏板的创建

③ 从"类型选择器"中指定基础底板类型，如图 6.44（c）②所示。

④ 在选项栏设置偏移值及是否延伸到墙中，如图 6.44（c）③所示。

⑤ 在属性栏设置所在竖向高度，如图

6.44（c）①所示。

⑥ 在平面视图中绘制边界线。

⑦ 单击"修改 | 创建楼层边界"选项卡 ▶ "模式"面板 ▶ ✔（完成）。

其板厚修改方法可参见建筑或结构楼板。

第7章 钢筋创建

实际结构中的钢筋主要有：横向钢筋、纵向钢筋、异型钢筋。如按构件分可分为：梁筋、板筋、柱筋、剪力墙筋、基础筋、楼梯筋等。国内钢筋均采用平法出图，如图7.1所示，详细要求与种类可参照22G101图集系列。

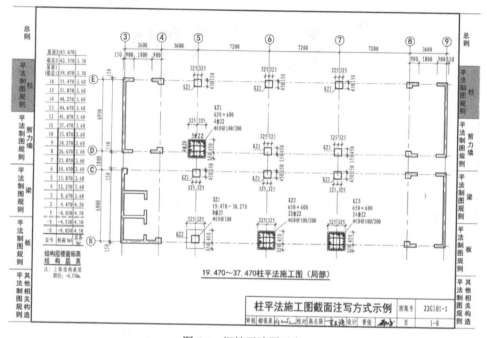

图7.1 钢筋平法图示意

各种钢筋从建模的角度其构成要素为：形状、弯钩、类型（直径和等级）。Revit软件也采用这种逻辑并提供了系统族钢筋形状、弯钩、钢筋（类型）、端部处理，如图7.2（a）所示。Revit提供了常用的钢筋直径和钢筋等级，如HPB300、HRB335、HRB400和HRB500，如图7.2（c）所示，用户还可通过复制修改类型属性来创建新的钢筋类型。在钢筋弯钩中提供了常用钢筋弯钩类型，如图7.2（b）②所示。在钢筋形状中提供53种常用的钢筋形状，还允许用户创建自己的钢筋形状，如图7.2（d）所示。

为了快速地创建钢筋，软件还提供了常用构件钢筋的创建方法，如箍筋、钢筋网片、板墙中的分布式钢筋等，如图7.3所示。钢筋为基本功能，能实现大部分钢筋的创建，后面会逐一讲解。

7.1 创建钢筋前的准备

为后期方便快速地创建钢筋，在创建前可根据项目钢筋的情况进行相关的设置，从而在创建时直接选择应用即可，其主要设置有钢筋保护层、钢筋类型（钢筋直径和等级）、弯钩与形状、端部处理等。其中钢筋类型、弯钩与形状、端部处理为系统族，用户只能创建新的类型。

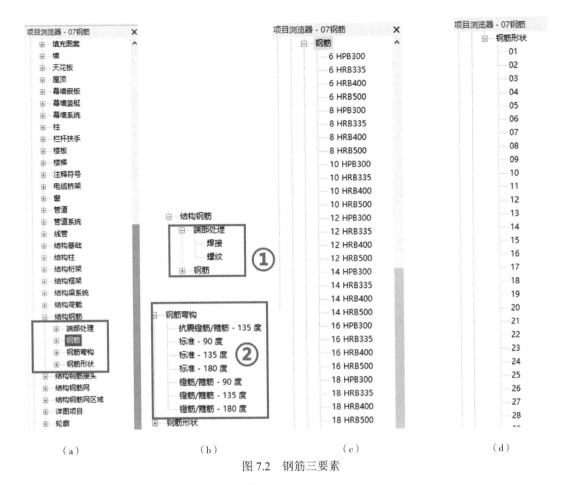

（a）　　　　　　　　　（b）　　　　　　　　　（c）　　　　　　　　　（d）

图 7.2　钢筋三要素

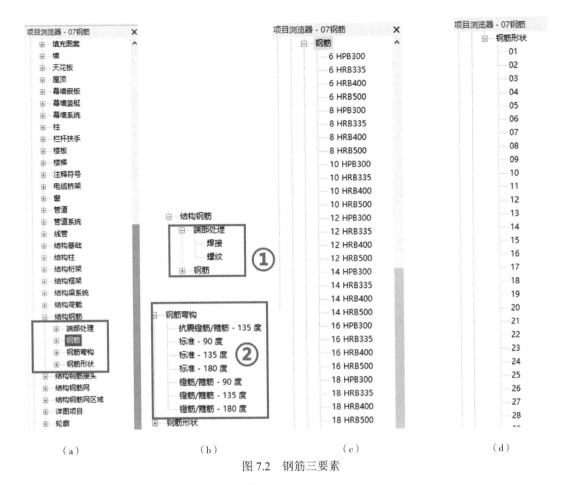

图 7.3　钢筋创建命令

7.1.1　钢筋保护层设置

钢筋保护层结构构件中钢筋外边缘至构件表面范围用于保护钢筋的混凝土，简称保护层。Revit 中可提前设置好，在应用时直接选择即可。设置步骤如下。

① 单击"结构"选项卡 ▷ "钢筋"面板 ▷ ▣（保护层），如图 7.4（a）所示。

② 在钢筋保护层设置对话框，点击添加或复制，如图 7.4（b）①所示。

③ 点击新添加或复制的保护层类型，修

改说明内容，如图 7.4（b）②所示。

④ 选择创建的结构构件，在其实例属性选择相应的保护层，如图 7.4（c）所示。

后面所创建的钢筋则按所设置的保护层执行。

7.1.2　钢筋设置

在创建钢筋前要进行先执行钢筋设置，特别是设置中的常规选项卡的设置选项。"钢筋形状定义中包含弯钩"和"包含'钢筋形状'定义中的末端处理方式"要在进行创建任何钢筋前进行设置，而"在区域和路径钢筋中启用结构钢筋"要在每次创建钢筋时进行设置。否则创建后则无法设置。命令启动方式：单击"结构"选项卡 ▷ "钢筋"面板下拉列表 ⚙（钢筋设置），如图 7.5 所示。各选项含义如下。

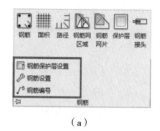

（a）

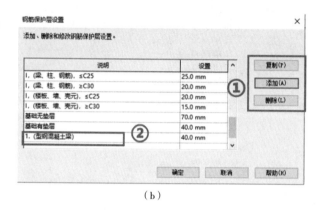

（b）

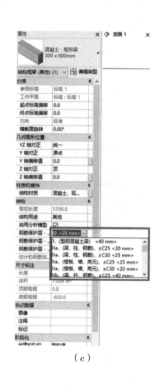

（c）

图 7.4　保护层设置

图 7.5　钢筋设置-常规

① 在区域和路径钢筋中启用结构钢筋：要在创建钢筋前进行设置，如果不勾选则艸（面积/区域）和⌐∃（路径）创建的钢筋在三维视图中无法看见，勾选则可见。

② 钢筋形状定义中包含弯钩：应在项目中放置任何钢筋之前定义此选项。放置钢筋后，将无法清除/勾选此选项（除非删除这些实例）。勾选此选项，在钢筋形状匹配用于明细表的计算时会包含弯钩。带有弯钩的钢筋将保持其各自的形状标识。不勾选此选项，在钢筋

形状匹配用于明细表的计算时不包含弯钩。带有弯钩的钢筋将与最接近的不带弯钩的形状相匹配。

③ 包含"钢筋形状"定义中的末端处理方式：应在项目中放置任何钢筋之前定义此选项，否则将无法清除/勾选此选项（除非删除这些实例）。勾选此选项，则在计算钢筋形状匹配以编制明细表时会包含端部处理。带端部处理的钢筋将保持其各自的形状标识。更改为带末端处理的形状时，匹配几何图形但不应用形状，因为只有放置带末端处理的连接件才能给钢筋实例提供末端处理。在任何模型内，不带接头的钢筋不能有末端处理。不勾选此选项，则在计算钢筋形状匹配以编制明细表时会忽略端部处理。带末端处理的钢筋将与不带末端处理的最接近的形状匹配，并且不会影响钢筋形状匹配。

7.1.3 创建新的钢筋类型

软件提供了从 6mm 到 50mm 直径的钢筋，钢筋等级为目前规范所规定的等级：

HPB300、HRB335、HRB400、HRB500，如图 7.2（c）所示。钢筋是系统族，用户不能创建，但可创建新的类型，其方法同其他系统族如墙、楼板，步骤如下。

① 在项目浏览器中找到钢筋，在其中一种钢筋上点击鼠标右键，选择复制，如图 7.6（a）①所示；

② 选中新复制的钢筋类型，单击右键，选择"类型属性"，如图 7.6（a）②所示；

③ 在类型属性对话框中也可通过复制创建新的类型，或重命名修改相应类型的参数，如图 7.6（b）③所示；

④ 在形变中可修改钢筋的外形：光面或螺纹，如图 7.6（b）④所示；

⑤ 在尺寸标注中修改直径等参数，单击弯钩长度后的"编辑"，图 7.6（b）⑤所示，可选择此类型钢筋允许的弯钩类型，如图 7.6（c）所示。

创建后，就可在类型容器中选择使用了。

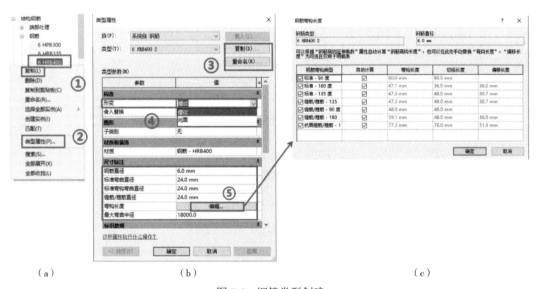

（a）　　　　　　　　　　（b）　　　　　　　　　　（c）

图 7.6　钢筋类型创建

7.1.4 弯钩与形状

钢筋形状由镫筋、箍筋以及可以指定圆角

和弯钩的直钢筋组成，弯钩是指钢筋端部的处理方式，可以操纵每个形状以满足模型中的钢筋需求。

弯钩与形状都是系统族，用户只能复制、重命名来创建新的类型。修改相应的参数，其方法和钢筋类型创建一样，如图7.7和图7.8所示。

钢筋形状的类型创建与修改步骤如下。

（1）钢筋形状类型的设置

① 在项目浏览器或类型属性对话框复制

新的类型，如图7.8①或②所示。

② 单击构造中，"允许的钢筋类型"后的"编辑"，如图7.8③所示，打开允许的钢筋类型对话框。

③ 在"允许的钢筋类型"对话框中，勾选此形状所允许的钢筋类型，如图7.8④所示。

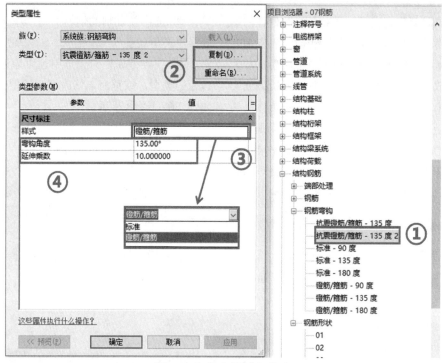

图 7.7　钢筋弯钩创建/修改

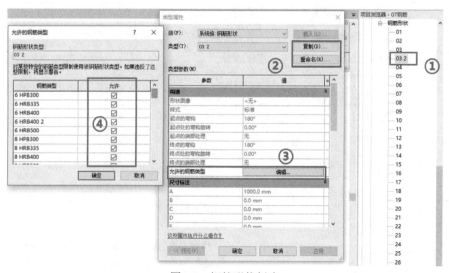

图 7.8　钢筋形状创建

（2）钢筋弯钩的设置

钢筋弯钩的设置，同形状类型的设置，主要步骤如下。

① 在项目浏览器或类型属性对话框复制新的类型，如图 7.9④所示。

② 在新复制的类型上单击右键，打开类型属性对话框，也可在此复制创建新的弯钩类型，或为弯钩类型重命名。

③ 在属性，样式中选择弯钩样式。

④ 设置弯钩角度或延伸系数。

注：1.弯钩样式中，"标准"通常用于抗震钢筋，镫筋/箍筋通常用于构造钢筋。

2.延伸系数为图集中的弯钩长度，为钢筋直径的倍数。

弯钩样式目前软件只提供了两种：镫筋/箍筋、标准，如图 7.7③所示，"镫筋/箍筋"为翻译词，就是我们所说的箍筋，通常用于构造钢筋，"标准"通常用于受力钢筋。弯钩角度可以自己设定，我国规范常用的为 90°或 135°。延伸系数指弯钩长度与直径的关系，按规范要求设定即可。

7.1.5　端部处理

端部处理也为系统族，软件提供了两种端部处理方式，其类型创建同其他系统族，如弯钩与形状。方法与参数如图 7.9 所示。详细内容见 7.6.2 节。

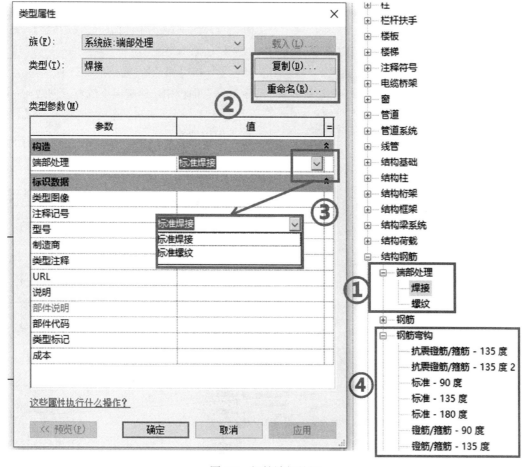

图 7.9　钢筋端部处理

7.2 放置钢筋命令

7.2.1 命令操作

放置钢筋🔲主要用于放置平面或多平面钢筋，如梁柱中的箍筋和纵筋。命令主要操作步骤如下。

① 单击"结构"选项卡 ▶ "钢筋"面板下拉列表 ▶ 🔩"钢筋设置"。确定钢筋形状匹配是否参照了弯钩。在将任何钢筋放置到项目中之前，务必指定此选项，因为在以后的设计过程中将无法更改。完成后，关闭对话框，如图 7.5 所示。

② 单击"结构"选项卡 ▶ "钢筋"面板 ▶放置钢筋🔲，如图 7.10（a）所示；或选择要放置钢筋的构件，然后放置钢筋🔲，如图 7.10（b）和（c）所示。

> 注：1.选中可放置钢筋的主体图元时，在其"上下文选项卡"中也可以找到该工具。
> 2.选中不同构件其"上下文选项卡"显示不同，如图 7.10（b）所示为选中板的上下文选项卡，如图 7.10（c）所示为选中梁或柱时的"上下文选项卡"。

③ 在"属性"选项板顶部的"类型选择器"中，选择所需的钢筋类型，如图 7.10（g）①所示。

④（可选）如有必要，请单击"修改 | 放置钢筋"选项卡 ▶ "族"面板 ▶ 🔲（载入形状）以载入其他钢筋形状，如图 7.10（d）所示。

⑤ 在选项栏上的"钢筋形状选择器［如图 7.10（g）③所示］"或"钢筋形状浏览器［如图 7.10（h）所示］"中，选择所需的钢筋形状。

⑥ 选择放置平面：在"修改 | 放置钢筋"选项卡 ▶ "放置平面"面板中，单击以下放置平面之一：🔲（当前工作平面）；🔲（近保护层参照）；🔲（远保护层参照）。

> 注：1. 此平面定义主体上钢筋的放置位置。
> 2. 如在构件的不同部位作为放置钢筋的起始位置，可用剖面或参照平面作为工作平面。

⑦ 在"修改|放置钢筋"选项卡 ▶ "放置方向"面板中，单击以下放置方向之一：🔲（平行于工作平面）；🔲（平行于保护层）；🔲（垂直于保护层）。

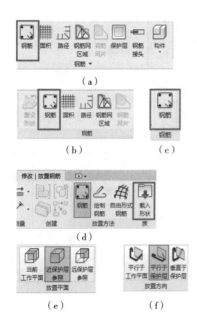

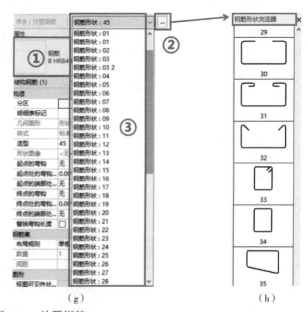

图 7.10　放置钢筋 1

⑧ 如果将标准样式钢筋放在与镫筋/箍筋样式钢筋相邻的位置，则标准钢筋将沿着镫筋/箍筋钢筋的边缘进行捕捉。

⑨ 放置钢筋：在视图中单击构件的相应位置将钢筋放置到主体中，如图 7.11（a）所示，如有必要，在放置时按空格键，以便在保护层参照中旋转钢筋形状的方向。放置后，可以通过选择钢筋，然后类似地使用空格键来切换方向。

⑩ 如果需要将钢筋和主体的远边平行放置，可将光标放置在该边附近，然后按住 Shift 键。在相应位置单击鼠标左键，放置在所需的位置。

⑪ 钢筋长度默认为主体图元的长度，或者保护层参照限制条件内的其他主体图元的长度。要编辑长度，请在平面或立面视图中选择钢筋实例，并根据需要拖曳端点，调整钢筋长度，如图 7.11（b）所示。

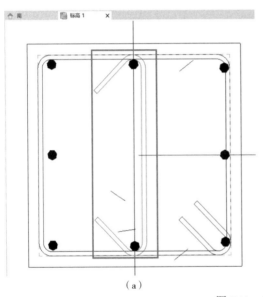

（a）

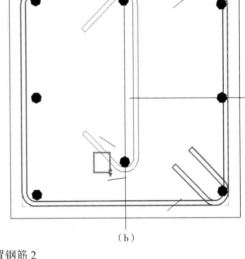

（b）

图 7.11　放置钢筋 2

7.2.2　柱钢筋创建实例

本节以某二层框架柱钢筋创建为例讲解 ▣（钢筋）命令的应用。已知柱净高为 3.6m，剪跨比大于 2。其配筋如图 7.12（a）所示，用 Revit 创建三维钢筋。

分析：加密区高度，柱端 MAX｛3.6/6，500｝=600。先在 Revit 建结构柱，如图 7.12（b）所示，在柱顶和柱底分别创建参照平面用于定位加密区高度，如图 7.12（b）南立面所示，步骤如下。

① 单击"结构"选项卡 ► "钢筋"面板下拉列表 ► ✐（钢筋设置），在常规设置中勾选所需的选项，可参照 7.1.2 节。

② 设置柱顶加密区高度的参照平面为工作平面，并转到标高 2 视图，如图 7.12 所示。

③ 单击"结构"选项卡 ► "钢筋"面板 ► ▣（钢筋），进行相关选择，如图 7.13①②③④⑤所示，在标高 2 视图框架柱截面内单击鼠标左键放置钢筋，如图 7.13⑥所示；

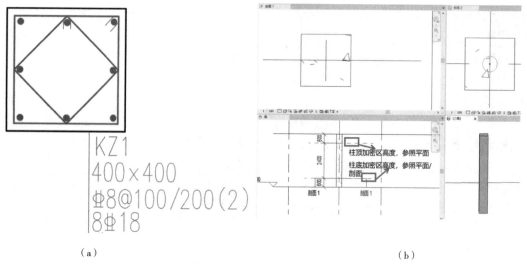

（a）

（b）

图 7.12　框架柱钢筋创建例题

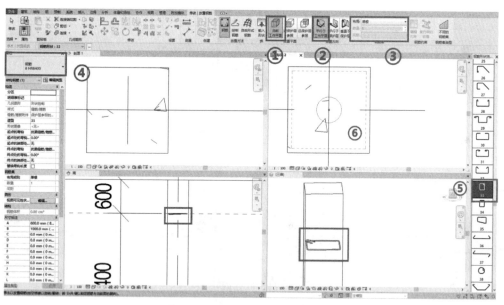

图 7.13　框架柱钢筋创建例题步骤

④　如果在三维视图或立面图上没有显示，则选中相应的钢筋，在属性栏单击视图可见性状态的编辑，如图 7.14（a）所示，在"钢筋图元视图可见性状态"对话框中视图类型勾选清晰的视图和作为实体查看。

> 注：1.三维视图勾选"作为实体查看"在三维视图真实状态下可看到钢筋实体。
> 2.在标高 2 平面视图中不可见是因为默认的视图范围低于参照平面的高度。

⑤　调整加密区范围：上面只是创建了一根钢筋，在立面或三维视图中选择所创建的钢筋，在钢筋集布局中选"最大间距"，在下方的间距中设置为 100mm，如图 7.15（a）所示。

⑥　软件默认全构件设置箍筋，如图 7.15（b）所示，选中相应的钢筋，调整箭头至离柱顶 600mm 高的位置，如图 7.15（c）所示。

（a）

图 7.14　钢筋可见性设置

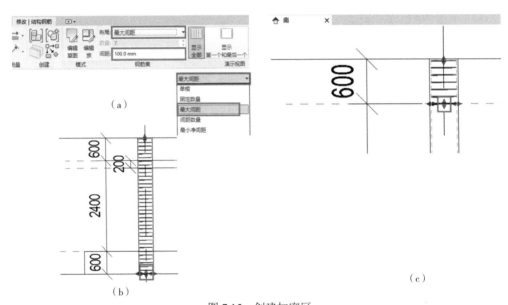

（a）

（b）

（c）

图 7.15　创建加密区

　　⑦ 重复步骤①、②、③创建箍筋，要选择不同的钢筋集如图 7.16①②③④⑤所示。

　　⑧ 在立面上通过 Tab 键选择新创建的箍筋，在钢筋集布局中选"最大间距"，在下方的间距中设置为 200mm。

　　⑨ 调整新创建的钢筋集位置，如图 7.17所示。

　　⑩ 同理创建柱底加密区箍筋。

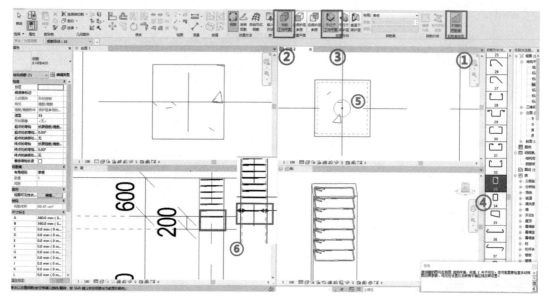

图 7.16　创建不同钢筋集

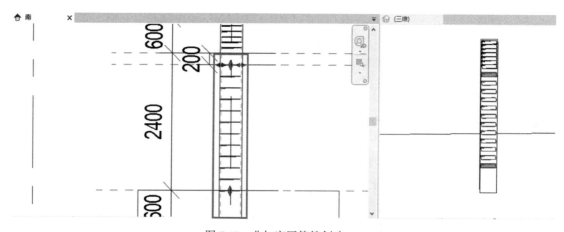

图 7.17　非加密区箍筋创建

⑪　中间箍筋创建：和前面普通箍筋创建方法步骤一样，创建后要进行旋转和编辑，如图 7.18 所示。

a.选中所要调整的箍筋，先旋转到所需角度，再通过拖曳"圆点"操作柄进行初步调整，如图 7.18①③所示。

b.单击编辑草图，如图 7.18②所示，对草图进行编辑，如图 7.18④和⑤所示。

c.完成编辑后，如图 7.18⑥所示，如需调整弯钩的位置，可用旋转命令。

⑫　竖向钢筋的创建：方法同上，如图 7.19 所示。

a.启动钢筋命令，设置相应选项，选择形状 01，如图 7.19①③④⑤所示。

b.先放置左右三根钢筋，放置中间钢筋时，钢筋集数量设为 2，如图 7.19②所示。

c.结果如图 7.19⑥所示。

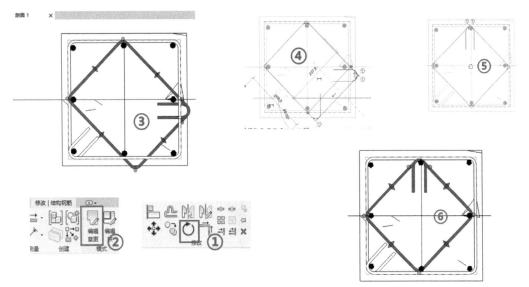

图 7.18 中间箍筋的创建

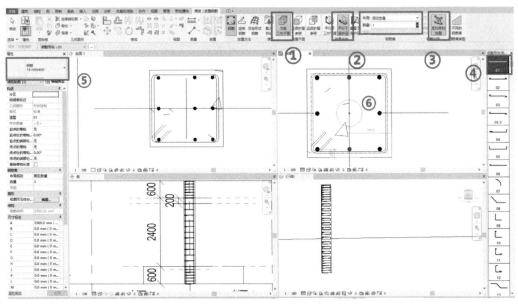

图 7.19 竖向钢筋的创建

⑬ 施工时，竖向钢筋需要搭接，高度一般为 1/6 净高，考虑到加密区高度为 600mm，把搭接高度设在 800mm 处。把前面竖向创建的竖向钢筋选中，拖曳操作柄，调整到离楼面 800mm 处。可通过复制的方式把预埋筋复制到 800mm 高处，调整到柱顶，再处理接头。

a.启动接头命令，选择放置在两根钢筋之间，如图 7.20（a）和（b）所示。

b.类型容器中选择接头类型，因上下两根

钢筋直径均为 18mm，选择标准接头 CPL18，如图 7.20（d）所示。

c.在立面依次选择要放置接头的两根钢筋，如图 7.20（c）所示。

d.如在三维视图中不可见，则选中接头（在立面中），在接头属性栏中，打开"钢筋图元可见性状态"对话框，勾选相应视图即可，如图 7.20（e）所示。

e.最终结果如图 7.20（f）所示。

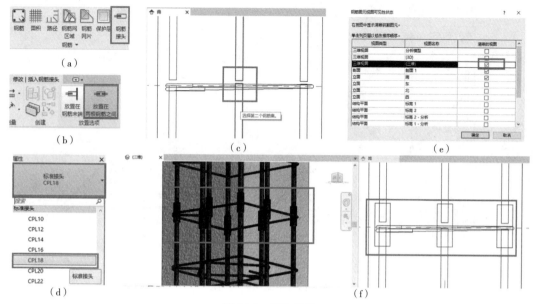

图 7.20　接头处理

⑭ 柱顶钢筋需要截断，预埋到梁或板，如图 7.21（b）所示，或柱截面发生改变，如图 7.21（c）和（d）所示，步骤如下。

a.选中要处理的钢筋，在属性栏终点弯钩中选择所需的弯钩类型，如图 7.21（a）所示。弯钩类型的定义参照 7.1.4 节弯钩与形状。

b.选中要处理的钢筋，"修改｜结构钢筋"选项卡 ▶ "模式"面板 ▶ （编辑草图），启动编辑钢筋草图对话框，如图 7.21（b）

所示。编辑钢筋路径线，如图 7.21（f）所示，则可形成图 7.21（c）所示钢筋。

c.同理，可编辑为图 7.21（d）所示钢筋形状。

本例题以框架柱为例，其钢筋创建和编辑命令也适用于梁、板、墙和基础等混凝土构件中的钢筋。为加快钢筋创建速度，软件还专门又对板、墙和基础中的网状钢筋开发了快速创建命令。下面就讲述下这类命令的应用。

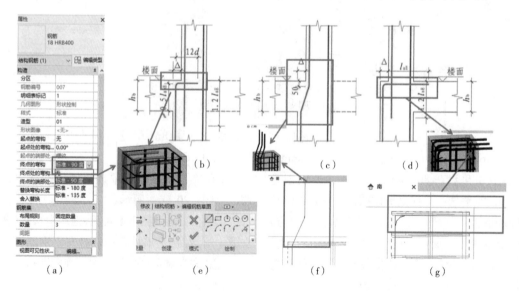

图 7.21　钢筋编辑

7.3 区域钢筋命令

7.3.1 命令操作

区域钢筋▦（区域）命令主要用于在楼板、墙或基础底板中大面积区域钢筋的创建，如板底受力钢筋、剪力墙竖向网状钢筋等。命令操作步骤如下。

① 单击"结构"选项卡 ▶ "钢筋"面板 ▶ ▦（区域），如图 7.22（a）所示。

> 注：此工具还可以从作为有效钢筋主体的图元的选择上下文选项卡上找到。

② 选择要放置区域钢筋的楼板、墙或基础底板。

③ 单击"修改｜创建钢筋边界"选项卡 ▶ "绘制"面板 ▶ 八（线形钢筋），也可选择选用其他绘制方式，如图 7.22（b）所示。

④ 单击一次即可选择区域钢筋草图的起点，继续选择点，直到形成闭合环为止，如图 7.22（c）所示。

> 注：平行线符号表示区域钢筋的主筋方向，单击如图 7.22（b）所示的主筋方式，在视图中单击相应的边线，则可调整主筋方向，如图 7.22（c）①所示。

⑤ 在类型容器中选择相应的结构区域钢筋类型，如图 7.22（d）⑤所示，如没有所需类型则单击编辑类型，打开类型编辑对话框，如图 7.22（e）所示，进行创建。

⑥ 单击"修改｜创建钢筋边界"选项卡 ▶ "模式"面板 ▶ ✓（完成编辑模式），见图 7.22（b）。

> 注：1.Revit 将区域钢筋符号和标记放置在区域钢筋中心的已完成草图上。
> 2.放置区域钢筋时，默认钢筋图元不可见，如要显示这些图元，可以在"区域钢筋"的"属性"选项板上的"图形"部分［见图 7.22（c）③］编辑，在钢筋图元视图可见性状态中指定钢筋图元的可见性。仅当区域钢筋中存在钢筋主体时，可见性设置才可用。

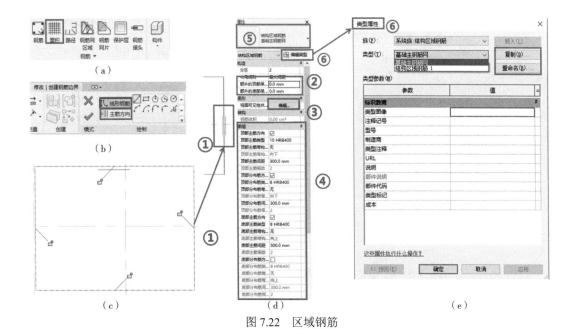

图 7.22 区域钢筋

7.3.2 筏板基础钢筋创建

如某筏板基础 2000mm 厚，其柱下板带平法标注为 X：B C22@200，T C18@200。Y：BC18@250，T 18C@200。有垫层，保护层厚 40mm。用 Revit 创建钢筋。

注：1. 短向为 X 向，X 向为受力钢筋（主筋）；

2. 板厚 2000mm，中间为构造钢筋网一道，取直径为 18@250 双向。

分析：筏板基础，厚 2000mm，由平法标注知：板底双向钢筋网为 X 向，钢筋直径为 22mm，间距 200mm；Y 向钢筋间距为 18mm，间距 250mm；板顶 X 向钢筋直径 18mm，Y 向钢筋直径 18mm，双向间距均为 200mm，HRB400 钢筋。先"结构"选项卡 ▶ "基础"面板 ▶ ▱（底板）创建筏板，用▦（区域）创建钢筋，步骤如下。

① 创建 2000mm 厚筏板与柱，如图 7.23（a）所示。

② 按 7.3.1 节①和②步骤操作，选择矩形绘制方式，如图 7.23（b）所示。

③ 绘制结果如图 7.23（d）所示，单击如图 7.23（c）所示主筋方向，单击短向边，改变主筋方向为短向，如图 7.23（e）所示。

④ 按在属性栏中，按上述分析设置底和顶钢筋，如图 7.23（f）所示。

⑤ 重复②～③步骤，创建板中间构造钢筋。

⑥ 中间构造钢筋，通过设置额外的顶部保护层偏移改变钢筋网的位置，如图 7.23（g）所示。

⑦ 结果如图 7.23（a）①所示。

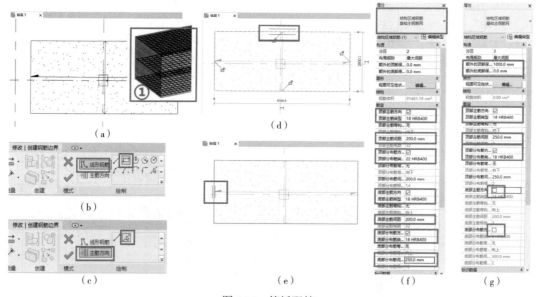

图 7.23　筏板配筋

7.4　路径钢筋命令

▱（路径）命令用于沿路径创建钢筋，所创建的钢筋具有相同长度，但彼此可平行或不平行，但需与边界相垂直。该命令可用于创建梁上部负筋、板角部放射钢筋、双层双向附加钢筋等，如图 7.24 所示。

图 7.24　路径钢筋

7.4.1 命令操作

① 单击"结构"选项卡 ▶ "钢筋"面板 ▶ ⌐⌐ᵓ（路径），如图 7.25（a）所示。

> 注： 选中有效钢筋主体图元时，在其"上下文选项卡"中也可以找到该工具。

② 选择要绘制路径钢筋的主体，如图 7.25（b）所示。

③ 绘制混凝土主体上的钢筋路径，如图 7.25（e）②所示。

> 注：路径不能是闭合环。

④ 如需要，请单击翻转控制 ↕，如图 7.25（e）①所示，设置钢筋在路径的哪一侧。

⑤ 绘制结束，按 Esc 键退出。

⑥ 在属性栏，选择路径钢筋的类型，设置路径钢筋的间距、类型和长度等参数，如图 7.25（f）所示。

⑦ 单击"修改 | 创建钢筋路径"选项卡 ▶ "模式"面板 ▶ ✔（完成编辑模式）。

> 注：1.默认情况下，路径钢筋的边界处于打开状态（显示），若要将其关闭（不显示），请单击"视图"选项卡 ▶ "图形"面板 ▶ ⌐⌐（可见性图形），然后清除"结构路径钢筋"下的"边界可见性"参数；
>
> 2.放置路径钢筋时，钢筋图元不可见。 如要显示这些图元，可在"路径钢筋"的"属性"选项板的"图形"部分中指定钢筋图元的可见性，如图 7.25（f）和（g）所示，仅当在路径钢筋中设置钢筋主体时能够访问可见性设置。
>
> 3. Revit 将"路径钢筋"符号和"路径钢筋"标记放置在路径最长分段中心处的已完成草图上。

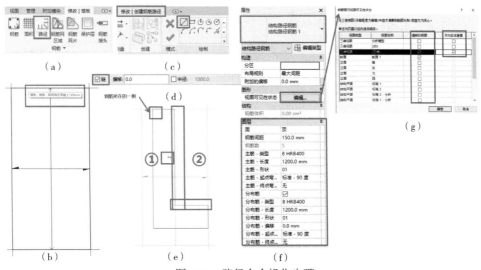

图 7.25　路径命令操作步骤

7.4.2 楼板钢筋创建

某 楼 板 厚 120mm ， 梁 上 非 贯 通 钢 筋 Φ12@120，长度 1800mm/1400mm，如图 7.26（a）所示；阴角加强钢筋 Φ10，放射状布置共 5 根，长度 1500mm；另一阴角双向双层钢筋 Φ12@120，跨内长度为 1500mm，用 Revit 创建上述板配筋。

分析：先创建结构楼板 120mm 厚，并创建一梁支承楼板，用路径钢筋创建命令即可创建上述钢筋，步骤如下。

① 创建楼板与梁，如图 7.26（c）所示，步骤略。

② 启动 ⌐⌐ᵓ（路径）命令，选择楼板，绘制路径，如图 7.26（b）所示。

③ 在属性栏按题目要求进行设置，如图 7.26（e）所示。

④ 单击 ✔（完成编辑模式），结果如图 7.26（d）所示。

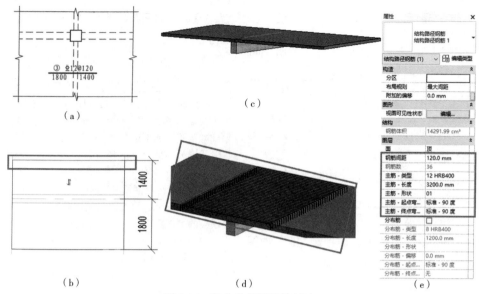

图 7.26　梁上非贯通钢筋创建

⑤ 按②和③步骤绘制角加强筋，如图 7.27（a）所示 L 形路径，长度如图所示。

> 注：要注意翻转符号所在位置，如图 7.27（a）所示。

⑥ 在属性栏设置相应参数：长度、间距、形状、类型、弯钩等，如图 7.27（c）所示。

> 注：设置钢筋图元的可见性，如图 7.27（e）所示。

⑦ 单击✔（完成编辑模式），结果如图 7.27（f）所示。

⑧ 按②和③步骤绘制角加强筋，如图 7.27（a）所示弧形路径（用圆心端点弧命令绘制），长度如图 7.27（b）所示。

> 注：要注意翻转符号所在位置，如图 7.27（b）所示。

⑨ 在属性栏设置相应参数：长度、间距、形状、类型、弯钩等，如图 7.27（d）所示。

⑩ 单击✔（完成编辑模式），结果如图 7.27（f）所示。

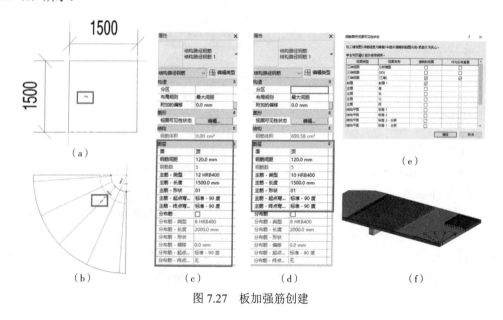

图 7.27　板加强筋创建

7.5　钢筋网创建命令

此命令主要用于创建在楼板、基础底板的顶部或底部，或墙的内部或外部创建附加的钢筋网片，此钢筋网片为构造配筋或加强筋，如墙中粉刷层中的附加钢筋网，如图7.28（a）所示。钢筋网族为系统族，如图7.28（c）和（d）所示，创建前先创建族类型并设置相关参数，主要步骤如下。

① 在项目浏览器找到结构钢筋，在钢筋网下在类型中单击右键，如图7.28（b）①所示，可以复制或打开类型属性对话框，如图7.28（b）③和④所示。

② 在类型属性中也可对钢筋网类型进行复制或重命名，如图7.28（c）⑤所示。

③ 在类型属性对话框，尺寸标注中更改公称直径和弯曲直径。

> 注：1.公称直径指钢筋网的钢筋直径。
> 2.钢筋弯曲直径是指钢筋弯曲处的直径，如图7.28（c）⑦所示。

④ 同理对可创建钢筋网片的类型及修改类型属性，如图7.28（b）②和④所示。

⑤ 钢筋网片类型属性对话框，"构造"中的钢筋条类型，须先在钢筋网类型中定义，此处才可选择，如图7.28（d）⑧所示。

⑥ 钢筋网片类型属性对话框，"图层"中参数设置相关参数，如图7.28（d）⑨所示。

> 注：1. 总长度和总宽度是指整个钢筋网片的尺寸，如布置区域大于此尺寸，则要用两片或以上，并产生接头。

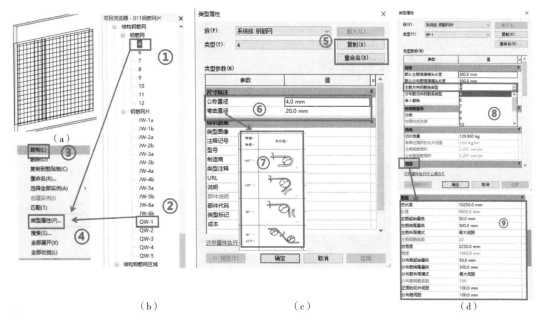

（a）　　　　（b）　　　　（c）　　　　（d）

图7.28　钢筋网类型创建

7.5.1　命令操作

钢筋网片的创建和区域钢筋的创建类似，具体步骤如下。

（1）钢筋网片的创建

① 打开平面视图来绘制楼板上的钢筋网或打开立面视图在墙上放置钢筋网片；

② 单击"结构"选项卡▶"钢筋"面板▶（钢筋网片），如图7.29（a）所示。

③ 在"选项栏"上，指定"放置后旋转"，选择此选项可以在放置柱图纸后立即将其旋转。

④ 在属性栏，类型容器中选择钢筋网片类型，并设置相应参数，如图7.29（b）和（c）所示；

⑤ 在绘图区域中，将光标放置在要加固的表面上。图纸的轮廓会帮助指导放置。在放置图纸时，它将捕捉到：

- 主题的钢筋保护层；
- 其他钢筋网片的边；
- 其他钢筋网片的搭接接头位置；
- 其他钢筋网片的中点。

⑥ 单击以放置钢筋网片，如图7.29（d）所示；

> 注：1.如果在"属性"选项板上选择了"按主体保护层剪切"属性，将在洞口或主题的边缘剪切钢筋网片。
>
> 2.如要在三维视图中，查看钢筋网片，单击"视图可见性状态"对应的"编辑"按钮在"钢筋网片视图可见性状态"对话框中，选择您希望钢筋网片在其中清晰或显示为实体的三维视图。

（2）多片钢筋网片的创建

如果要创建多片钢筋网片，步骤如下，

① 单击"结构"选项卡 ➤ "钢筋"面板 ➤ ▨（钢筋网区域）。

② 选择楼板、墙或基础底板等可绘制钢筋网的主体图元。

③ 单击"修改 | 创建钢筋网边界选项卡 ➤ "绘制"面板 ➤ ╲（边界线），如图7.29（e）所示，绘制一条闭合的边界轮廓，如图7.29（f）所示。

④ 在"钢筋网区域"的"属性"选项板的"构造"部分中选择钢筋网片类型、对齐方式等参数，如图7.29（f）所示。

⑤ 单击"修改 | 创建钢筋网边界"选项卡 ➤ "模式"面板 ➤ ✔（完成编辑模式）。

> 注：1.平行线符号表示钢筋网区域的主筋方向边缘。
>
> 2.在草图模式中，可以更改平行线位置实现对主筋方向的更改。
>
> 3.钢筋网片中的主要钢筋平行于主筋方向。
>
> 4.可在草图模式中对边界线进行旋转，实现钢筋网的旋转。
>
> 5.遇有洞口，网片也自动被洞口剪切。

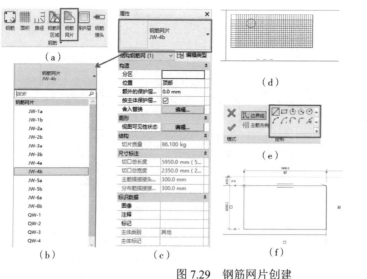

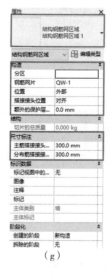

图7.29 钢筋网片创建

7.5.2 墙体附加钢筋网的创建

某墙体粉刷前要附加钢筋网片区域，加钢筋网片区尺寸如图7.30（a）所示，所购买每片钢筋网尺寸1.5m×2.6m，钢筋网规格4@200，贴墙面布置。步骤如下。

① 设置4mm的钢筋网，步骤如图7.28所示，参数如图7.30（c）和（d）所示。

② 启动 📐（钢筋网区域）命令，选择要绘制的墙体，选择矩形绘制，在立面上绘制矩形框如图 7.30（b）所示。

③ 在属性栏设置相关参数，钢筋网片选择前面定义的，如图 7.30（e）①所示。

④ 选择接头位置并设置接头长度，如图 7.30（e）②和③所示。

⑤ 单击"修改 | 创建钢筋网边界"选项卡 ▶ "模式"面板 ▶ ✔（完成编辑模式），结果如图 7.30（f）、（g）和（h）所示。

如要考虑设置在墙结构层外表面，则要设置构造层，选中墙设置其保护层即可。具体操作可见 7.6 节。

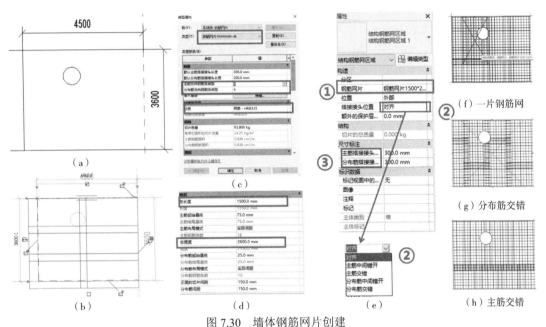

（a）

（b）

（c）

（d）

（e）

（f）一片钢筋网

（g）分布筋交错

（h）主筋交错

图 7.30　墙体钢筋网片创建

7.6 │ 接头和保护层

7.6.1 钢筋保护层

调节保护层之前，要进行不同构件的保护层设置，设置方法见 7.1.1 节，本节主要讲解设置后，如何对保护层进行设置和修改，不同构件的方法和原理基本相同。常用方式有三种：在给构件添加钢筋时设置（通常为额外的保护层），如图 7.31（a）所示，点击"▣（保护层）"命令进行设置构件保护层，如图 7.31（b）所示，选择构件，在属性栏中设置保护层，如图 7.31（c）①和②所示。下面讲述下第二种方式的步骤。

> 注：额外的保护层为在构件的保护层基础上增加一个厚度。

① 单击"结构"选项卡 ▶ "钢筋"面板 ▶ ▣（保护层），如图 7.31（b）所示。

② 在选项栏上，单击 🔧（拾取图元）以拾取整个图元，如图 7.32（a）①所示，或单击 🔧（拾取面）以拾取图元的单个面，如图 7.32（a）②所示。

③ 选择要修改的图元或图元面，如图 7.32（b）所示。

④ 在选项栏上，从"保护层设置"下拉列表中选择保护层设置，如图 7.32（c）③所示。

⑤ （可选）若要创建其他设置，请单击"选项栏"上的 ⋯，如图 7.32（c）④所示或单击"结构"选项卡 ▶ "钢筋"面板下拉列表 ▶ ▣（钢筋保护层设置），打开如图 7.4（b）所示对话框。

⑥ 在对话框添加或选择一个现有的保护层类型，如图 7.32（c）③所示。

⑦ 调整保护层类型的说明和保护层类型的偏移距离。可以根据需要从该对话框中添加、复制和删除保护层设置，如图 7.4（b）所示。

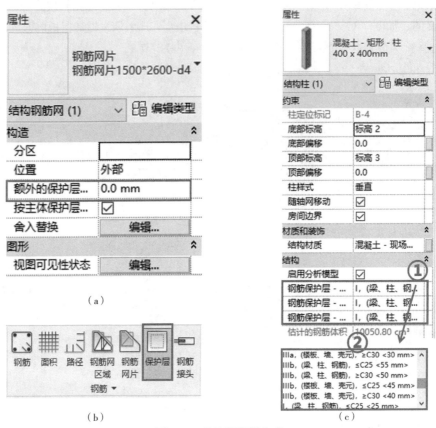

图 7.31 保护层设置方式

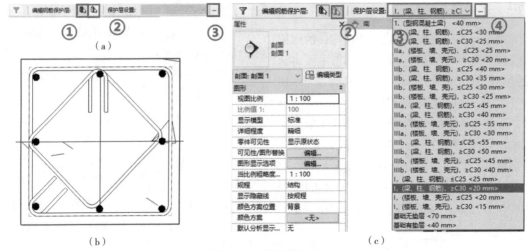

图 7.32 保护层设置

7.6.2 钢筋的接头

接头也是系统族，已由软件开发者创建完成，目前有保护接头、头部锚固接头、标准接头和过渡接头四种，如图 7.33（a）所示，用户可以创建新的类型并设置类型属性，从而满足工程的需求。类型的创建同其他图元如钢筋网类型的创建方法基本相同，在浏览器中选择原有的类型，右键复制，对新复制的进行重命名选中单击右键，选择类型属性，打开编辑类型对话框，如图 7.33（b）所示，设置相应参数如图 7.33（c）所示。

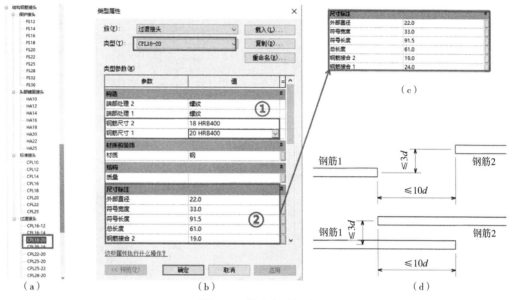

图 7.33　接头类型创建

（1）接头类型的创建

下面以钢筋直径 18mm 和 20mm 的钢筋过渡接头创建为例，讲解接头类型的创建，步骤如下。

① 创建新的类型名称并打开类型属性对话框，可参照前面。

② 在类型属性对话框中更改钢筋尺寸 1 和 2 为 18 和 20，如图 7.33（b）①所示。

③ 更改接头的相关尺寸，如图 7.33（b）②和（c）所示。

④ 单击确定，即创建完成新过渡接头类型。

（2）接头的创建

接头类型创建好后，即可在创建接头时应用了。软件可创建钢筋的保护接头，也可创建两根钢筋的相连接头，当两根钢筋的间距在图 7.33（d）所示范围内时，通过选择两根钢筋即可自动创建钢筋接头，步骤如下。

① 单击"结构"选项卡 ▶ "钢筋"面板 ▶ 🔲（钢筋接头），如图 7.34（a）所示。

② 单击接头放置方式，如图 7.34（c）所示。

- "修改｜插入钢筋接头"选项卡 ▶ "放置选项"面板 ▶ 🔲（放置在钢筋末端）。
- "修改｜插入钢筋接头"选项卡 ▶ "放置选项"面板 ▶ 🔲（放置在两钢筋之间）。

③ 在"属性"选项板顶部的"类型"选择器中，选择所需的钢筋接头类型，如图 7.34（b）所示。接头尺寸必须与钢筋尺寸匹配才能进行连接，本例选过渡接头 CPL18-20，如图 7.34（d）所示。

④ 在钢筋上放置接头。

⑤ 结果如图 7.34（f）和（h）所示。

- 对于在钢筋末端放置接头，请选择要放置接头的钢筋末端；
- 对于在两钢筋之间放置接头，请选择两个有效的钢筋实例。选定的第二根钢筋将根据需要重新定位和缩短，以便放置接头，如图 7.34（e）和（g）所示。

注：1.对连接两个钢筋实例的接头，连接的两末端的间隔不得超过 10 倍钢筋直径。不能将钢筋相互偏移至超过 3 倍钢筋直径，图 7.34（d）所示。

2.后选择以第一根为基准进行调整，如图 7.34（e）和（g）所示（下面的为基准）。

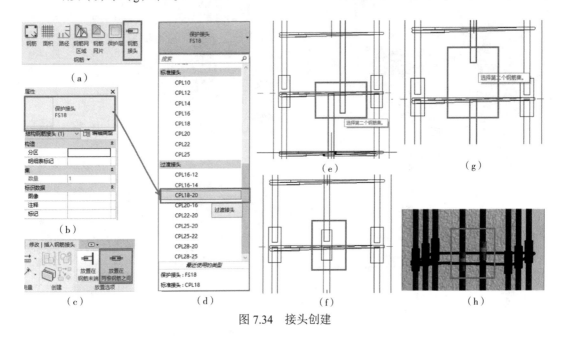

图 7.34　接头创建

第3篇
安装篇

第8章 MEP系统介绍

8.1 基本概念

Revit MEP 系统是一组以逻辑方式连接（物理连接指通常意义上的管道连接）的图元，如给水系统可能包含水管、管件和给水设备。在 Revit 中连续按 Tab 键直至虚线显示所选系统，即可点击鼠标左键选中需要的系统，如图 8.1（a）所示。逻辑方式连接指 Revit 中所规定的设备与设备之间的从属关系，从属关系通过族的连接件进行信息传递，所以设备间的逻辑关系实际上就是连接件之间的逻辑关系。

Revit MEP 系统分类是用于区别不同功能系统的分类，在 Revit 中已预定义，暂不支持用户自定义修改或添加。如：水管系统包含其他、其他消防系统、卫生设备、家用冷水等；风管系统包含送风、回风、排风；如图 8.1（b）所示。

Revit MEP 系统类型也是用于区别不同功能系统的分类，类似于"系统分类"的再分类。系统类型支持用户新增，如管道系统，基于卫生设备，通过复制重命名的方式创建污水系统和雨水系统，如图 8.1（c）和（d）所示。

Revit MEP 系统名称，是标识系统的字符串，可由软件自动生成，也可以由用户自定义。比如一个项目的多个污水系统，如卫生间污水、厨房污水，可在创建管道系统时创建，如图 8.1（e）所示。

8.2 MEP 项目设置

8.2.1 环境与信息配置检查

项目开始前要对 Revit 环境（如工具选项卡的配置、用户名、背景色等）及相关配置（如项目信息、单位、参数等）进行检查，如图 8.2（a）、（b）和（c）所示，以方便操作，设置方法见 0.5 节，在 MEP 项目前要对相关内容进行检查。

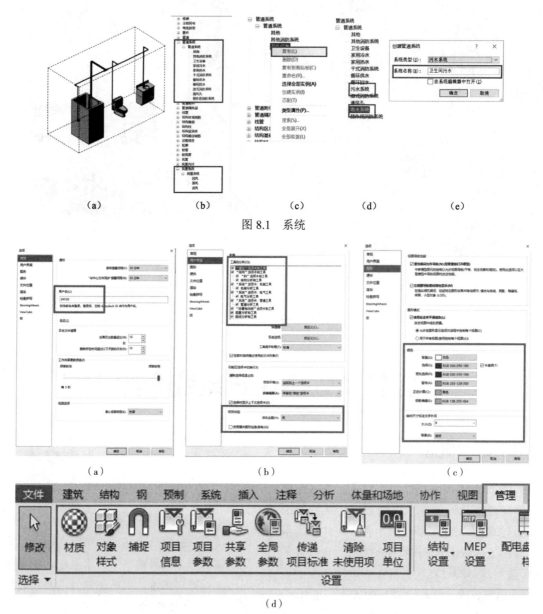

（a）　　　　（b）　　　　（c）　　　　（d）　　　　（e）

图 8.1　系统

（a）　　　　　　　（b）　　　　　　　（c）

（d）

图 8.2　检查内容

8.2.2　管道、风管和桥架建模前的设置

8.2.2.1　类型

风管、管道和桥架都属于系统族，用户不能自行创建，只能复制、编辑和删除族类型。如图 8.3 所示。

8.2.2.2　管道设置

布管系统、管段、显示符号的方法和步骤如下。

管道绘制前，除前面系统创建，还需进行

布管系统的设置和相关机械设置，绘制时才能智能连接，满足使用要求。下面对这两者做简单介绍。

（1）指定布管系统配置

步骤如下。

① 在项目浏览器中，展开"族" ▶ "管道" ▶ "管道类型"，如图 8.4（a）所示；

② 在管道类型上单击鼠标右键，然后单击"类型属性"，如图 8.4（a）所示。

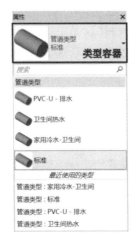

图 8.3　类型

注：若在执行管道命令时编辑类型属性，请单击属性栏的 ⊞ （编辑类型）。

③ 在"类型属性"对话框中的"管段和管件"下，单击"布管系统配置"对应的"编辑"，如图 8.4（b）所示。

④ 在"布管系统配置"对话框中，指定使用时的零件和尺寸范围，如图 8.4（c）所示。

⑤ 一个布管系统配置中可以添加多个管段。各个零件类型的部分可以添加多个管件（弯头、连接、四通、过渡件、活接头、管帽），如图 8.4（c）所示。

⑥ 如果有多个作为管件的零件满足布局条件，则将使用所列出的第一个零件。可以向上或向下移动行，以更改零件的优先级，如图 8.4（c）所示。

⑦ 在指定零件的尺寸范围时，"无"表示将永远不会使用该零件，"全部"表示将始终使用该零件。在布局后修改管件时，将尺寸范围设置成"无"很有用。在启用约束布管系统配置选项时，尺寸被设置成"无"的管件将显示在"类型选择器"中。

（2）添加行/删除行

如要添加/删除管段以及不同管段或管径下的连接方式，则可用添加行/删除行进行设置，如图 8.4（c）所示，步骤如下。

① 在区域中选择要添加新行的行/要删除的行。

② 单击"添加行/删除行"。

（3）调整连接方式的优先级

如要调整不同连接方式的优先级，可用移动行命令设置，如图 8.4（c）所示。

① 选择要移动的行。

② 单击"向上移动行"或"向下移动行"。

（4）添加或修改管段和尺寸

步骤如下。

① 单击"管段和尺寸"，如图 8.4（c）所示。

② 打开机械设置对话框来添加或删除管段、修改其属性，或者添加或删除可用的尺寸，如图 8.5（a）所示。

注：1.进行管道布管时，Revit 首先使用布管系统配置中的设置，如图 8.5（c）所示，然后如有需要，使用"机械设置"中的"角度"设置，如图 8.5（b）所示。

2.如果更改了布管系统配置，并希望更新设计中相同类型的现有管路，选择现有的管段和管件，并在"修改"选项卡中，编辑面板单击 ⊞ （重新应用类型）。

3.如果希望更改管路的类型，并使用其他布管系统配置，则在"修改"选项卡，编辑面板上单击 ⊞ （更改类型）。

（5）机械设置

如要指定布管时的角度，打开机械设置对话框，进行相关设置，如图 8.5（b）所示，如要设置主干管的默认偏移值，可在机械设置转换界面进行设置，如图 8.5（c）所示。显示设置也可在机械设置界面中进行调整修改，用户可参照 Revit 帮助文件，限于篇幅在此不做详细介绍了。

8.2.2.3 风管设置

风管设置方法和位置与管道基本相同，可参照 8.2.2 节，或 Revit 软件帮助。

8.2.2.4 桥架设置

桥架建模和管道类似，但是其管件设置在类型属性中，如图 8.6 桥架设置所示。

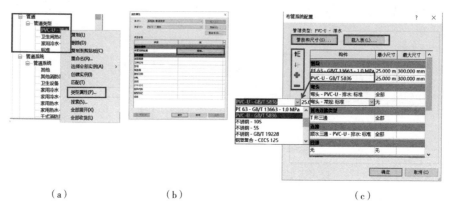

（a）　　　　　　　（b）　　　　　　　　　（c）

图 8.4　布管系统

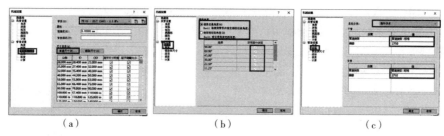

（a）　　　　　　　（b）　　　　　　　（c）

图 8.5　机械设置

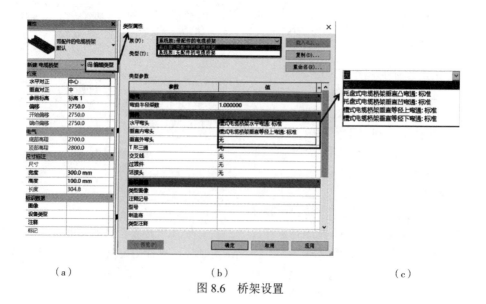

（a）　　　　　　　　（b）　　　　　　　（c）

图 8.6　桥架设置

8.3 MEP 设备和装置的放置

RevitMEP 中的常用设备和装置见表 8.1，其放置路径和方法大致相同，其基本步骤如下。

表 8.1 MEP 装置和设备表

序号	专业/类型		功能/举例	路径
1	机械	风道末端	风口、格栅、散流器	"系统"选项卡 ▶ "HVAC"面板 ▶ "风道末端"
		机械设备	锅炉、熔炉和风机等	"系统"选项卡 ▶ "机械"面板 ▶ "机械设备"
2	给排水	喷头	放置喷水装置	"系统"选项卡 ▶ "卫浴和管道"面板 ▶ （喷头）
		卫浴装置	水槽、坐便器、浴盆、排水管和各种用具等构件	"系统"选项卡 ▶ "卫浴和管道"面板 ▶
3	电气	电气设备	配电盘和变压器组成	"系统"选项卡 ▶ "电气"面板 ▶ "电气设备"
		电气装置	装置由插座、开关、接线盒、电话、通信、数据终端设备以及护理呼叫设备、壁装扬声器、启动器、烟雾探测器和手拉式火警箱组成。电气装置通常是基于主体的构件（例如，必须放置在墙上或工作平面上的插座）	"系统"选项卡 ▶ "电气"面板 ▶ "设备（装置）"下拉列表，单击选择某个装置类型
		照明设备	天花板灯、壁灯和嵌入灯等构件	"系统"选项卡 ▶ "电气"面板 ▶ "照明设备"

① 在项目浏览器中，打开要在其中放置 MEP 设备和装置的视图。

② 在绘图区域中，放大放置 MEP 设备和装置的区域，必要时可借助多视图功能。

③ 单击"系统"选项卡，相应命令见表 8.1 或如图 8.7（a）所示，然后在"类型选择器"中，选择相应的设备类型。

④ 在功能区上，选择放置方式或选项及 ①（是否在放置时进行标记），以便放置时自动标记设备，然后在选项栏上指定标记选项。

⑤ 放置后，如要修改，选中相应的设备和装置进行修改，如在平面视图中调整在平面中的位置，在属性栏中高程和偏移值中修改其高度，如图 8.8 所示。

> 注：不同装置或设备放置时其放置方式或选项不同，但大部分相同如图 8.7 所示。

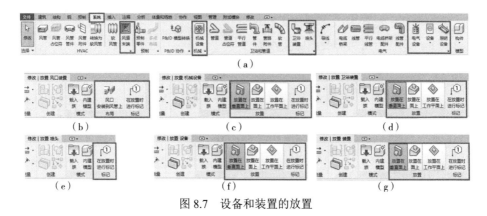

图 8.7 设备和装置的放置

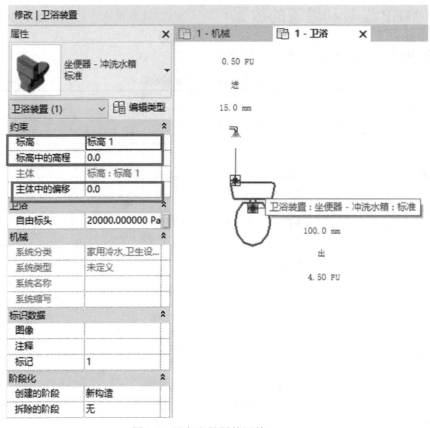

图 8.8　设备和装置的调整

8.4　系统创建

　　放置好设备就可创建系统了，有两种方法：一种是通过生成布局的方式，这种方法适用于项目初期或简单的管道布局，提供简单的管道布局路径，示意管道大致的走向，粗略计算管道的长度、尺寸和管路损失。另一种方法是手工创建管网把设备和管网连接起来，适用于项目比较复杂、卫生器具和设备等数量很多，或者当用房需要按照实际施工和图集绘制，精确计算管道的长度、尺寸和管路损失时。

8.4.1　逻辑连接与物理连接

　　逻辑方式连接指 Revit 中所规定的设备与设备之间的从属关系，从属关系通过族的连接件进行信息传递，所以设备间的逻辑关系实际上就是连接件之间的逻辑关系。

　　Revit MEP 系统分类是用于区别不同功能系统的分类，在 Revit 中已预定义，暂不支持用户自定义修改或添加。如：水管系统包含其他、其他消防系统、卫生设备、家用冷水等；风管系统包含送风、回风、排风。系统的分类如图 8.9（b）所示。

　　Revit MEP 系统类型也是用于区别不同功能系统的分类，类似于"系统分类"的再分类。系统类型支持用户新增，如管道系统，基于卫生设备，通过复制重命名的方式创建污水系统和雨水系统，如图 8.9（c）和（d）所示。

　　Revit MEP 系统名称，是标识系统的字符串，可由软件自动生成，也可以由用户自定义。比如一个项目的多个污水系统，如卫生间污水、厨房污水，可在创建管道系统时创建，如图 8.9（e）所示。

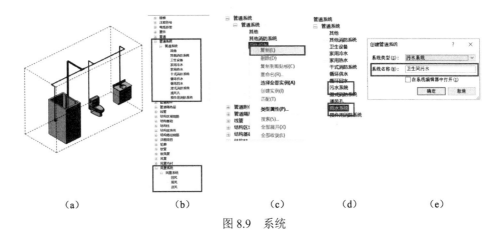

|（a）|（b）|（c）|（d）|（e）|

图 8.9　系统

本节以给排水管道系统为例讲解系统创建的方法和基本概念，暖通和电气系统类似。

逻辑连接指 Revit 中所规定的设备与设备之间的从属关系，从属关系通过族的连接件进行信息传递，所以设备间的逻辑关系实际上就是连接件之间的逻辑关系。

下面以卫浴装置为例讲解逻辑系统的创建。

① 在视图（平面或三维都可）中选择一个或多个卫浴装置，如图 8.10（a）所示。

② 单击"修改卫浴装置"选项卡 ▶ "创建系统"面板 ▶ 🔁（管道）。

③ 在"创建管道系统"对话框中，指定下列内容，如图 8.10（b）所示。

- 系统类型：在视图中选择的装置类型用于确定可以将其指定给哪些类型的系统。对于卫浴系统，默认的系统类型包括"卫生设备""家用冷水""家用热水""其他"。
- 选择"卫生设备"。
- 在下面的系统名称中，输入"卫生设备-卫生间"，如图 8.10（b）所示。
- 勾选在系统编辑器中打开（如果不需要添加装置或设备可不勾选）。

> 注：也可以创建自定义的系统类型，以处理其他类型的构件和系统。

④ 单击"确定"。

⑤ 如果勾选在系统编辑器中打开，则打开系统编辑器，如图 8.10（c）所示。

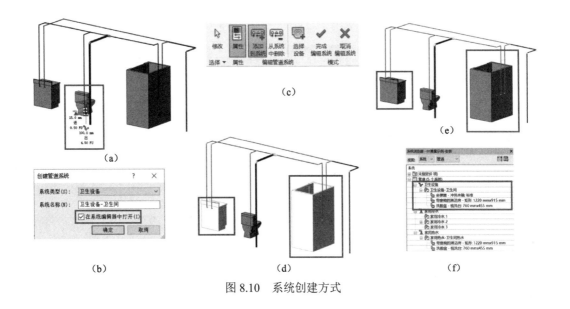

图 8.10　系统创建方式

⑥ 选择添加到系统，在视图中选择要添加的装置，如图8.10（d）和（e）所示。

⑦ 单击完成✔（完成编辑系统）。

⑧ 在系统浏览器中出现如图8.10（f）所示新创建的系统：卫生设备-卫生间。

用相同的方法可创建所需的系统，没有指定系统的可在系统浏览器"未连接"中查到。

系统逻辑连接完成后，就可以进行物理连接。物理连接指的是完成设备之间的管道连接。逻辑连接和物理连接良好的系统才能被Revit识别为一个正确有效的系统，进而使用软件提供的分析计算和统计功能来校核系统流量和压力等参数。

8.4.2 生成布局

下面以水管，卫生设备为例讲解，排水系统布局的生成，步骤和方法不是唯一的，本节所讲步骤是众多方法中的一个。

① 打开三维视图和平面视图，并平铺，打开系统浏览器，在系统浏览器中选择要创建布局的卫生设备，如卫生设备-卫生间，如图8.11所示。

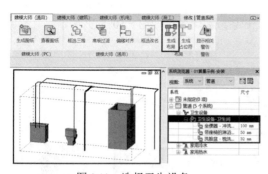

图8.11 选择卫生设备

② 单击"修改/管道系统"选项卡 ▶ "布局"面板 ▶ "生成布局"或 "生成占位符"，此时将出现"生成布局"和选项卡，其中提供各种布局工具，如图8.12（a）所示，布局显示在绘图区域中，如图8.13（a）所示。

③ 要从布局中删除或添加某个构件，请在"生成布局"选项卡上单击（删除）/（添加），然后选择该构件；该构件随即显示为白色/灰色，布局和解决方案也随之更新。

注：通过在布局中添加和删除构件，可以使布局解决方案尽可能地接近设计意图。

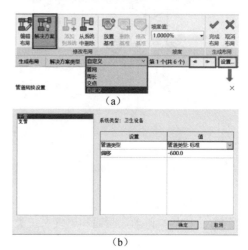

（a）

（b）

图8.12 生成布局

④ 要解决布局的上游端（流量来源和出口），执行下列操作之一。

- 要创建闭合的布局，或创建包含已经放置并添加到系统中的基准（上游）构件的布局，请继续执行下一步（步骤⑤）。
- 要创建包含上游开放式连接的布局，请在"生成布局"选项卡上单击（放置基准），然后将基准控制放置在楼板平面或三维视图中，如图8.13（b）所示。
- 放置基准后，布局和解决方案即随之进行更新。如果布局转换后删除基准控制，将出现开放式连接。稍后可以将开放式布局连接到同一管道系统中的其他布局。通过该方法可以将较小的"子部件"布局一起连接到已逻辑连接到同一系统的较大布局。

注：可以将基准控制与构件放置在同一标高上，也可以放置在不同标高上。基准控制类似于临时基准（上游）构件。建议在放置基准控制后再对其进行修改。

⑤ 在"生成布局"选项卡上，单击（解决方案），选择提供的布局与设计意图最为接近的解决方案类型，如图8.13（c）和（d）所示。

注：1. 网络：该解决方案围绕为风管系统选择的构件创建一个边界框，然后基于沿着边界框中心线的干管分段提出6个解决方案，其中支管与干管分段形成90°角。

2. 周长：该解决方案围绕为系统选定的构件创建一个边界框，并提出 5 个可能的布线解决方案。有四个解决方案以边界框 4 条边中的 3 条边为基础。第五个解决方案则以全部 4 条边为基础。可以指定用于确定边界框和构件之间偏移的"嵌入"值。

3. 交点：该解决方案是基于从系统构件的各个连接件延伸出的一对虚拟线作为可能布线而创建的。垂直线从连接件延伸出。从构件延伸出的多条线的相交处是建议解决方案的可能接合处。沿着最短路径提出了 8 个解决方案。

4. 可以使用箭头按钮（◀ ▶）循环显示所建议的布线解决方案。

⑥ 在选项栏上单击"设置"，然后确认构件的设置，如图 8.12（a）和（b）所示。

注：对于"坡度"，如果需要，请指定整个布局的坡度。如果要分别设置各个分段的坡度，请在转换布局后单独修改管段的坡度。

⑦ 要修改布局线，请在"生成布局"选项卡上单击 🖳（修改），然后选择要修改的布局线，如图 8.12 所示，可进行平移和修改管线高度。

注：1. ✛ 平移控制：可以将整条布局线沿着与该布局线垂直的轴移动。如果需要维持系统的连接，将自动添加其他线。

连接控制：⊥ 表示 T 形三通。✛ 表示四通。通过这些连接控制，可以在干管和支管分段之间将 T 形三通或四通连接向左右或上下移动。移动操作仅限于与连接控制符号关联的端点。

⊥ 弯头/端点控制：可以使用该控制移动两条布局线之间的交点或布局线的端点。此外，还可以使用它合并布局线。如果需要维持系统的连接，将自动添加其他布局线。

2. 只有相邻的布局线才能合并。但是，无法修改连接到系统构件的布局线，因为必须通过它们将构件连接到布局。

3. 一次操作最多只能将一条布局线移到 T 形三通或四通管件处。可以再次选择该线，并将其移过 T 形三通或四通管件。

⑧ 在"生成布局"选项卡上，单击 ✔（完成布局）以生成布局。

注：如果转换操作创建的管路不完整，请撤销转换（Ctrl+Z），修改有问题的区域的布局，然后转换布局。

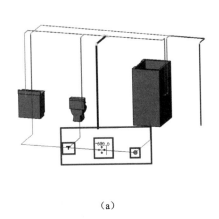

管网布局
（c）

周长布局
（a）　　　　（b）　　　　（d）

图 8.13　编辑布局

8.4.3　手动绘制

当项目比较复杂、卫生器具和设备等数量很多，或者当用户需要按照实际施工的图集绘制时，通常自动布局无法满足要求，可通过手动绘制管道来完成物理连接。

手动绘制方法不是本书的重点，读者可参照相关资料如 Revit 帮助。本节以水管为例简单介绍下管道的手动绘制，主要步骤如下。

① 打开系统视图，如平面、三维或剖面并平铺。

② 依次单击"系统"选项卡 ▶ "卫浴和管道"面板 ▶ 🖋（管道）或 🖋（管道占位符），如图 8.14（a）所示。

③ 在类型选择器中，选择管道类型，设置管控对正方式、高度如图8.14（b）所示。

④ 在选项栏，设置管径或偏移值，偏移值和属性栏设置为联动，如图8.14（c）所示。

- 直径：指定管道的直径。如果无法保持连接，则将显示警告消息。
- 偏移：指定管道相对于当前标高的垂直高程。可以输入偏移值或从建议偏移值列表中选择值。
- 🔓/🔒：锁定/解锁管段的高程。锁定后，管段会始终保持原高程，不能连接处于不同高程的管段。
- 应用：应用当前的选项栏设置。指定偏移以在平面视图中绘制垂直管道时，单击"应用"将在原始偏移高程和所应用的设置之

间创建垂直管道。

⑤ 在带坡度管道面板设置坡度值，如图8.14（d）所示。

⑥ 在平面图管道起点位置单击鼠标左键，确定管道起点，像画墙一样确定下点位置，如图8.14（e）所示，可连续绘制，如图8.14（g）所示。

⑦ 如要绘制垂直管道，通过在绘制管段时修改选项栏上的"偏移"值，如图8.14（f）所示，设置偏移值后，单击应用两次，即可绘制垂直管道，结果如图8.14（h）所示，可以在平面视图中绘制管道的垂直分段。

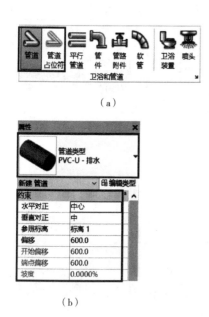

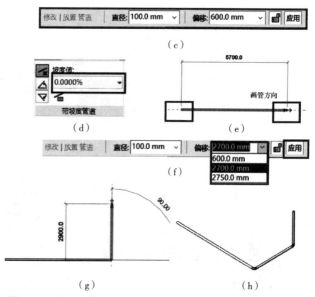

图8.14 手动绘管

8.5 管道绘制技巧

管道绘制方法简单，为加快速度、提高效率，常用的诀窍或方法如下。

（1）运用多视图

在绘图区域，同时打开平面视图、三维视图和剖面视图，可以增强空间感，从多角度观察布管是否合理。单击"视图"选项卡 ➤ "窗口"面板 ➤ ▤（平铺）或者快捷方式"WT"，可同时查看所有打开的视图。在

绘图时，平面视图和三维视图可以通过缩放，将要编辑的绘图区域放大。而立面视图由于构件易重合，不利于选取器具和管道，可采用剖面视图进行辅助设计。

（2）使视图变"干净"

除了使用剖面图，还可以用"临时隐藏/隔离"或"可见性/图形转换"或"工作集"，使视图变得"干净"，方便选取器具、设备、管道、管件和管路附件等。在"工作集"对话框中，通过设置工作集的可见性，控制图

元在所有视图中的可见性。较之于修改图元在视图中可见性更为快捷。

（3）利用连接到工具

此命令用来创建选定构件和管道或风管之间的物理连接。当选中构件（如管件、阀门、器具和设备等），如有未连接的连接件，则功能区上下文选项卡上会出现"连接到"这个工具。选择要连接到的管道或风管，软件会自动创建管道。

（4）快速对齐和连接管道

应用"对齐"和"修剪/延伸"工具，实现管道的快速对齐和连接。

（5）创建类似图元

选中要创建的某一图元，单击"修改 |<图元>"选项卡 ➤ "创建"面板 ➤ 🔧（创建类似）。可绘制与选定图元类型相同的图元。如绘制管道时，用该工具使新画的管道继承前一管道类型，十分便捷。

（6）管道坡度设置

通过"坡度"工具绘制具有坡度的管道。要注意如下几点。

① 使用自动"生成布局"功能布置管道，在完成布局后，管道两端被前后"牵制"，坡度很难再修改到统一值，所以在使用该功能时，在指定布局解决方案时，应指定坡度。

② 在手动绘制时，建议按以下顺序绘制管道：该层排水横管从管路最低点（接入该层排水立管处）画起，先画干管后画支管，并且从低处往高处画。管路最低点的偏移值需预估，其值需保证管路最高点的排水横管能正确连到卫生器具排水口上。

（7）添加存水弯

自动布局不会为卫生器具添加存水弯，如果用户需要在排水系统中体现存水弯，一般有两种方法。

① 在族编辑器中将存水弯和卫生器具建在一起，为了增加这种"组合族"的灵活性，用户可以添加参数调整存水弯在器具下

的偏移值，以适应不同排水口高度的要求。这种方法可省去在项目中添加存水弯的工作量。

② 手动添加。添加时要注意存水弯的插入点和方向。建议结合技巧①（运用多视图）按以下步骤添加。

a. 在剖面上如图 8.15（a）所示，从卫生器具排水连接一段立管。

b. 在平面视图上，将存水弯的插入点对准卫生器具的排水立管连接件后放置存水弯，如图 8.15（b）所示。

c. 放置存水弯后，如果存水弯排水口方向不对，可以通过按"旋转"符号改变方向，如图 8.15（c）所示。

d. 旋转方向后，在剖面上，绘制存水弯另一端的立管，如图 8.15（d）所示。

（8）运用布线解决方案

对于排水管道连接，我国设计规范要求排水横管作 90°水平转弯时，或排水立管与排出管端部的连接，宜采用两个 45°弯头或大转弯半径的 90°弯头。可通过布线解决方案，调整连接方式。

① 在要调整布线或对正的剖面中，至少选择两个管段（不包括管件），如图 8.16（a）所示。

> 注：如果提示找不到布线解决方案，可删除所选管的连接件，重新选择两个段管，如图8.16（a）所示。

② 单击"修改 | 选择多个"选项卡 ➤ "布局"选项卡 ➤ 🔧（布线解决方案），以激活用于调整管道布线的工具，如图8.16（b）所示。

③ "布线解决方案"面板上将激活下列布线工具，如图 8.16（c）所示。

- 占位符：🔧显示选定布线解决方案的占位符图元。
- 三维图元：🔧显示选定布线解决方案的三维图元。
- 解决方案：1（共 n 个）可以使用箭头按钮循环显示建议的解决方案。

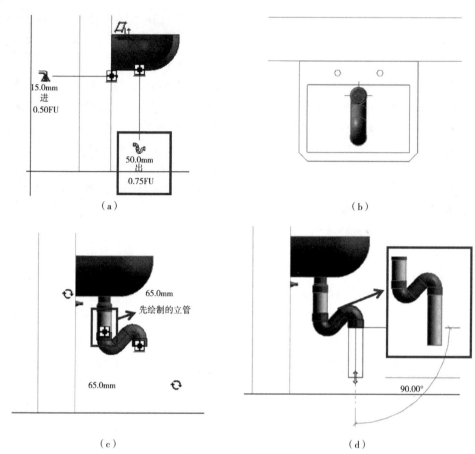

（a）

（b）

（c）

（d）

图 8.15　存水弯的添加

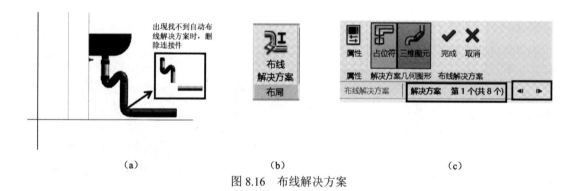

（a）

（b）

（c）

图 8.16　布线解决方案

④ 选择一个解决方案，根据需要，调整布线、添加、删除和拖曳控制点。

⑤ 如果对布线感到满意，单击 ✔ "完成"以应用修改，或单击 ✘ （取消）退出布线解决方案编辑器，而不应用这些修改。

（9）快速修改管道

绘制管道时，需注意当前应用的"管道类型"。尤其交替绘制多个管道系统、各系统所用的管道类型又各不相同时，应注意及时切换管道类型，否则绘制完毕后再修改管道类型就麻烦了。下面推荐两种比较快速的修改方法。

- 使用"修改类型"功能快速修改管道，如图 8.17（a）所示。
- 对于连接良好的管道系统，通过创建"管道明细表"，添加"族与类型"字段，可在

"族与类型"下拉菜单中替换管道类型，如图8.17（b）所示。

- 同理，可在"管件明细表"里替换利害相

关类型，如图8.17（c）所示。该方法的前提是系统连接成功，否则也很难判断出需修改的管道或管件。

| | （a） | （b） | （c） |

图8.17　快速修改管道

（10）创建组

项目中经常遇到相同布局的单元，如上下层卫生间或酒店标间卫生间。这时只需连接好一个"标准间"，选择"标准间"所有的器具、设备、管道、管件和附件等图元，创建组，进行复制即可，步骤如下。

① 选择标准间所有的器具、设备、管道、管件和附件等图元，如图8.18（a）所示。

② 单击修改选项卡 ▶ 创建面板 ▶ [图]

（创建组），如图8.18（b）所示。打开组命名对话框，如图8.18（c）所示，输入组名称。

③ 如需要删除或添加相应图元，勾选在组编辑器打开，如图8.18（c）所示。

④ 在"组编辑器"面板上，单击 [图]（添加）将图元添加到组，或者单击 [图]（删除）从组中删除图元。完成后，单击 ✔（完成）。

⑤ 选择相应组，复制，粘贴即可。

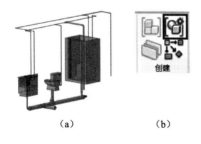 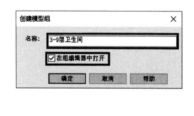 

| | （a） | （b） | （c） | （d） |

图8.18　创建组

以上是管道绘制的方法和技巧，用户可根据需要选择相关方法。上面以管道绘制为例讲解，风管和桥架可参照。

8.6　系统浏览器

系统浏览器是一个用于高效查找未指定给系统的构件的工具，单独打开一个窗口，并在窗口中按系统或分区显示项目中各个规

程的所有构件的层级列表，如图8.19（a）所示。可以将窗口悬停在绘图区域上方或下方，也可以将该窗口拖曳到绘图区域中。

若要访问"系统浏览器"，请使用以下任意方法。

- 单击"视图"选项卡 ▶ "窗口"面板 ▶ [图] "用户界面"下拉列表 ▶ "系统浏览器"，如图8.19（b）所示；
- 在绘图区域中，单击鼠标右键（上下文菜

单）➤"浏览器"➤"系统浏览器"，如
图 8.19（c）所示；

- 也可以使用 F9 快捷键显示系统浏览器。

（a）

（b）

（c）

图 8.19　系统浏览器

系统浏览器的主要功能如下。

（1）自定义视图

利用视图栏中的选项，可以在系统浏览器中对系统进行排序，还可以自定义系统的显示方式。

- 系统：按照针对各个规程创建的主系统和辅助系统显示构件。
- 分区：显示分区和空间。展开每个分区，可以显示分配给该分区的空间。
- 全部规程：针对各个规程（机械、管道和电气），在单独的文件夹中显示构件。管道包括卫浴和消防系统。
- 机械：只显示"机械"规程的构件。
- 管道：只显示"管道"规程（包括管道、卫浴和消防系统）的构件。
- 电气：只显示"电气"规程的构件。
- 自动调整所有列：调整所有列的宽度，以便与标题文字相匹配。也可以双击列标题，自动调整列的宽度。
- 列设置：打开"列设置"对话框，在该对话框中可以指定针对各个规程显示的列信息。根据需要展开各个类别（常规、机械、管道、电气），然后选择要显示为列标题的属性。也可以选择列，并单击"隐藏"或"显示"以选择在表中显示的列标题。

（2）显示系统信息

根据系统浏览器当前的状态，在表行上单击鼠标右键可以选择下列选项。

- 展开/展开全部：选择"展开"可显示选定

文件夹中的内容。选择"展开全部"可显示层级中选定文件夹下的所有文件夹的内容。

- 折叠/折叠全部：关闭选定的文件夹/所有文件夹。虽然不可见，"折叠"会将所有已展开的子文件夹保持在展开状态。选择"折叠全部"可以关闭选定的文件夹和所有展开的子文件夹。要折叠文件夹，也可以双击分支或单击文件夹旁边的减号（-）。
- 选择：选择系统浏览器和当前视图图纸中的构件。
- 提示
  - 可以在绘图区域中选择一个构件，以使其在系统浏览器中高亮显示。
  - 可以在系统浏览器和绘图区域中选择多个构件，方法是选择项时按住 Ctrl 或 Shift 键。
  - 可以在系统浏览器和绘图区域中高亮显示或预先选择一个构件，方法是将光标放在系统浏览器中的条目上。
- 显示：打开包含选定构件的视图。如果选定的构件出现在多个当前打开的视图中，则会打开"显示视图中的图元"对话框，指导用户单击"显示"多次即可循环查看包含选定构件的视图。每次单击"确定"后，绘图区域中都会显示不同的视图，并且视图中高亮显示了在系统浏览器中选择的构件。
- 如果当前打开的视图中不包含选定的构件，则将会提示用户打开相应视图，或"取消"操作并关闭该消息。

- 删除：从项目中删除选定的构件。任何孤立的构件都将被移到系统浏览器的"未指定"文件夹中。
- 属性：打开选定构件的"属性"选项板。

8.7 系统连接件

RevitMEP 构件与 Revit Architecture 或 Revit Structure 构件之间的一个主要差别是连接件的概念。Revit MEP 的一个必要条件是所有的构件都需要连接件以实现智能运作。如果在创建了构件或使用构件时没有连接件，那么这些构件就无法正确连接到系统中来。MEP 连接件大多是逻辑实体，用来计算项目的负荷。

为了实现负荷计算和分析，Revit MEP 保留了与项目内空间相关的信息，当装置和设备放置在空间内，Revit 会记录不同类型的负荷，如 HVAC（空调系统）、照明设备、电力设备和其他类型。所有与这些空间相关的负荷信息都可在每个空间的实例属性中查看，同时可显示在项目内创建的明细表中。

Revit 族可能附着的连接件类型见表 8.2。

表 8.2　连接件

类别	功能
风管连接件	风管连接件与管网、风管管件及作为空调系统的其他图元（构件）相关联
电气连接件	电气连接件用于所有类型的电气连接，包括电力、电话、报警系统、安全、火警、护理呼叫、通信及控制
管道连接件	管道连接件用于管道、管件及用来传输流体的其他构件
电缆桥架连接件	电缆桥架连接件用于电缆桥架、电缆桥架配件以及用来配线的其他构件。如将梯式或槽式电缆桥架及其管件附着到构件中
线管连接件	线管连接件用于将硬线管及线管管件附着到构件中。线管连接件可以是单个连接件，也可以是表面连接件。单个连接件用于连接唯一一个线管；表面连接件用于将多个线管连接到表面

创建族，在"连接件"面板，启动相应的连接件，如图 8.20（a）所示，放置方法如下。

- 放置在面上：在"放置"面板中选择"面"，如图 8.20（b）①所示，可保持其点位于边环的中心。在大多数情况下，这是放置连接件的首选方法，这种方法简单，大多数情况都适用。
- 放置在工作平面上，"放置"面板中选择"工作平面"，如图 8.20（b）②所示，可将连接件放置在选定的平面上。在多数情况下，

通过指定平面和使用尺寸标注将连接件约束到所需位置，可起到与"放置在面上"的方法相同的作用。但是，这种方法通常要求有效地使用其他参数和限制条件。

上面介绍了 RevitMEP 的概念、功能及相关操作。后面的章节以案例的方式分别介绍 RevitMEP 在暖通空调、给排水、电气系统中的应用。

（a）

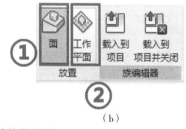

（b）

图 8.20　连接件放置

第 9 章 暖通空调系统创建

暖通空调是具有采暖（heating）、通风（ventilating）和空气调节功能（air conditioning）的空调器，主要功能包括：采暖、通风和空气调节这三个方面，取这三个功能的综合简称缩写 HVAC，即为暖通空调。通风空调系统主要由防排烟系统、送排风系统、除尘系统、制冷系统及空调水系统等几部分组成。

本章以送排风系统中送风管及风管附件的创建为例进行讲解。风管的绘制同管道，可参照 8.5 节。

9.1 送风系统的创建

本节以送风管为例讲解送风系统的创建方法。

① 创建送风系统。在"项目浏览器"找到"风管系统"，右击"送风"系统复制并重命名为"送风管"系统，如图 9.1（a）①②③④所示，单击"系统"选项卡下"HVAC"面板上的"风管"命令，如图 9.1（b）⑤⑥所示，在"属性"面板 ➤ "机械" ➤ "系统类型"中，选择"送风管"系统并单击应用，如图 9.1（c）⑦⑧所示。

② 送风管布管系统配置。

a.单击"系统"选项卡下"HVAC"面板上的"风管"命令绘制送风管，如图 9.2（a）①②所示。一般需要在绘制送风管前进行布管系统设置，添加风管管件。

图 9.1 送风系统创建

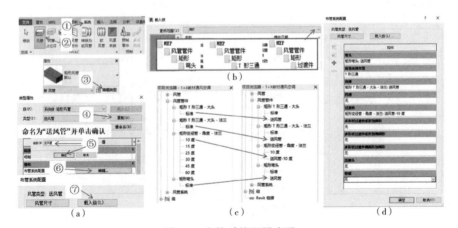

图 9.2 布管系统配置步骤

b.在"属性"面板下单击"编辑类型"，如图9.2（a）③所示，单击"编辑类型"，打开"类型属性"对话框，复制并将矩形风管的类型名称重命名为"送风管"，如图9.2（a）④⑤所示。在"类型属性"对话框中单击"布管系统配置"项的"编辑"按钮，如图9.2（a）⑥所示，进入布管系统配置对话框，单击"载入族"按钮，如图9.2（a）⑦所示，在"载入族"对话框内，按图9.2（b）所示路径寻找并添加"弯头""连接""过渡件"三项管件，本例选择载入"矩形弯头""矩形T形三通-大头-法兰""矩形变径管-角度-法兰"三个风管管件族。

c.在"项目浏览器"中找到"风管管件"族并打开，右击各类风管管件，复制"标准"

族并重命名为"送风管"族，如图9.2（c）所示。

d.打开送风管的"类型属性"对话框，单击"布管系统配置"的"编辑"按钮，在对话框内，将之前载入的风管管件改为后缀为"送风管"的族，如图9.2（d）所示。布管系统配置完成。

③ 创建送风管。单击"系统"选项卡下"HVAC"面板上的"风管"命令，在"属性"面板中直接选择"送风管"，如图9.3（a）所示。在选项栏中，设置送风管的宽度、高度及中间高程并单击应用，如图9.3（b）所示。在Revit平面视图或三维视图中创建送风管，创建过程及效果如图9.3（c）①②③④所示。

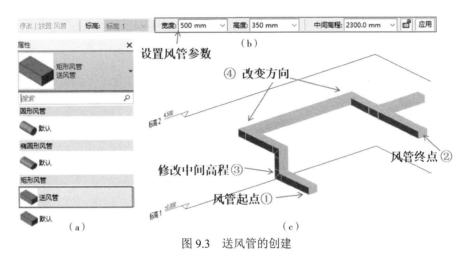

图9.3 送风管的创建

9.2 风管附件的创建

本节以电动风阀为例讲解创建的方法。

① 风管管件与风管附件的区别：风管管件是指属于风管自身连接必需的，起连接、变向、分流、密封等作用零部件的统称，它包括弯头、T形三通、Y形三通、四通和其他类型的部件；风管附件是指能实现各类通风系统功能的工具，风管附件包括风阀、防火阀、阻尼器、过滤器、烟雾探测器等。

② 风管附件放置规则：放置风管附件

时，拖曳到现有风管可以继承该风管的尺寸。风管附件可以在任何视图中放置，但是在平面视图和立面视图中往往更容易放置。同时，可以在插入点附近按Tab空格键循环切换可能的连接。

③ 电动风阀的创建方法如下。

单击"插入"选项卡中的"载入族"，在"载入族"对话框中，按"MEP" ➤ "风管附件" ➤ "风阀"路径打开并选中"电动风阀-矩形"名称的族，单击对话框"打开"，把族载入到项目中，如图9.4（a）①②③所示。

按"项目浏览器" ➤ "族" ➤ "风管

附件" ➤ "电动风阀-矩形"路径找到"标准"族（电动风阀可直接继承该风管的尺寸，无须设置其尺寸）右击，点击"创建实例"命令创建电动风阀，如图9.4（b）④⑤所示。

安装后效果如图9.4（c）所示。风道末端及机械设备的创建方式与之一致，就不做过多讲解了。

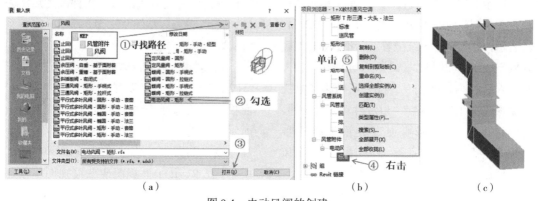

（a）　　　　　　　　　　　（b）　　　　　　　（c）

图9.4　电动风阀的创建

第10章　水管系统创建

水管系统包括空调水系统、给排水系统及雨水系统等。其中，给排水专业在学术上的全称为给水排水科学与工程，是为人们的生活、生产、市政和消防提供用水和废水排除设施的总称，是任何建筑都必不可少的重要组成部分。一般建筑物的给排水系统包括生活给水系统、生活排水系统和消防系统等。

本章以常用的给水管、管路附件的创建为例进行讲解。

10.1　给水系统的创建

本节以给水管为例讲解创建的方法。

（1）创建给水系统

在"项目浏览器"新建适用于本项目的管道系统，复制"其他"并重命名为"给水管"，如图 10.1①②③所示，单击"系统"选项卡下"卫浴和管道"面板上的"管道"命令，在"属性"面板中"机械"栏的"系统类型"项中，选择"给水管"，如图 10.1④⑤所示。

（2）给水管布管系统配置

① 单击"系统"选项卡下"卫浴和管道"面板上的"管道"命令绘制给水管，如图 10.2（a）①②所示，一般需要在绘制给水管前进行设置，添加给水管配件。

② 在"属性"面板下单击"编辑类型"，如图 10.2（a）③所示。打开"类型属性"对话框，复制并重命名为"给水管"并单击确定，如图 10.2（a）④⑤⑥所示。

图 10.1　给水系统创建

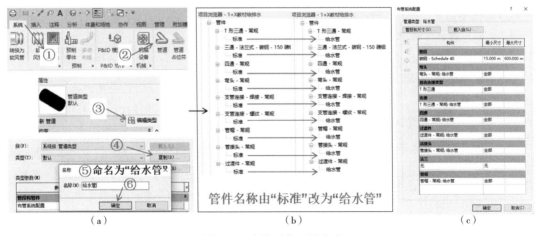

| （a） | （b） | （c） |

图 10.2　布管系统配置步骤

③ 在"项目浏览器"中找到"管件"族并打开，右击所有管件名称，由"标准"复制并重命名为"给水管"，如图10.2（b）所示。

④ 打开给水管的"类型属性"对话框，单击"布管系统配置"的"编辑"按钮，打开"布管系统配置对话框"，如图10.2（c）所示设置布管系统配置。

（3）创建给水管

单击"系统"选项卡下"卫浴和管道"面板上的"管道"命令，在"属性"面板中直接选择"给水管"，如图10.3（a）所示。在选项栏中，设置给水管的标高、直径及中间高程等水管参数，如图10.3（b）所示。在Revit平面视图或三维视图中绘制给水管，第一次单击确认给水管的起点，第二次单击确定给水管的终点。创建过程及效果如图10.2（c）①②③④⑤所示。

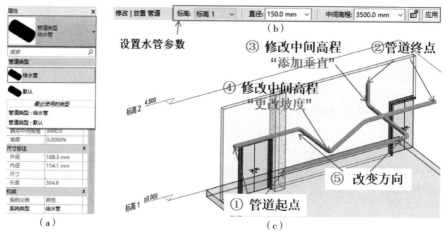

图 10.3　给水管的创建

10.2　管路附件的创建

本节以闸阀为例讲解管路附件创建的方法。

（1）管件与管路附件的区别

管件是指管道中起连接、变向、分流、密封等作用零部件的统称，它包括弯头、T形三通、Y形三通、四通、活接头以及其他类型的管件；管路附件是指能够控制或增加功能的工具，管路附件包括连接件、阀门、仪表、嵌入式热水器等。

（2）管路附件放置规则

放置管路附件时，在现有管道上方拖曳可以继承该管道的尺寸。管路附件可以在任意视图中放置，但是在平面视图和立面视图中往往更容易放置。

（3）闸阀的创建

单击"插入"选项卡中的"载入族"，在"载入族"对话框中，按"MEP" ➤ "阀门" ➤ "闸阀"路径打开并选中"闸阀-Z45型-暗杆楔式单闸板-法兰式"名称的族，单击对话框"打开"把族载入到项目中，如图10.4（a）①②③所示。打开该族后，弹出"指定类型"对话框，选择"Z45T-10-150mm"等若干类型的族并单击确定，如图10.4（a）④⑤所示。

在"项目浏览器"中按照"族" ➤ "管道附件" ➤ "闸阀"路径找到"Z45T-10-150mm"族（闸阀的公称直径应与管道一致，本例管道的公称直径为150mm）右击，并单击"创建实例"命令创建闸阀，将其放置在相应位置上，如图10.4（b）⑥⑦所示，安装后效果如图10.4（c）所示。其他管路附件的创建方式与之一致，就不做过多讲解了。

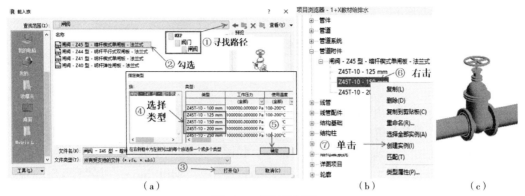

（a）   （b）   （c）

图 10.4　闸阀的创建

第11章　电气系统创建

电气专业是以电能、电气设备和电气技术为手段来创造、维持与改善限定空间的电、光、热、声环境的一门专业科学，主要功能包括：电缆桥架敷设、电气设备安装、照明系统创建三方面，这三项功能的综合简称为电气系统。

本章以常用的电缆桥架、电气设备及电气系统的创建为例进行讲解。

11.1　电缆桥架的创建

本节以槽式电缆桥架为例讲解创建的方法。

（1）电缆桥架设置

单击"系统"选项卡下"电气"面板上的"电缆桥架"命令绘制电缆桥架，如图11.1（a）①②所示。一般需要在绘制电缆桥架前进

行设置，添加电缆桥架配件。

① 单击"插入"选项卡中的"载入族"，如图11.1（b）③④所示，在"载入族"对话框中，按"MEP" ➤ "供配电" ➤ "配电设备" ➤ "电缆桥架配件"路径打开并多选所有"槽式电缆桥架××"名称的族，单击对话框"打开"把族载入到项目中，如图11.1（c）⑤⑥⑦所示。

② 单击"系统"选项卡下"电气"面板上的"电缆桥架"命令，在"属性"面板下单击"编辑类型"，打开"类型属性"对话框，在"族"选择"系统族：带配件的电缆桥架"，如图11.1（d）⑧所示，"类型"选择"槽式电缆桥架"，如图11.1（d）⑨所示，在"类型属性"对话框内"管件"一栏，依次进行设置，设置详见图11.1（d）⑩所示。

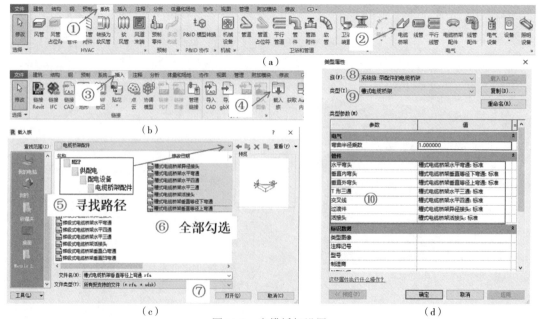

图11.1　电缆桥架设置

注：一般情况下，"垂直内弯头"项选择"槽式电缆桥架垂直等径下弯通：标准"，"垂直外弯头"项选择"槽式电缆桥架垂直等径上弯通：标准"。

（2）创建电缆桥架

单击"系统"选项卡下"电气"面板上的"电缆桥架"命令，在"属性"面板中直接选择"槽式电缆桥架"，如图 11.2

（a）①所示，在选项栏中，设置电缆桥架的宽度、高度及中间高程并单击应用，如图 11.2（b）②③所示。在 Revit 平面视图或三维视图中，按图绘制电缆桥架，第一次单击确认桥架的起点，第二次单击确定桥架的终点，创建过程及效果如图 11.2（c）④⑤⑦所示。

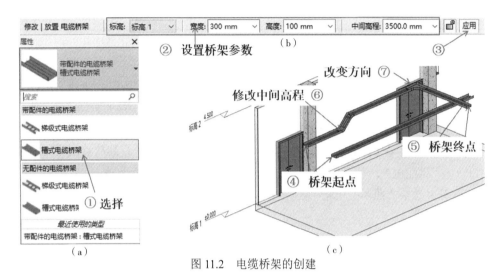

图 11.2　电缆桥架的创建

11.2　电气设备的创建

本节以照明配电箱、灯具开关及照明设备为例讲解创建的方法。

（1）电气设备的分类

Revit 软件中，"系统"选项卡内的"电气"面板，把电气设备分为三大类，分别为电气设备、通信设备及照明设备，如图 11.3 所示。

图 11.3　电气设备的分类

三类设备对应的范围见表 11.1。

表 11.1　电气设备、通信设备及照明设备对应的范围

序号	设备类型		图例	功能/举例
1	电气设备			配电盘和大型开关装置
2	通信设备	电气装置		插座、接线盒和其他电力装置
3		通信		对讲系统组件
4		数据		以太网和其他网络的连接接口
5		火警		烟雾探测器、手动报警按钮和报警器

序号	设备类型		图例	功能/举例
6		照明		照明开关，如日照传感器、占位传感器和手动开关
7	通信设备	护理呼叫		护理呼叫设备，如呼叫站、紧急救援站和门灯
8		安全		安全设备，如门锁、运动传感器和监控摄像头
9		电话		电话机插孔
10	照明设备			各类灯具，如天花板灯、壁灯和嵌入灯

> 注：在载入电气族时，所载入的族必须与该族类型的应用范围相对应，否则族将无法载入。

（2）电气设备的创建

① 照明配电箱的创建。单击"插入"选项卡中的"载入族"，在"载入族"对话框中，按"MEP"▶"供配电"▶"配电设备"▶"箱柜"路径打开并选中"照明配电箱-明装"名称的族，单击对话框"打开"把族载入到项目中，如图11.4（a）①②③所示。

按"项目浏览器"▶"族"▶"电气设备"▶"照明配电箱-明装"路径，找到"标准"族并右击，点击"创建实例"命令创建照明配电箱，按图将其放置在相应位置上，如图11.4（b）④⑤所示。

（a）　　　　　　　　　　　　　　（b）

图11.4　照明配电箱的创建

② 灯具开关、照明设备的创建。族的载入方法与电气设备相同，按"MEP"▶"供配电"▶"终端"▶"开关"路径，载入"双联开关-明装"族；按"MEP"▶"照明"▶"室内灯"▶"导轨和支架式灯具"路径，载入"双管悬挂式灯具"族。灯具开关及照明设备的创建方法与照明配电箱的创建方法类似，电气设备创建完成，效果如图11.5所示。

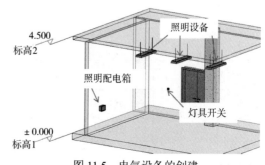

图11.5　电气设备的创建

11.3　电力系统的创建

本节以照明开关为例讲解创建的方法。

① 布置灯具及开关等电气设备，如图 11.6（a）所示。

② 设置设备参数。分别点击照明设备及灯具开关，设置一致的电气参数，在"属性"面板下单击"编辑类型"，在"类型属性"对话框"电气"参数一栏，将"开关电压"设置为 220V、"负荷分类"选择"照明"，如图 11.6（b）所示。

③ 创建电力系统。选择相同回路中所有的电气设备（包括灯具和开关），单击"创建系统"中"电力"按钮，如图 11.7（a）①②所示，电力系统创建后效果如图 11.7（b）所示。

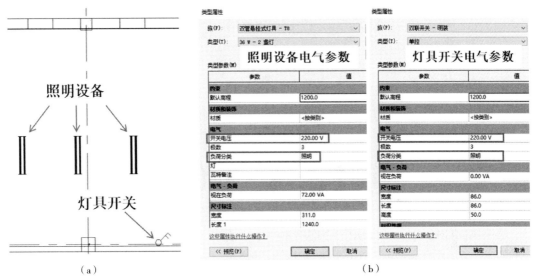

图 11.6　照明设备参数的设置

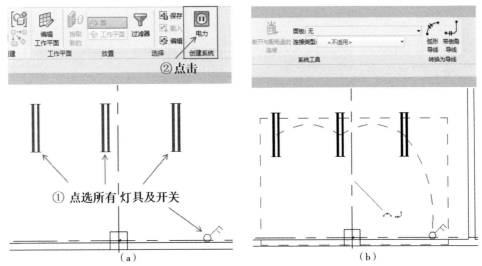

图 11.7　电力系统的创建

第4篇
专题应用

第12章 族创建

族是 Autodesk Revit 软件中一个非常重要的构成要素，所有添加到 Revit 项目的图元都是用族创建的。族是组成项目的构件，同时是参数信息的载体。一个族中各个属性对应的数值可能有不同的值，但是属性的设置方法是相同的，如"餐桌"作为族可以有不同的尺寸和材质，其设置方法是一样的。族分三类，见图 0.4。族的相关术语见表 12.1 族的基本术语。

表 12.1　族的基本术语

名称	概 念	举 例
项目	单个设计信息数据库模型，项目文件包含了建筑的所有设计信息（从几何图形到构造数据）	
类别	以建筑构件性质为基础，对建筑模型进行归类的一组图元	门、窗、柱、家具、照明设备族等
族	组成项目的构件，也是参数信息的载体	可载入族、系统族、内建族
类型	用于表示同一族的不同参数（属性）值	如"单扇平开门.rft"族包含"700×2100mm" "800×2100mm"和"900×2100mm"三种不同类型
实例	放置在项目中的实际项（单个图元）。在建筑（模型实例）或图纸（注释实例）中都有特定的位置	见图
图元	建筑模型中的单个实际项（对象），由族组成	

类别、族和类型三者关系见图 0.1。

12.1 内建族创建

内建族（模型）又称构件集。其创建通用步骤如下。

① 打开项目。

② 在功能区上，单击 ▢（内建模型），如图 12.1 中①所示，不同选项卡如下。

"建筑"选项卡 ▶ "构建"面板 ▶ "构件"下拉列表 ▶ ▢（内建模型）。

"结构"选项卡 ▶ "模型"面板 ▶ "构件"下拉列表 ▶ ▢（内建模型）。

"系统"选项卡 ▶ "模型"面板 ▶ "构件"下拉列表 ▶ ▢（内建模型）。

③ 在"族类别和族参数"对话框中，为图元选择一个类别，然后单击"确定"，如图 12.1 中②、③所示。

④ 如果选择了某个类别，则内建图元的族将在项目浏览器的该类别下显示，如图 12.1 中⑥所示，并添加到该类别的明细表中，而且还可以在该类别中控制该族的可见性。

⑤ 在"名称"对话框中，键入一个名称，并单击"确定"，如图 12.1 中④所示。族编辑器即会打开，如图 12.1 中⑤所示。

⑥ 使用族编辑器工具创建内建图元。

⑦ 完成内建图元的创建，单击完成模型，如图 12.1 中⑤所示，回到项目中。

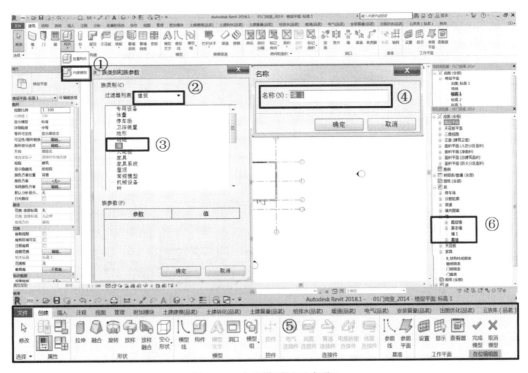

图 12.1　内建模型通用步骤 1

12.1.1　创建形状的操作

Revit 在内建模型形状工具中提供了五种创建实体的方法，并通过创建空心形状来进行布尔操作。这五种创建方式的功能见表 12.2。

表 12.2　内建模型形状创建方式

名称	概　念	示　例
拉伸	通过拉伸二维形状，来创建三维形状	见图 12.2，需注意，拉伸，轮廓必须在一个平面上，且是封闭的。程序默认垂直于轮廓所在的面拉伸

名 称	概 念	示 例
融合	将在两个平行平面上的二维形状（闭合轮廓），融合成三维形状	如图 12.3 所示，1. 启动融合，默认编辑顶部； 2. 选择工作平面为"标高 1"，建二维轮廓； 3. 选择编辑底部，设置工作平面为"标高 2"； 4. 绘制二维轮廓，单击完成编辑； 5. 新建融合模型，如步骤（e）所示
旋转	通过绕轴旋转二维轮廓，创建三维形状	如图 12.4 所示，1. 启动旋转命令； 2. 在（a）中点击边界线，绘制二维轮廓； 3. 在（a）中点击轴线，绘制旋转轴（直线）； 4. 确定
放样	通过沿路径放样二维轮廓，创建三维形状	见图 12.5
放样融合	沿路径放样融合二维形状，创建三维形状	此命令是放样和融合的结合，可参照融合和放样命令
空心形状	操作同实心形状，结果是空心形状，用来剪切实心形状	参照实心形状操作

注：上述所说的二维形状，须是封闭的轮廓，否则会提示错误，且无法生成三维形状，如图 12.6 所示。

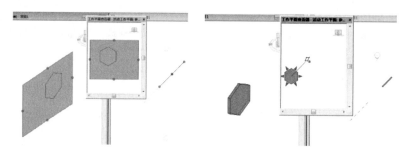

图 12.2　内建模型通用步骤 2

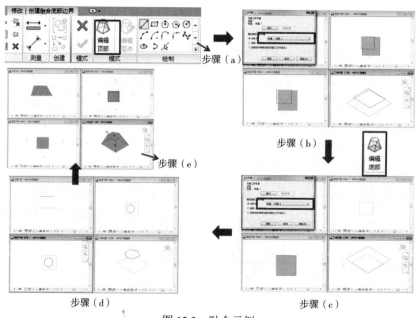

图 12.3　融合示例

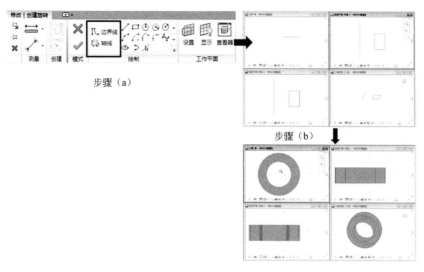

步骤（a）

步骤（b）

步骤（c）

图 12.4　旋转示例

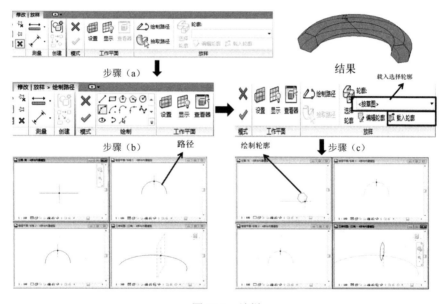

步骤（a）

结果

载入选择轮廓

步骤（b）　路径

绘制轮廓　步骤（c）

图 12.5　放样

注：放样的轮廓在生成三维图形时如自相交则无法生成放样。

图 12.6　轮廓不闭合时的错误提示

12.1.2　操作实例——U 型墩柱创建

题目：根据图 12.7 给定数据，用构件集形式创建 U 型墩柱，整体材质为混凝土，请将模型以"U 型墩柱"为文件名保存。

思路：拉伸创建实心形状，创建空心形状剪切，生成所需模型，关键是通过平立面图，想象出三维形状。所用命令：拉伸，放样，剪切。步骤如下。

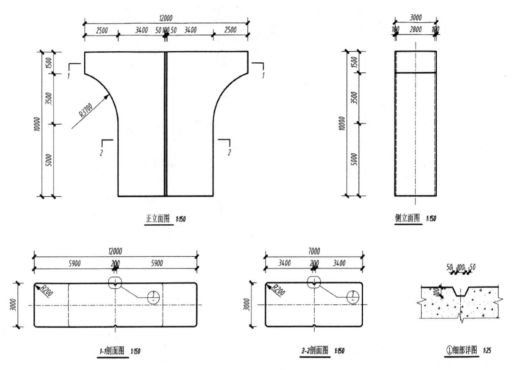

图 12.7　U 型墩柱创建实例

　　① 单击 文件 ➤ "新建" ➤ "项目文件"，选择 "建筑样板"，单击 "确定"，进入立面把标高 2 值改为 10m。

　　② 在功能区上，单击 （内建模型）：位置参见 12.1 内建族（模型），族类别选择 "柱"，名称默认或随意，如图 12.8（a）所示。

　　③ 在平面、南或北立面图创建参照平面，用于创建轮廓时的定位，如图 12.8（b）和（c）所示。

　　④ 启动拉伸命令，工作平面设置为南或北立面[在平面上拾取水平参照平面，或东立面上拾取竖向参照平面，选择打开南或北立面，如图 12.8（c）所示]，在立面绘制 1/2 拉伸轮廓，如图 12.8（d）所示。

　　⑤ 到东或西立面，调整实体的宽度和位置，如图 12.8（e）所示，或通过拉伸起点和终点控制。

　　⑥ 创建空心，剪切墩柱的角部：单击 "空心形状" 下拉列表 ➤ （空心放样），拾取路径，拾取三维边，如图 12.9（a）所示，功

能区单击 ✔（完成编辑模式）。

　　⑦ 在路径上的工作平面上创建圆角轮廓，如图 12.9（c）左所示，两次功能区单击 ✔（完成编辑模式），再单击功能区，几何图形 ➤ 剪切，完成空心对实体的剪切，如图 12.9（c）右所示。

　　⑧ 先镜像实体，再镜像空心，再用空心剪切相应的实体，结果如图 12.9（d）所示。

　　⑨ 在标高 1 平面，用实心拉伸命令创建中间凹槽，轮廓如图 12.9（e）所示，功能区单击 ✔（完成编辑模式），结果如图 12.9 所示。

　　⑩ 单击功能区，几何图形 ➤ 连接，连接中间凹槽和两边的实体成一个整体，结果如图 12.9 所示。

　　⑪ 选中所创建的所有实体，单击属性框中材质，设置为混凝土，如图 12.9（f）所示。

　　⑫ 单击功能区在位编辑器 ➤ ✔（完成模型），回到项目，按要求存盘，即可。

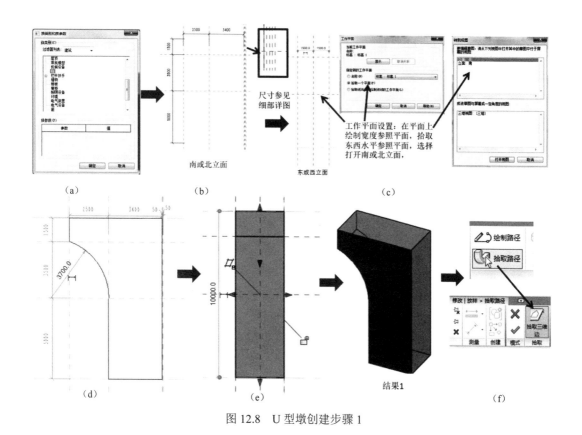

（a）   （b）   （c）

南或北立面

东或西立面

尺寸参见
细部详图

工作平面设置：在平面上
绘制宽度参照平面，拾取
东西水平参照平面，选择
打开南或北立面，

（d）   （e）   结果1   （f）

图 12.8　U 型墩创建步骤 1

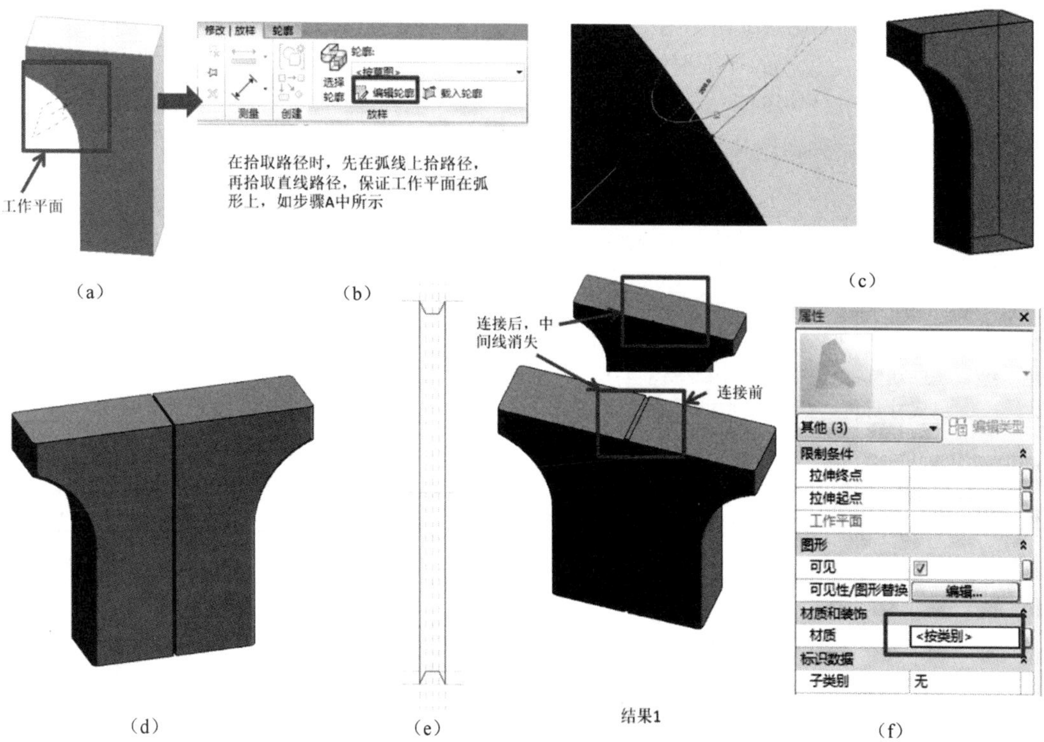

在拾取路径时，先在弧线上拾路径，
再拾取直线路径，保证工作平面在弧
形上，如步骤A中所示

工作平面

连接后，中
间线消失

连接前

（a）   （b）   （c）

（d）   （e）   结果1   （f）

图 12.9　U 型墩创建步骤 2

12.2 可载入族制作

12.2.1 基本概念

可载入族指可以被载入到项目中的族，可根据参数（属性）集的共用性、使用上的相同性或图形表示的相似性来细化分类，可通过选取不同类型的族样板来创建。根据族的使用方式，族样板主要可分为四种类型：基于主体的样板、基于线的样板、基于面的样板和独立样板，见表 12.3。

表 12.3　族样板分类

名　称	概　念	示　例
基于主体的样板	用此样板创建的族一定要依附在某一个特定建筑图元的表面上，即只有当其对应的主体存在时，才能在项目中放置基于主体的族	基于墙的样板如门窗；基于天花板的样板；基于楼板的样板；基于屋顶的样板
基于线的样板	用于使用两次拾取形式放置在项目中的族，有两种，一种是普通线性效果的基于线，一种是结合了阵列功能的基于线	基于线的公制常规模型；基于线的公制结构加强板；基于公制详图项目线
基于面的样板	用此样板创建的族必须依附于某一工作平面或实体表面（不考虑它自身的方向），不能独立地放置到项目的绘图区域	基于面的公制常规模型
独立样板	用于创建不依赖于主体的族，用此样板创建的族可以放置在项目的任何位置，不依附于任何一个工作平面或实体表面。	公制体量；公制常规模型、自适应公制常规模型；公制标高标头等

注：样板中设置了创建族时以及在项目中放置族时所需要的信息。

12.2.2 创建可载入族的步骤

通用步骤如下。

① 创建族之前，先规划族：确定族是否需要容纳多个尺寸、族在不同视图中的显示方式、是否需要主体、建模的详细程度。

② 选择相应的族样板创建一个新的族文件。

③ 定义族的子类别控制族几何图形的可见性。

④ 创建族的构架或框架：
- 定义族的原点（插入点）；
- 设置参照平面和参照线的布局有助于绘制构件几何图形；
- 添加尺寸标注以指定参数化关系；
- 标记尺寸标注，以创建类型/实例参数或二维表示；
- 测试或调整构架。

⑤ 通过指定不同的参数定义族类型的变化。

⑥ 创建几何图形，并将该几何图形约束到参照平面。

⑦ 调整参数（类型和主体），以确认构件的行为是否正确。

⑧ 重复上述步骤直到完成族几何图形。

⑨ 使用子类别和实体可见性设置指定二维和三维几何图形的显示特征。

⑩ 保存新定义的族，然后将其载入到项目进行测试。

⑪ 对于包含许多类型的大型族，创建类型目录。

下面主要以常见族的创建为例讲解族的相关内容：族样板讲解、族类别与参数设置、可见性设置、参数化和族测试。

12.2.3 门族介绍

Revit 提供了两个样板用于创建门族，见表 12.4。

表 12.4　门族

族	使用方式	说　明
公制门	基于墙的	创建普通门构件
公制门-幕墙	独立的	创建用于幕墙的门构件

本节主要以公制门为例讲解门族的制作。

（1）门族参数说明

公制门样板中的预设参数设置和简要说明见表 12.5。

表 12.5　公制门样板的预设参数和简要说明

参　　数	值（默认）	作　　用
功能（类型）	内部	定义门的功能："内门"（内部）、"外门"（外部），如图 12.10（a）所示
高度（类型）	2000	定义门的基本参数，如图 12.10（b）所示
宽度（类型）	1000	
框架投影外部	25	定义预设构件基本参数，如图 12.10（c）所示
框架投影内部	25	
框架宽度	75	

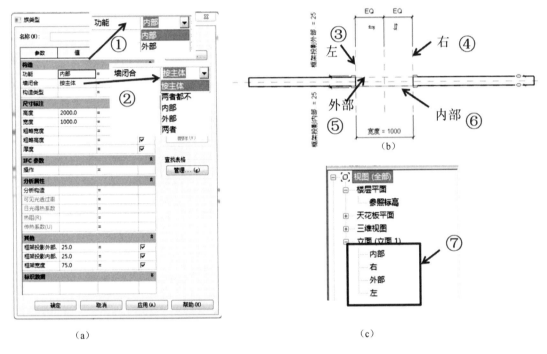

图 12.10　公制门参数示意

（2）预设构件

该样板是"基于墙的"样板，样板中预设了主体图元"墙"，并添加了"洞口"。同时，为方便创建，样板中还预设了门的常用构件"框架"。预设的主体墙的厚度为150mm，实际创建中，可根据需要调整其厚度。选中墙，单击"属性"选项板 ▶ "编辑类型"，在打开的"类型属性"对话框中，在"构造" ▶ 结构 ▶ 编辑中修改墙厚度。

（3）预设参照平面

样板默认视图中预设了多条参照平面，如图 12.10（b）所示。参照平面（左、右）用于定义洞口宽度，参照平面（内部、外部）用于定义墙的内外边界。不可随意删除这些参照平面，它们确保门族加载到项目中后与主体墙的定位关系。并且，在创建门族的几何图形时，可以通过它们建立门族与洞口和墙的联系，从而保证门族的正常使用。

（4）视图名称

样板中默认修改了视图名称为"内部"立面视图和"外部"立面视图（一般为前视图和后视图），并与平面图中的标注相统一，如此设置便于用户更容易地确定门的内外方向，如图 12.10（c）所示。

（5）其他

参数"墙闭合"，定义开洞后墙体的面层包络位置。

12.2.4 门族创建实例

例：创建双扇门，门芯镶嵌玻璃，如图12.11所示。尺寸：门框架 50mm×90mm，距墙外部边 20mm，门嵌板 40mm 厚，居门框架中间，玻璃 10mm 厚居中，长 900mm，距上、左、右尺寸为 120mm。要求门宽度和高度要参数化，初始可自定，但要合理。

步骤如下。

12.2.4.1 规划与构思

如图 12.11 所示，门由贴面、门框架、嵌板和把手四个主要部分组成。采用参数化建模：门宽度、高度、材质均设为参数，门把手

为嵌套族，主体为墙，平立面显示设置按制图规范。

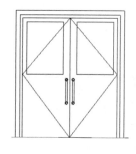

图 12.11　门立面与三维

12.2.4.2 设置门族可见性

选择族样板"公制门"，把手为嵌套族（载入提前做好的族），平立面表达按制图规范要求——通过符号线、族图元的可见性设置控制详细程度，如图 12.12 所示。

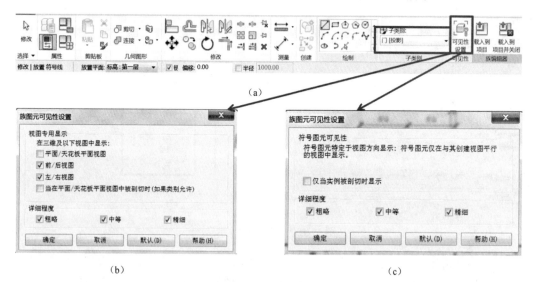

（a）

（b）　　　　　　　　　　　（c）

图 12.12　平立面表达与可见性设置

12.2.4.3 几何图形的创建

（1）建参照线

定位框架（平面）与门嵌板尺寸（立面），如图 12.13 所示。

（2）拉伸（放样）创建框架

① 启动拉伸命令。

② 选择框架中心参照平面，打开内部或外部立面视图，绘制封闭轮廓，如图12.14（a）所示。

③ 在属性栏设置拉伸起点为-45，终点为

45，或在左或右立面视图调整，如图 12.14（b）所示。

④ 或采用放样，在立面上绘制路径，如图 12.14（c）所示，在平面上绘制轮廓如图 12.14（d）所示。

（3）拉伸创建门嵌板、嵌板玻璃

操作过程如图 12.15 所示。

① 为框架中线的参照平面命名为：门框中线。

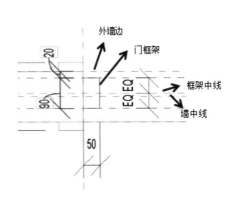
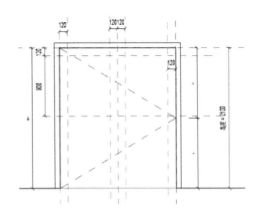

图 12.13　门族参照平面

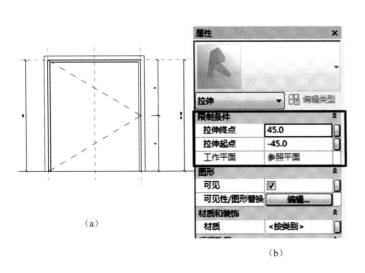

（a）

（b）

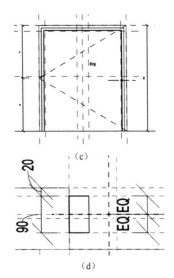

（c）

（d）

图 12.14　拉伸创建门族框架

② 在设置中选择门框中线，打开内或外立面均可。

③ 绘制轮廓，如图 12.15（a）和（b）所示。

④ 设置拉伸终点和起点值，如图 12.15（c）和（d）所示。

⑤ 用修改面板中的镜像命令，复制另外一半。

（4）插入并调整门把手

插入已建好的门把手，并调整位置，过程如下。

① 把手族创建（略）。

② 通过插入，载入建好的把手族，如图 12.16（a）～（c）所示。

③ 在项目浏览器中找到载入的把手族，拖到项目中，如图 12.16（d）所示。

④ 在平面、立面上通过参照平面调整好把手的位置，如图 12.16（e）和（f）所示。

⑤ 选择调好平立面位置的把手，如图 12.17（a）所示。

⑥ 在属性栏中点击编辑类型。

⑦ 在类型属性对话框中，修改面板厚度为门板厚度 40mm，如图 12.17（b）所示，确定，把手调整结果如图 12.17（c）所示。

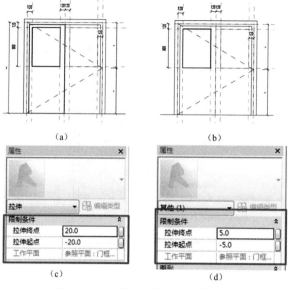

图 12.15　门嵌板及嵌板玻璃的创建

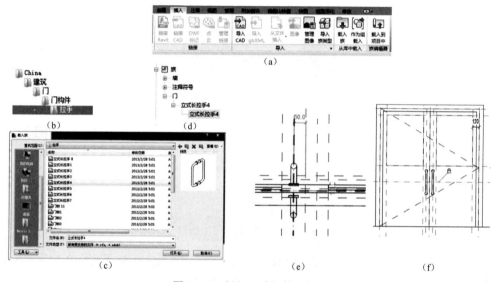

图 12.16　插入已建好的门把手

图 12.17　调整插入的门把手位置

12.2.4.4 平面表达创建

平面表达创建的过程如图 12.18 所示。

① 注释 ➤ 详图 ➤ 符号线，绘制门的开启线，如图 12.18（a）所示，并设置其子类别为平面打开方向"截面"，如图 12.18（b）所示。

② 选中门框、把手等不需在平面图中显示的构件，单击属性栏 ➤ 可见性/图形替换右侧的编辑，如图 12.18（c）所示。

③ 在族图元可见性设置对话框中设置在哪些视图中显示及以何种详细程度显示，如图 12.18（d）所示。

12.2.4.5 门立面表达创建与设置

操作过程如图 12.19 所示。

① 打开立面，删除原来的开启线，绘制新的开启线，如图 12.19（a）所示，并设置子类别为"立面打开方向"投影。

② 选中把手等不需在立面图中显示的构件，单击属性栏可见性/图形替换右侧的编辑，在族图元可见性设置对话框中设置在哪些视图中显示，及以何种详细程度显示，如图 12.19（b）所示。

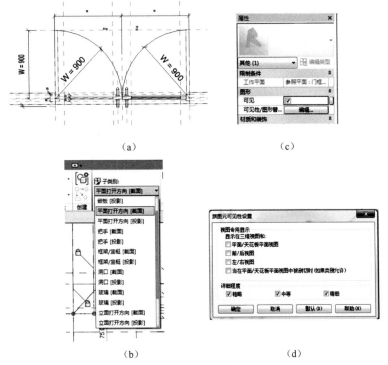

图 12.18　门平面表达创建与设置

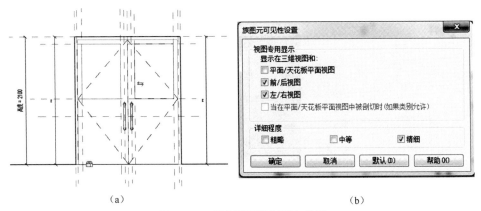

图 12.19　门立面表达创建与设置

12.2.4.6 材质参数的设置

操作过程如图 12.20 所示。

① 选中要设置材质的构件，点击属性栏，材质，<按类别>，则进入材质浏览器，设置所选构件的材质。

② 单击按类别右侧的方框，如图 12.20（a）②所示，进入关系族参数添加对话框。

③ 单击添加参数如图 12.20（b）③所示，进入参数属性对话框，添加门芯材质参数，如图 12.20（c）④所示。

④ 在属性面板，族类型中可给参数"门芯材质"赋值，如图 12.20（d）所示。

12.2.4.7 载入项目中测试

操作过程如图 12.21 所示。

① 载入项目中，插入墙中。

② 打开平面，如图 12.21（a）所示，左为没有设置可见性，右为按要求设置可见性。

③ 打开立面，调整显示详细程度，在粗略与中等，没有显示把手，如图 12.21（b）所示，在详细中显示把手，如图 12.21（c）所示。

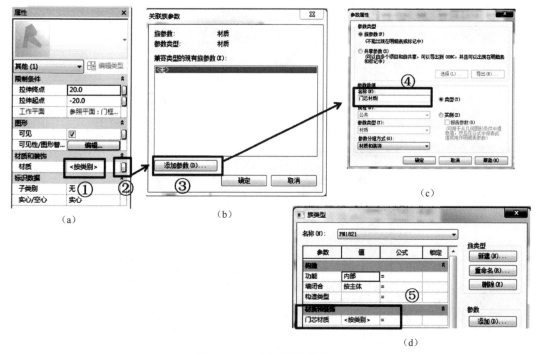

图 12.20 门材质参数的添加

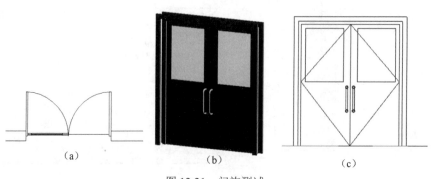

图 12.21 门族测试

12.2.4.8 实现门的开启角度的变化

要在项目中实现门的开启角度发生变化，其创建思路是通过参照线驱动角度的变化，要旋转的模型放在参照线所确定的工作平面上，见图 12.22，其他步骤可参照上述门的创建。

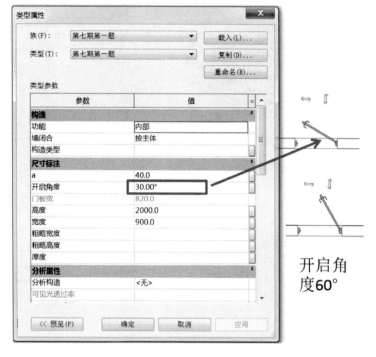

图 12.22　门的开启角度的变化

12.2.5　窗族介绍与创建实例

窗族的创建思路、流程和具体步骤和门族基本相似，在此仅对窗族创建中的一些特殊设置和需要特别注意的要点进行说明。

（1）选择族样板

窗族样板有"带贴面公制窗"和"公制窗"两种。两者的区别在于：前者提供了窗的贴面构件以及相关参数。

（2）设置族类型、族参数与子类别

设置参见门族。窗族中"默认窗台高度"参数是指：窗族第一次载入项目文件并被调用时的默认高度。当在项目文件中需要改变窗构件的窗台高度时，这个族类型参数将不再起作用。如果要改变，选取绘图区域内的窗构件，在"属性"对话框中选取"默认窗台高度"参数进行修改。

（3）创建把手嵌套族

建议用"基于面的常规模型"族样板，这样在载入主体族时，可以非常便捷地附着在合适的窗框架上。在把手几何形状创建完成后，将族类型改为"窗"，确保把手的子类别可以与主体族的子类别设置相一致。

12.2.6　家具族创建讲解与实例

家具族包括单个家具（公制家具样板）与组合家具（公制家具系统样板），本节以单人沙发创建为例，讲解单个家具的创建，并以创建组合沙发加茶几为例讲解组合家具的创建。

12.2.6.1　单人沙发的创建

例：单人沙发的尺寸和三维形状如图 12.23 所示，尺寸不可变，靠背、坐垫和沙发腿材质可变，创建思路、流程和具体步骤可参照门窗族。操作过程如下。

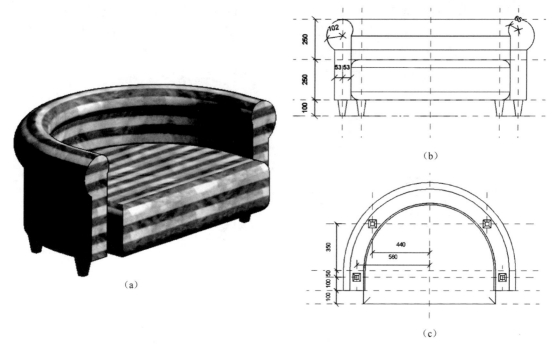

图 12.23 单人沙发形状及尺寸

（1）构思

尺寸按图示尺寸，无须设置参数，对靠背、坐垫和沙发腿的材质设置材质参数，插入点为模板默认的参照平面的交点。

（2）选择族样板

单击文件 ➤ "新建" ➤ "族"，选择"公制家具"族样板，如图 12.24 所示。

（3）定义原点

选择样板中的两个默认的参照平面，确保属性栏中的定义原点勾选，如图 12.25 所示。

图 12.24 族样板的选择

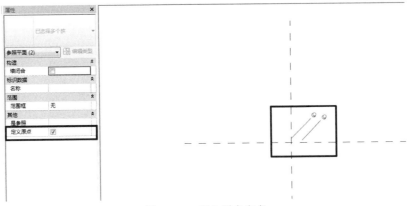

图 12.25　插入原点定义

（4）设置族类型和基本族参数

① 属性面板打开族类型对话框。

② 命名族类型如图 12.26（a）①~③所示。

③ 添加族材质参数，如图 12.26（b）所示。

④ 结果如图 12.26（c）所示。

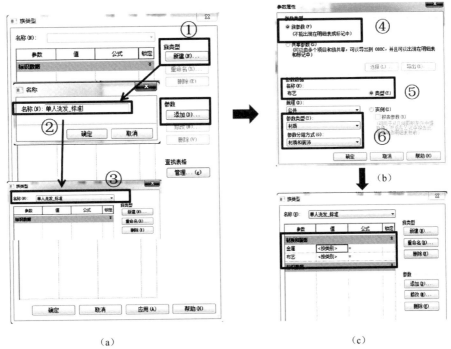

（a）　　　　　　　　　　　　　　　　（c）

图 12.26　沙发族类型与材质参数定义

（5）创建几何形状

① 创建参照平面：在平面与前立面上创建参照平面，如图 12.27（a）和（b）所示。

② 放样创建沙发靠背：启动放样命令，在参照标高视图中绘制放样路径，如图 12.28（a）所示；在前立面视图绘制轮廓（封闭），如图 12.28（b）所示；结果如图 12.28（c）所示。

③ 沙发腿创建——融合、复制：启动融合命令，在参照标高上创建桌腿的底平面 30mm×30mm 的方形，如图 12.29（a）和（b）所示；单击功能区编辑编辑底部切换到顶部编辑状态，在距地面 100mm 高的平面上创建 60mm×60mm 的方形，如图 12.29（c）和（d）所示；单击完✔成编辑模式。

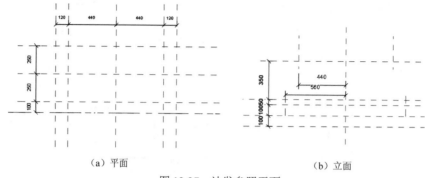

（a）平面　　　　　　　　　　　　　　（b）立面

图 12.27　沙发参照平面

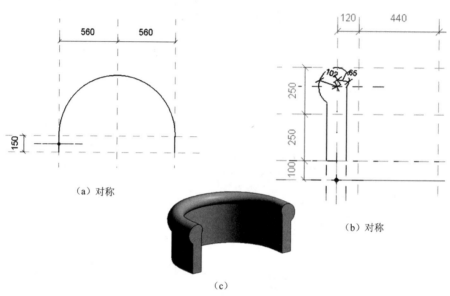

（a）对称

（b）对称

（c）

图 12.28　放样创建沙发靠背

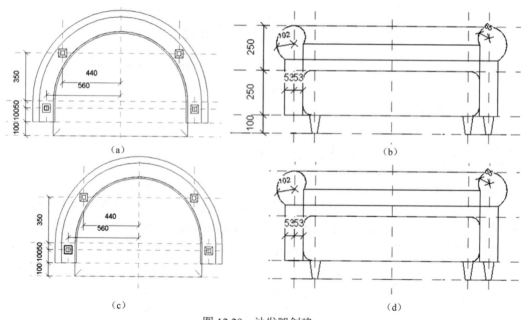

（a）　　　　　　　　　　　　　　　　　（b）

（c）　　　　　　　　　　　　　　　　　（d）

图 12.29　沙发腿创建

（6）关联材质参数

过程如图 12.30 所示。选中要添加材质关联参数的构件如靠背，如图 12.30（a）所示，单击实例属性中"关联材质参数"。在关联参数对话框中单击：添加参数，进入参数属性对话框，如图 12.30（b）～（d）所示。在分别添加类型参数"布艺"和"金属"，分组方式为"材质和装饰"，如图 12.30（d）③和④所示。

（7）添加控件

单击创建中的控件，如图 12.31（a）所示。单击控制点类型中的双向垂直，如图 12.31（b）所示。打开平面视图，在相应位置放置，如图 12.31（c）所示。

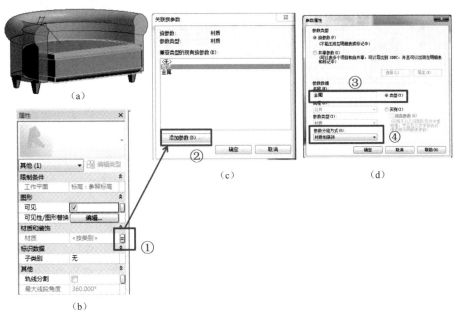

图 12.30 沙发材质参数关联

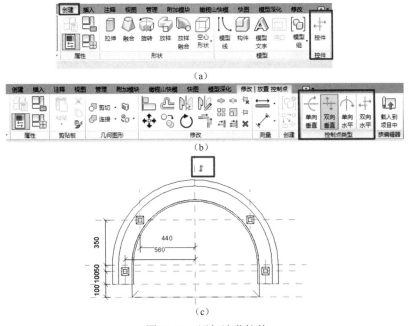

图 12.31 添加沙发控件

12.2.6.2　组合家具的创建

本节只讲述如何利用创建好的沙发和茶几在项目中布置不同的组合方式，例题中只讲述了两种方案，超过两种时，可参照执行，如图 12.32 所示。

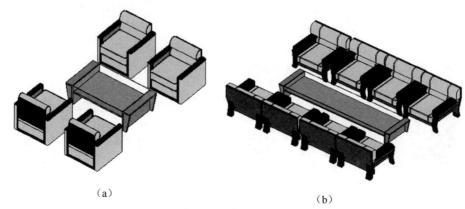

（a）　　　　　　　　　　　（b）

图 12.32　家具组合方案

① 创建目标和构思：创建由单人沙发和茶几的组合，组合方案有两种：2 个沙发和茶几，如图 12.32（a）所示，4 个沙发和茶几，如图 12.32（b）所示。茶几的尺寸随组合方案而变化，沙发和茶几的材质在项目中均可调。

② 新建族，选择族样板为"公制家具系统"。沙发和茶几的创建略，本例直接插入已创建好的茶几和沙发族，方法：单击"插入"选项卡▶"从库中载入"面板▶ ⬇（载入族）。

③ 创建参数，新建族类型参数：沙发×2，沙发×4；新建参数，S*2 和 S*4，类型是否，分组可见性；新建参数，茶几宽、茶几长、茶几高，并设置初始值，勾选锁定，参数类型长度，分组尺寸标注，如图 12.33 所示。

④ 在参照平面上创建参照平面，用于定位沙发和茶几的位置，如图 12.34（a）所示，摆放沙发与茶几，如图 12.34（b）和（c）所示，并与参照平面锁定。

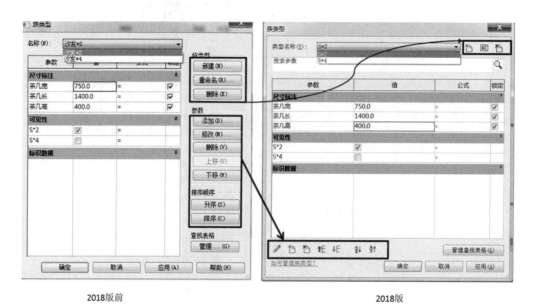

2018版前　　　　　　　　　　　2018版

图 12.33　家具系统参数设置

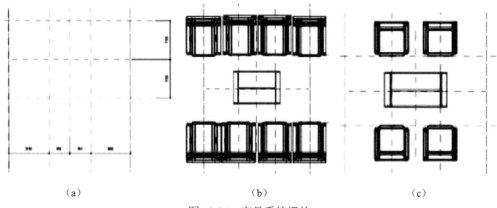

（a）　　　　　　　　　　（b）　　　　　　　　　　（c）

图 12.34　家具系统摆放

⑤ 建立沙发参数关联：选中如图所示沙发，如图 12.35（a）所示，点击属性栏中"可见"后面的按钮"关联族参数"，如图 12.35（b）所示，选择 S*2 参数，如图 12.35（c）所示。

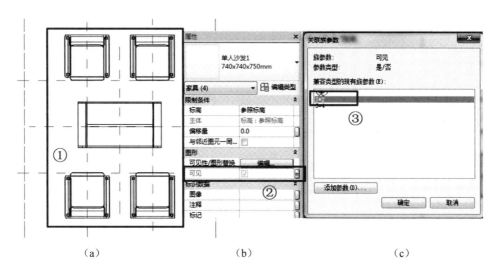

（a）　　　　　　　　　　（b）　　　　　　　　　　（c）

图 12.35　S*2 沙发关联

⑥ 建立茶几参数关联：选中项目中沙发，点击属性栏中的类型编辑，在打开的类型编辑对话框中，单击打开茶几的尺寸旁边的：关联族参数，在打开的关联族参数对话框，选择相应的参数进行关联，茶几长对应宽度，茶几宽对应深度，茶几高对应高度，如图 12.36 所示。

⑦ 重复第④步，建立 S*4 与另外八个沙发的关联。

⑧ 把创建好的族载入到项目中，通过放置构件，或直接从项目浏览器中插入到项目，可以选中插入的家具系统，在属性栏中选择相应的类型进行切换，如图 12.37 所示。

12.2.7　注释族创建讲解与实例

在项目中，注释符号族可以自动提取模型中的参数信息，自动创建构件标记注释。同时，注释族会随着视图比例变化而成比例地变化，从而保证了同一种符号在不同规格的图纸中的外观尺寸是一致的。在 Revit 族库中，注释族可分为两大类："标记"和"符号"。区别在于，标记可以标识图元的属性；而符号与被标识图元的属性无关，仅为独立的图形。其样板具体如表 12.6 所示。

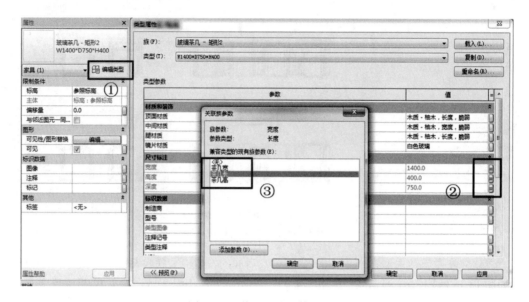

图 12.36 茶几尺寸参数的关联

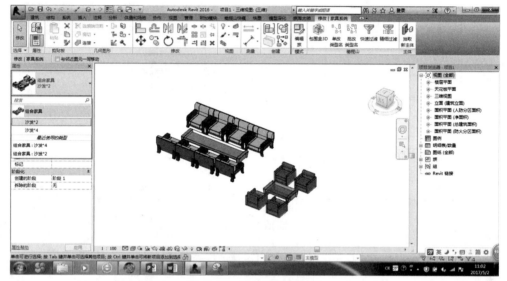

图 12.37 家具系统的测试

表 12.6 注释族分类及样板

种类	族 样 板	种类	族 样 板
注释	公制常规注释		公制标高标头
标记	公制常规标记、公制数据设备标记	标头	公制剖面标头
	公制立面标记指针、公制立面标记主体		公制轴网标头
	公制门标记、公制窗标记		公制详图索引标头
	公制房间标记、公制多类别标记	符号	公制详图索引标头
	公制电话设备标记、公制电气设备标记	标题	公制视图标题
	公制电气装置标记、公制火警设备标记		

注: 1. 注释族均为二维族,样板中没有提供立面和三维视图,也不支持三维建模工具。

2. 某些样板中预设了详图线和"注意"文字。

3. 详图线有助于确定族的位置、方向、长度等。

4. "注意"有助于了解该样板的基本用法,在创建前将其删除。

本节以公制门标记制作为例讲解注释族的创建。步骤如下。

① 单击文件 ➤ "新建" ➤ 族 ➤ "注释" ➤ 公制门标记，如图 12.38（a）所示。

② 在"族编辑器"中，单击"创建"选项卡 ➤ "文字"面板 ➤ ⒜ A（标签），如图 12.38（b）所示，在参照平面交点附近，单击鼠标，

打开编辑标签对话框，如图 12.38（c）所示。

③ 高亮显示"类别参数"窗口中的参数，单击 ⬅ （添加参数）可以将其移入"标签参数"窗口中。

④ 高亮显示"标签参数"窗口中的参数，单击 ➡ （删除参数）可以将其移入"类别参数"窗口中。

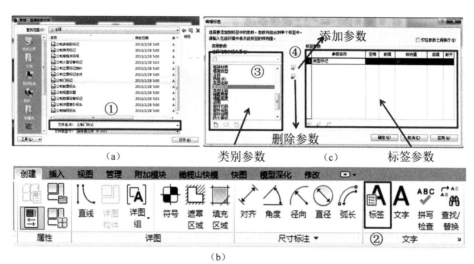

图 12.38 公制门标记制作

12.2.8 轮廓族创建讲解与实例

轮廓族可用来生成几何图形的二维闭合

形状，可以单独或组合使用。可同时应用于项目环境或标准族编辑器中。Autodest Revit 共提供了 6 个样板用于创建轮廓族，见表 12.7。

表 12.7 轮廓族样板

族 样 板	说　明
公制轮廓	用于创建在项目文件中进行主体放样的所有轮廓族
公制轮廓-分割缝	用于创建在项目文件中进行主体放样（墙分隔缝）的轮廓族
公制轮廓-扶栏	用于创建在项目设置扶手族的轮廓
公制轮廓-楼梯前缘	用于创建在项目文件中进行楼梯族的踏板前缘的设置
公制轮廓-竖梃	用于创建在项目文件中设置幕墙竖梃的轮廓族
公制轮廓-主体	用于创建在项目文件中进行主体放样（墙饰条、屋顶封檐带、屋顶檐槽、楼板边缘）的轮廓族

本节以公制轮廓——主体族为例，讲解轮廓族的制作。创建基于楼板边缘生成的楼梯，步骤如下。

① 单击 文件 ➤ "新建" ➤ 族 ➤ 选择"公制轮廓-主体"族样板，默认设置如图 12.39（a）所示。

② 创建 ➤ 详图 ➤ 直线，按要求绘制台阶

的截面轮廓，如图 12.39（b）所示。

③ 创建 ➤ 族类别和族参数，设置轮廓用途为楼板边缘，如图 12.39（c）所示，存为台阶。

④ 载入到项目中，绘制楼板，再选择楼板边缘，选择相应的边，结果如图 12.39（d）所示。

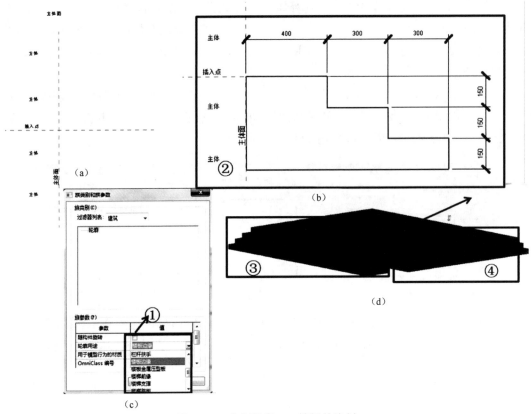

图 12.39　公制轮廓——楼板前缘制

12.2.9　参数化介绍

Revit 通过参数化，提高其方便性和高效性，其参数的类型和概念如表 12.8 所示。本节将对软件中常用的参数作简单介绍。

表 12.8　参数类型表

参数类型	说　明	示　例
项目参数	项目参数是定义后添加到多类别图元中的信息容器，特定于某个项目文件	可用于在项目中创建明细表、排序和过滤
族参数	族参数控制族的变量值，例如，尺寸或材质，它们特定于族。如将主体族中的参数关联到嵌套族中的参数，族参数也可用于控制嵌套族中的参数	族参数（例如"宽度"和"高度"）也可以在门族中用于控制不同门类型的尺寸
共享参数	共享参数是可以添加到族或项目中的参数定义，共享参数定义保存在与任何族文件或 Revit 项目都不相关的文件，这样可以从其他族或项目中访问此文件	如果需要标记一个族或项目中的参数或将其添加到明细表中，则该参数必须共享并载入到该项目（或图元族）以及标记族中。 当同时为两个不同族的图元创建明细表时，可使用共享参数。例如，如果需要创建两个不同的"独立基础"族，并且需要将这两个族的"厚度"参数添加到明细表的同一列中，此时"厚度"参数必须是在这两个"独立基础"族中载入的共享参数
全局参数	全局参数特定于单个项目文件，但未指定给类别。全局参数可以是简单值、来自表达式的值或使用其他全局参数从模型获取的值。 可使用全局参数值来驱动和报告值（只读值）	全局参数可以相同的值指定给多个尺寸标注。还可以通过另一图元的尺寸设定某个图元的位置。例如，可以驱动梁驱动（参数）以使梁始终偏离其所支撑的楼板。如果楼板设计更改，梁会相应地响应

12.2.9.1 项目参数

下面以墙体参数创建为例讲解项目参数的创建。软件采用了 Revit2023 版本为例进行的介绍，和以前的版本只在局部界面略有不同，其操作方法基本相同。

① 单击"管理"选项卡 ➤ "设置"面板 ➤ ⬛ （项目参数）。

② 在"项目参数"对话框中，单击新建参数 🗋 ，如图 12.40（a）所示。

> 注：Revit2023 以前版本为 添加(A)... （"添加…"）。

③ （如果要修改现有参数）在"项目参数"对话框中，选择要修改的参数，单击"修改"。

④ 在参数属性对话框中选择项目参数，输入参数名称，选择参数属性，参数类别选择墙，如图 12-40（b）所示。

⑤ 单击确定，新创建的项目参数显示在项目参数栏中，如图 12-40（a）所示，参数为："施工队"。

⑥ 在项目中，选中墙，在属性中标识数据——施工队中输入相应施工单位名称，如图 12-41 所示。

用户可根据需要，添加所需的项目参数。

（a）

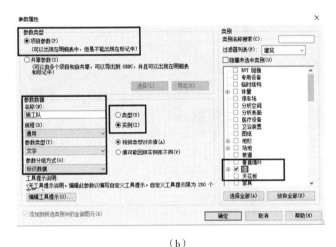
（b）

图 12.40　创建项目参数

> 注：类型参数要在类型属性中进行修改，因为其影响到这个族类型的值；实例参数是在实例属性栏中修改，只影响所选中修改的实例。

12.2.9.2　族参数

族参数控制族的变量值，例如，尺寸或材质。前面门窗和家具族所讲的材质参数的设置就属于族参数，用户可参见前面所述，本节以尺寸参数驱动为例讲解族参数的创建。尺寸驱动的原理是：通过驱动参照平面/参照线，把要驱动的形体与参照平面/参照线锁定在一起，下面以立方体的长、宽、高的驱动为例讲解。

① 新建族，本节选择常规模型族样板，创建参照平面并标注尺寸，如图 12.42（a）和（b）所示。

② 选择要设置参数的尺寸标高，创建参数，如图 12.43（a）所示。

③ 在弹出的参数属性对话框中输入名称，选择参数类型，如图 12.43（c）和（d）所示。本例为了比较长宽高，分别设置了实例和类型参数，实际中通常为同一类型参数；设置好的结果如图 12.43（b）所示。

④ 创建拉伸时，立方体的三个边分别与相应的参照平面锁定，如图 12.44（a）和（b）所示。

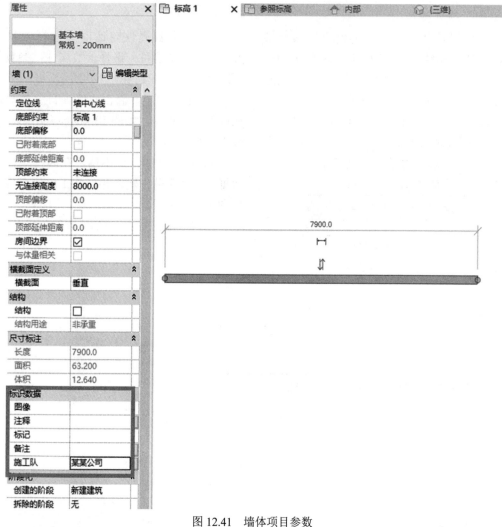

图 12.41　墙体项目参数

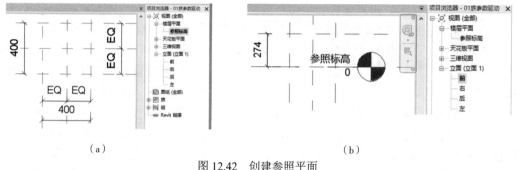

（a）　　　　　　　　　　　　　　　（b）

图 12.42　创建参照平面

⑤ 在族创建时，可通过在族类型中查看和修改参数值，以检查驱动效果，如图 12.45（a）所示。

⑥ 载入到项目中，选择相应的族。如是实例参数，可在实例属性栏中修改，如图 12.45（b）所示；如是类型参数，可在类型属性中修改，如图 12.45（c）所示。

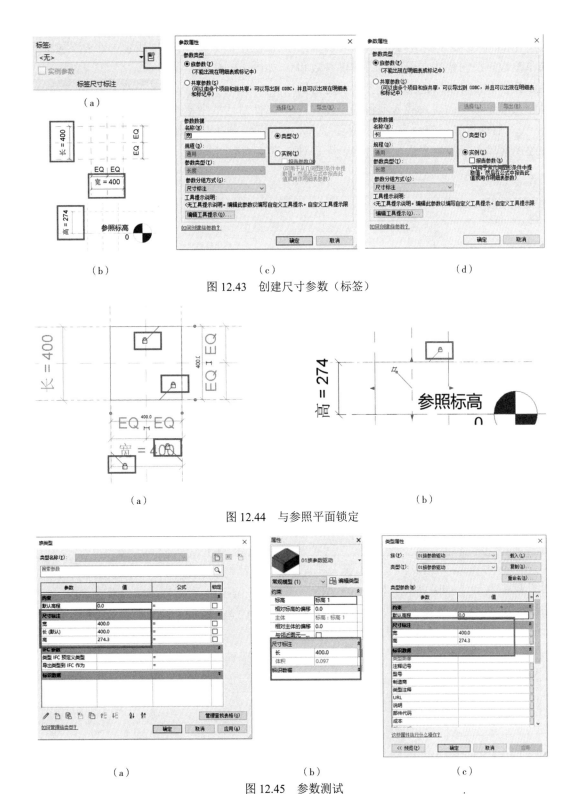

图 12.43　创建尺寸参数（标签）

图 12.44　与参照平面锁定

图 12.45　参数测试

12.2.9.3　共享参数的创建

共享参数是可以添加到族或项目中的参数定义，共享参数定义保存在与任何族文件或与 Revit 项目都不相关的文件，这样可以从其他族或项目中访问此文件。在项目参数定义［如图 12.40（b）所示］中和族参数定义［如图 12.43（c）所示］中都可以选择共享参数，来创建独立于项目的项目参数和族参数。下面将以标题栏标签参数创建为例讲解共享参数的创建及载入项目的步骤。

① 启动标签创建命令，选择标签类型，在绘图区单击标签位置后，弹出编辑标签对话框，如图 12.46（a）所示；单击添加参数，如图 12.46（a）①所示。

② 创建共享参数文件：在弹出的参数属性对话框中单击选择，如图 12.46（b）②所示，弹出是否现在选择共享参数文件对话框，如图 12.46（a）③所示，单击"是"。

（a） （b）

图 12.46　创建/指定共享参数文件 1

③ 创建共享参数文件：在弹出的编辑共享参数文件对话框中，单击创建，图 12.47（a）所示，在弹出的对话框中，选择文件放置的路径并输入所创建的参数文件名称，如图 12.47（b）所示。

> 注：如要打开已创建的共享参数文件，单击图 12.47（a）所示创建左边的浏览，在弹出的对话框中选择相应的共享参数文件，打开即可。

④ 单击图 12.47（b）中的保存后，则回到图 12.47（a）界面，如图 12.48（a）所示，此时参数组所属的按钮则为可点击状态，单击组中的"新建…"如图 12.48（a）①所示。

⑤ 创建参数组与参数：在新参数组对话框中输入参数组名称，如图 12.48（a）②所示，单击确定，则创建了新的参数组，如图 12.48（a）③所示。

⑥ 在参数中单击"新建…"如图 12.48（b）①所示，在弹出的参数属性对话框中输入参数名称，选择相应规程和参数类型，如图 12.48（b）②所示。

⑦ 按需创建相应的参数，如图 12.48（c）①和②所示。如需创建新的参数分组，则按如图 12.48（a）①②③所示步骤创建。

（a）

（b）

图 12.47　创建/指定共享参数文件 2

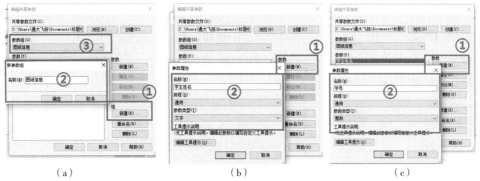

图 12.48 创建参数组及创建参数

⑧ 单击图 12.49（a）①添加参数，单击图 12.49（b）②中选择，切换参数分组，如图 12.49（a）③所示。

⑨ 在参数栏中选择相应的参数，如图 12.49（a）④所示，单击确定，如图 12.49

（a）④所示，再单击图 12.49（b）中的"确定"，结果如图 12.49（a）⑥所示。

⑩ 重复上述过程，可把相应的共享参数添加到图 12.46（a）[或图 12.49（a）] 标签栏中，依次创建和添加相应的标签。

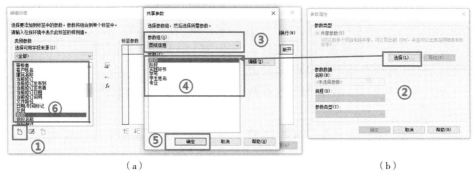

图 12.49 添加创建的共享参数

⑪ 把图框载入到项目中，创建图纸，添加前面创建的共享参数到项目中：单击项目参数，如图 12.50（a）①所示。新建项目

参数，如图 12.50（b）②所示。在参数属性对话框中选择共享参数，单击选择，如图 12.50（c）所示。

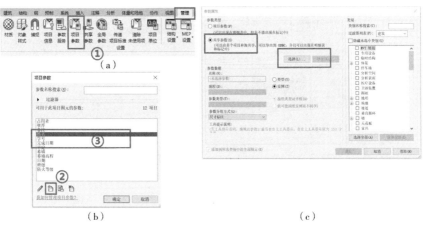

图 12.50 共享参数添加到项目中

⑫添加共享参数到项目中：选择参数分组与相应的参数，如图 12.51（a）所示，选实例参数，给添加的参数选择参数分组，设置参数类型，如图 12.51（b）①②③所示。

⑬重复上述步骤，添加姓名、班级、学号和日期，结果如图 12.51（c）所示，如需添加其他参数，重复相应步骤。

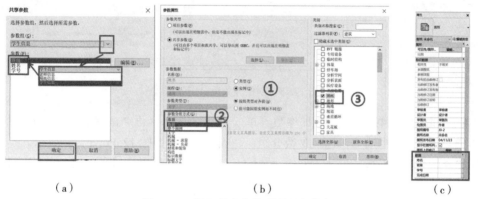

（a）　　　　　　　　　　　　（b）　　　　　　　　　　　　（c）

图 12.51　添加共享参数到项目参数中

12.2.9.4　全局参数的创建

全局参数特定于单个项目文件，但未指定给类别。全局参数可以是简单值、来自表达式的值或使用其他全局参数从模型获取的值。下面轴网间距控制为例讲解全局参数的创建和应用。

① 启动全局参数创建命令，如图 12.52（a）所示。

② 单击新建，如图 12.52（c）①所示，启动全局参数属性对话框，如图 12.52（b）所示。

③ 输入全局参数名称，选择规程、参数类型、参数分组方式，如图 12.52（b）所示，单击确定，则创建了相应的全局参数，如图 12.52（c）所示。

④ 重复上述步骤，创建了尺寸标注 a、b、c 的参数并设置相应的初始值，如图 12.52（c）②所示。

⑤ 创建轴网并进行尺寸标注，如图 12.53①所示，选中相应的轴网尺寸标注，在标签中选择所需的全局参数值，如图 12.53②所示。

⑥ 指定全局参数后，也可在图 12.52（c）②所示中更改参数值，从而改变轴网间距。

（a）

（b）

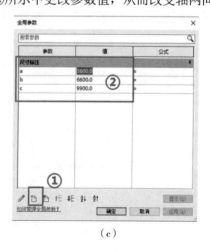

（c）

图 12.52　全局参数创建

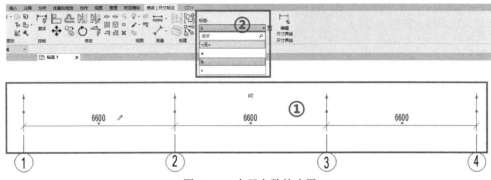

图 12.53　全局参数的应用

12.2.10　图框（标题）族创建讲解与实例

图框在 Revit 中也叫标题栏，属于二维族，难点在于标签与共享参数的创建。下面以 2 号图框制作为例讲解其制作步骤和要点。

① 和其他族制作一样选择族样板，打开，如图 12.54（a）所示。

② 单击"管理"选项卡 ► "设置"面板 ► （对象样式），打开对象样式对话框，创建图框线样式如图 12.55①②③所示。

③ 单击"创建"选项卡 ► "详图"面板 ► （线），按图 12.54（b）所示绘制图框线，结果如图 12.55（b）所示。

④ 下面创建如图 12.56（a）所示标题栏。单击"创建"选项卡 ► "文字"面板 ► **A**（文字）创建标题栏文字，如图 12.57（a）①所示，设置文字类型及相应参数如图 12.57（b）所示，在绘图区域创建相应文字，结果如图 12.56（a）②所示。

（a）

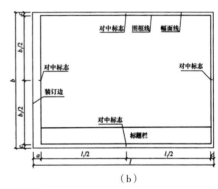

（b）

图 12.54　标题栏族样板选择

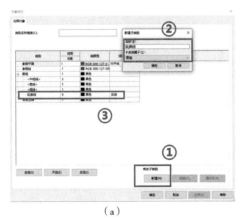

（a）

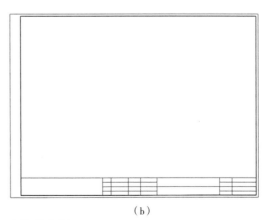

（b）

图 12.55　图框线绘制

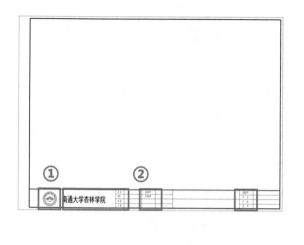

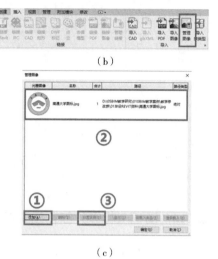

（a）

（b）

（c）

图 12.56　标题栏图像

⑤ 单击"插入"选项卡 ▶ "导入"面板 ▶ （管理图像）如图 12.56（b）所示，单击图 12.56（c）①添加，选择相应图片，添加所选图片到管理图像对话框，如图 12.56（c）②所示。

⑥ 选择图 12.56（c）②中的图片，单击图 12.56（c）③放置实例，则在绘图区合适位置放置图片，并调整大小，如图 12.56（a）①所示。

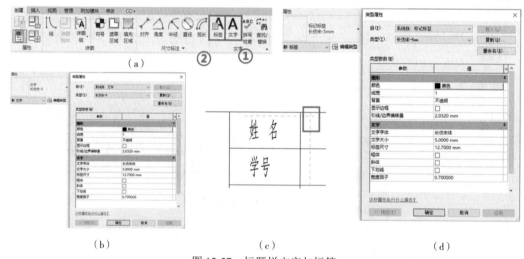

（a）

（b）

（c）

（d）

图 12.57　标题栏文字与标签

⑦ 单击"创建"选项卡 ▶ "文字"面板 ▶ **A**（标签）如图 12.57（a）②所示，设置标签类型及相关参数如图 12.57（d）所示，在绘图区域单击标签放置位置，如图 12.57（c）所示（虚线相交处，为标签左上角）。

⑧ 按图12.58①②③所示创建共享文件参数，具体步骤可参见 12.2.9 节内容。

⑨ 在绘图区域单击标签创建的位置，在编辑标签对话框按图 12.58 添加共享参数。选择添加的共享参数，结果如图 12.59（a）所示。

⑩ 选择添加的参数如"学生姓名"单击"将参数添加到标签"如图 12.59（a）①和②所示。对添加的标签参数，可修改在绘图区域的样例值，如图 12.59（a）③所示。

⑪重复上述步骤，添加标题栏相应的参数，结果如图 12.59（b）①所示。

注：为做对比，日期采用了软件自带的参数。

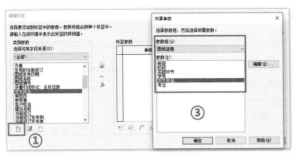

图 12.58　创建共享参数文件

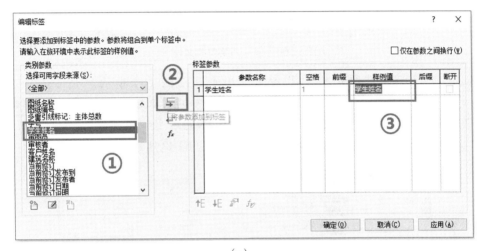

（a）

姓　名	学生姓名		指导老师	指导老师	
学　号	学号	①	评阅老师	评阅老师	
班　级	班级			①	
日　期	项目发布日期				

（b）

图 12.59　设置标签参数

⑫ 将创建的图框族载入到项目中，选择载入的标题栏，创建图纸，结果如图 12.60（b）所示。

⑬ 单击"管理"选项卡 ➤ "设置"面板 ➤ 项目参数，如图 12.60（a）①所示，在编辑共享参数对话框中单击浏览，选择相应的共享参数文件，如图 12.60（c）①所示。

⑭ 单击图 12.60（a）②所示项目参数，在弹出的对话框中单击添加参数，如图 12.61（a）①所示。在参数属性对话框中选择共享参数，单击选择，如图 12.61（b）②和③所示。

⑮ 在共享参数对话框中选择参数分组与要载入的参数，如图 12.61（c）④所示，单击确定，在图 12.61（b）中选择参数分组方式及参数类别，如图 12.61（b）⑤所示。

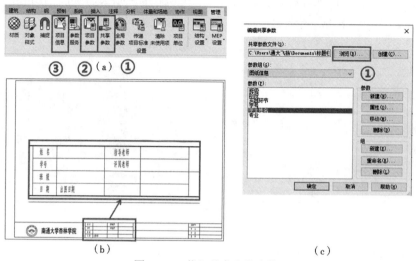

图 12.60　载入共享参数文件

⑯　单击"管理"选项卡▶ "设置"面板▶ "项目信息",如图 12.60(a)③所示,在项目信息对话框中输入相应的参数值,如图 12.62(a)①所示,单击确定,结果如图 12.62(b)所示。

⑰　也可在绘图区选择图框,单击载入的标题栏参数,直接输入相应的值,如图 12.62(b)②所示。

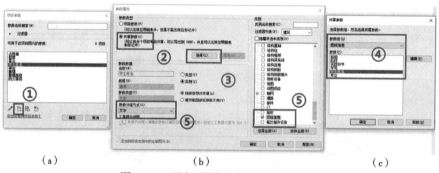

(a)　　　　　　　　　　　(b)　　　　　　　　　　　(c)

图 12.61　添加/设置共享参数(类型)

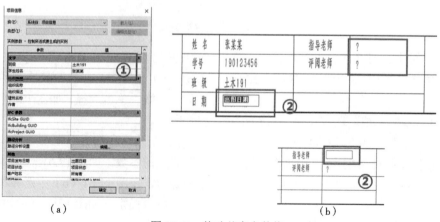

(a)　　　　　　　　　　　　　　　　　(b)

图 12.62　修改共享参数值

第13章 体量的创建

体量可以在项目内部（内建体量）或项目外部（可载入体量族）创建，内建体量用于表示项目独特的体量形状，操作界面如图13.1所示，如在一个项目中放置体量的多个实例或者在多个项目中使用体量族时，通常使用可载入体量族（可载入体量族），操作界面如图13.2所示。

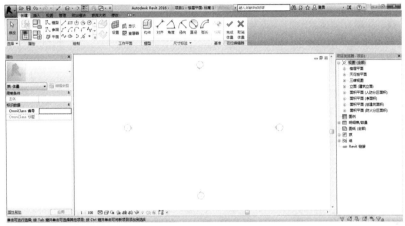

图13.1 内建体量界面

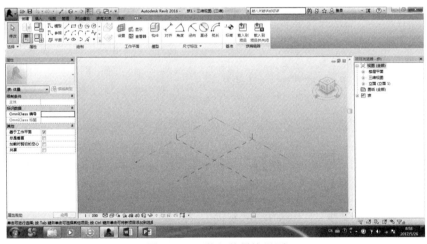

图13.2 可载入体量族界面

内建体量与可载入体量族的区别如下。

- 一个是项目内创建、一个是项目外创建。
- 操作便利性：可载入体量族的三维视图中可以显示三维参照平面、三维标高等用于定位和绘制的工作平面，可以快速在工作平面之间自由切换，提高设计效率，如图13.2所示。

注：设计前期的概念设计，建筑师更习惯在三维视图中推敲设计方案，建议使用可载入体量族来创建概念体量设计。

体量族与前述的构件族（可载入族）的区别如下。

- 参数化：体量族一般不需要像构件族一样设

置很多的控制参数，一般只有几个简单的尺寸控制参数或没有参数。

- 创建方法：创建构件族时，是先选择某一个"实心"或"空心"形状命令，再绘制轮廓、路径等创建三维模型；而体量族必须先绘制轮廓、对称轴、路径等二维图元，然后才能用"创建形状"工具的"实心形状"或"空心形状"命令创建三维模型。
- 模型复杂程度：构件族只能用拉伸、整合、旋转、放样、放样融合5种方法创建相对比较复杂的三维实体模型；而体量族则可以使用点、线、面图元创建复杂的实体模型和面模型（用开放轮廓线创建）。
- 表面有理化与智能子构件：体量族可以自动使用有理化图案分割体量表面，并且可以使用嵌套的智能子构件来分割体量表面，从而实现一些复杂的设计。

下面分别讲述内建体量和可载入体量族的创建。

13.1　基本概念

在创建体量三维模型前，需要先选择合适的工作平面，在工作平面上创建模型线或参照（参照包括族中已有几何图形的边线、表面或曲线以及参照线），然后选择这些模型线或参照使用"实心形状"或"空心形状"命令创建三维体量模型。

下面分别讲述工作平面、模型线、参照线、参照点的概念与使用。

13.1.1　工作平面

工作平面是虚拟的二维表面，用途如下：
- 作为视图的原点；
- 绘制图元；
- 在特殊视图中启用某些工具（例如在三维视图中启用"旋转"和"镜像"）；
- 用于放置基于工作平面的构件。

13.1.2　工作平面图元

Revit Architecture 的以下图元可以作为绘制的工作平面。
- 表面：可以拾取已有模型的表面作为绘制的工作平面，如图 13.3（a）所示。
- 三维标高：即楼层平面，只有在可载入体量

族的概念设计环境三维视图中才能显示，即可以选择楼层标高平面作为工作平面，在平面图中默认把当前楼层平面作为工作平面，拖曳标高面的四个蓝色实心圆控制柄可以改变工作平面大小，如图 13.3（b）所示。

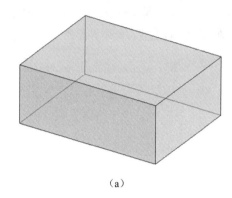

（a）

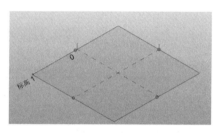

（b）

图 13.3　工作平面图元

- 三维参照平面：即常规参照平面，在平立剖面视图中显示为线，在概念设计环境三维视图中显示三维的参照平面，如图 13.4（a）所示。
- 参照点：在概念设计中帮助构建、定向、对齐和驱动几何图形，每个参照点都有自己的工作平面，可以在其工作平面上绘制其他模型线或参照线，如图 13.4（b）所示。

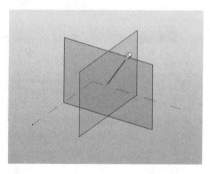

（a）

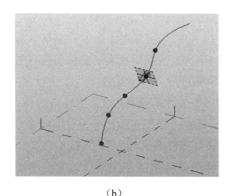

（b）

图 13.4　三维参照平面与参照点

13.1.3　工作平面的设置

（1）"设置"工具

默认情况下，工作平面在视图中是不显示的，为操作方便，可通过"创建"选项卡▶"工作平面"面板▶▦（显示），系统将显示当前的工作平面。如果要设置工作平面，可以通过如下步骤。

① 单击"创建"选项卡▶"工作平面"面板▶▦（设置），打开如图 13.5 所示对话框。

图 13.5　工作平面设置

② 在"工作平面"对话框中的"指定新的工作平面"下，选择下列选项之一。

● 名称：从列表中选择一个可用的工作平面，然后单击"确定"。列表中包括标高、轴线和已命名的参照平面。

● 拾取一个平面：把所选的平面作为工作平面。选择此选项并单击"确定"。然后将光标移动到绘图区域上以高亮显示可用的工作平面，再单击以选择所需的平面。可以选择任何可以进行尺寸标注的平面，包括墙面、链接模型中的面、拉伸面、标高、网格和参照平面。

● 拾取线并使用绘制该线的工作平面：Revit 将创建与选定线的工作平面共面的工作平面。选择此选项并单击"确定"，然后将光标移动到绘图区域上以高亮显示可用的线，再单击以选择。

● 从"选项栏"的"放置平面"下拉列表中拾取一个平面。

（2）查看器

工作平面查看器提供一个临时性的视图，不会保留在"项目浏览器"中。此功能对于编辑形状、放样和放样融合中的轮廓非常有用。可从项目环境内的所有模型视图中使用工作平面查看器。使用"工作平面查看器"可以修改模型中基于工作平面的图元。

查看器示例如下。

① 选择轮廓作为平面，如图 13.6（a）所示。

② "创建"选项卡▶"工作平面"面板▶▦ 查看器，"工作平面查看器"将打开，并显示相应的二维视图，如图 13.6（b）所示。

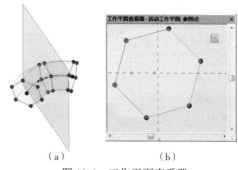

（a）　　　　　　（b）

图 13.6　工作平面查看器

当在"工作平面查看器"中进行更改时，其他视图会实时更新。

13.1.4　模型线创建

"模型线"工具所创建的线为三维线，在各视图及三维视图中都可见，创建步骤如下。

① "创建"选项卡▶"绘制"面板▶⼉（模型线）。

② 单击"修改 | 放置线"选项卡▶"绘制"面板，然后选择绘制选项或 ⼎（拾取线），可通过在模型中选择线或墙来创建线。

③ 在选项栏上，指定适合于正在绘制的模型线类型的选项，各选项含义见表 13.1 模型线选项栏含义。

④ 在绘图区域中，绘制模型线，或者单击现有线或边缘，具体取决于用户正在使用的绘制选项。

表 13.1　模型线选项栏含义

目　标	操　作
在非"放置平面"当前值的平面上绘制模型线	从下拉列表中选择其他标高或平面。如果没有列出所需平面，请选择"拾取"，然后使用"工作平面"对话框指定一个平面
绘制多条连接的线段	选择"链"
从光标位置或从在绘图区域中选择的边缘偏移模型线	为"偏移"输入一个值
为圆形或弯曲模型线指定半径，或者为矩形上的圆角或线链之间的圆角连接指定半径	选择"半径"，然后输入一个值

13.1.5　模型线编辑

直线、矩形、圆、椭圆等模型线的编辑方法相同，如图 13.7 所示，步骤如下。

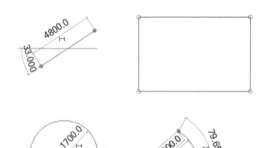

图 13.7　模型线的编辑

① 选中创建的模型线，出现临时尺寸标注，以及交点的蓝色实心圆点、半径的蓝色空心圆点，即可编辑模型线的端点和交点位置（或圆的半径），拖曳边线可移动模型线位置或选项栏单击"激活尺寸标注"按钮，编辑蓝色临时尺寸移动模型线位置。

② 按 Tab 键可选择某一段模型线，可拖曳线或端点或编辑蓝色临时尺寸。

③ 可以使用移动、复制、旋转、阵列、修剪、延伸、对齐、拆分、偏移等常规编辑命令编辑修改。

点的样条曲线 与普通样条曲线 的区别：通过点的样条曲线是通过拖曳线上的参照点来控制样条曲线，如图 13.8（a）所示；普通样条曲线是通过拖曳线外的控制点来控制曲线，如图 13.8（b）所示。

（a）　　　　　　　（b）

图 13.8　点的样条曲线与普通样条曲线

13.1.6　参照线

参照线也可用于几何图形定位和参数化，其创建和编辑方法同模型线，可参照上节所述，其与参照平面的区别如下。

① 参照平面

- 一条参照平面只有一个工作平面可以使用。
- 参照平面是无限大的，从线的角度看，参照平面没有终点，不能标注长度尺寸。

② 参照线

- 参照线有长度、有中点，可以标注参照线的长度尺寸。
- 一条参照线所确定的工作平面数因线形状不同而不同：直线确定 4 个工作平面沿长度方向有两个相互垂直的工作平面，在端点位置各有 1 个工作平面，如图 13.9（a）所示；弧形参照线在端点位置有 2 个工作平面，如图 13.9（b）所示，普通样条曲线也只有两个工作平面，如图 13.9（c）所示；点的样条曲线在每个点处有一个参照平面，如图 13.9（d）所示。

13.1.7　参照点

参照点是一个空间点，其提供了三个参照平面，如图 13.10 所示，可以通过设置，选择任意一个面作为工作平面。参照点分为两类：自由点和基于主体的点。

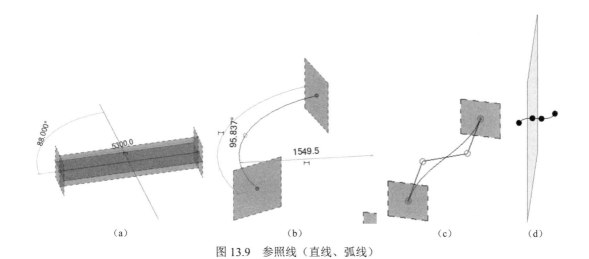

图 13.9　参照线（直线、弧线）

（1）自由点

"自由点"是放置在工作平面上独立的参照点，"自由点"被选中后会显示其三维控件，通过控制三维控件可以将自由点移动到三维工作空间内的任意位置，如图 13.10（a）所示。

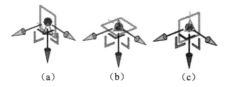

图 13.10　参照点

（2）基于主体的点

"基于主体的点"是放置在现有样条曲线、线、边或表面上的参照点。每一个点都提供自己的工作平面，用以添加垂直于其主体的更多几何图形。基于主体的点既可随主体图元一起移动，也可以沿主体图元移动，如图 13.11（b）和（c）所示。

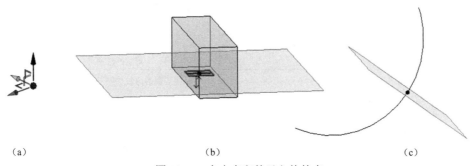

图 13.11　自由点和基于主体的点

13.2　体量的创建

13.2.1　内建体量的创建

13.2.1.1　内建体量的分类

创建内建体量的通用步骤如下。

① 单击"体量和场地"选项卡 ▶ "概念体量"面板 ▶ 🗔（内建体量），如图 13.12（a）所示，或在功能区上，单击"内建模型"，族类别选择体量，如图 13.12（b）所示。

② 输入内建体量族的名称，然后单击"确定"。

③ 应用程序窗口显示内建体量的选项，如图 13.12（c）所示。

④ 通过设置，选择相应的工作平面。如

不设置则基于默认的工作平面。

⑤ 使用"绘制"面板上的工具创建所需的形状,在选项栏进行相关的设置。

⑥ 单击 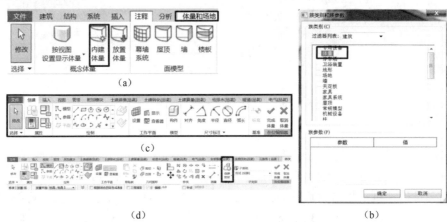 (创建形状),选择"实心"或"空心",如图 13.12(d)所示。

⑦ 生成相应的形状(根据预览图形的提示,选择要生成的形状)。

⑧ 完成后,单击"完成体量"。

(1)不受约束的形状(自由形状)

不受约束的形状(或自由形状)适用于和其他形状没有关联关系、独立存在的形状设计,使用模型线创建,选择不受约束的形状时显示实线,可直接编辑形状的顶点、边线和表面来创建复杂形状。

(a)

(c)

(d)

(b)

图 13.12　创建内建体量的通用步骤

(2)受约束的形状(基于参照的形状)

受约束的形状(基于参照的形状)适用于和其他形状之间存在位置、尺寸关联关系的形状创建。使用参照线、参照点或其他形状的的

任何部分创建基于参照的形状。选择受约束的形状时显示为虚线,通过编辑参照线等参照图元来控制形状。

两种形状的对比如表 13.2 所示。

表 13.2　自由形状和基于参照的形状区别

不受约束的形状(自由形状)	受约束的形状(基于参照的形状)
借助"绘制"面板中的任何工具使用 ∏(模型线)创建的轮廓	借助"绘制"面板中的任何工具使用 ∏(参照线)、参照点或另一个形状的任何部分创建的轮廓
高亮显示后显示实线	显示线周围的虚线参照平面
在无需依赖另一个形状或参照类型时创建	在形状与另一个几何图形或参照之间需要参数关系时创建
不依赖于其他对象	依赖于其参照。其依赖的参照发生变化时,基于参照的形状也随之变化
轮廓在默认情况下处于解锁状态	对于拉伸和扫描,轮廓在默认情况下处于锁定状态
可以直接编辑边、表面和顶点	通过直接编辑参照图元来进行编辑。例如,选择一条参照线,并通过三维控件进行拖曳
若要将线转换为基于参照,请选择"属性"选项板中"标识数据"下的"是参照线"属性	若要将线转换为不受约束,请清除"属性"选项板中"标识数据"下的"是参照线"属性

13.2.1.2 不受约束形状的创建概述

和构件族一样，Revit 的体量形状建模也有"实心形状"和"空心形状"两种类型，不同的是，体量形状只有这两个命令，没有对应的"拉伸""融合""旋转""放样"和"放样融合"等命令。创建体量形状模型的结果完全取决于所选择的模型线、参照线等图元，不同的图元其结果不同。

虽然体量创建环境，没有"拉伸""融合""旋转""放样""放样融合"这些命令，但体量形状模型依然可分为 5 种形状：拉伸、旋转、扫描、放样、表面。下面逐一讲解其创建和编辑方法。

13.2.1.3 创建实心形状

创建实心形状的通用步骤见"13.2.1 内建体量的分类"，只是在创建形状时选择实心而已。

（1）拉伸

建模原理：在工作平面中绘制封闭轮廓，在垂直方向拉伸该轮廓至一定高度后创建柱状形状。步骤如下。

① 在"创建"选项卡 ➤ "绘制"面板，选择一个绘图工具。

② 单击绘图区域，然后绘制一个闭合图形。

③ 选择闭图形（只有一个闭合图形时，默认为选中）。

④ 单击"修改｜线"选项卡 ➤ "形状"

面板 ➤ （创建形状）。将创建一个实心形状拉伸，如图 13.13 所示。

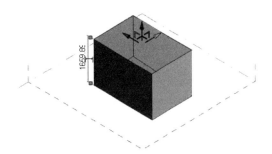

图 13.13 创建拉伸体量

> 注：体量形状模型不能通过设置"图元属性"的"拉伸起点""拉伸终点"参数来调整拉伸高度。

（2）旋转

建模原理：在同一个工作平面中绘制封闭轮廓线和旋转轴，轮廓绕轴旋转一定角度后创建形状。步骤如下。

① 在某个工作平面上绘制一条线，在同一工作平面上邻近该线绘制一个闭合轮廓，如图 13.14（a）所示。

> 注：可以使用未构成闭合图形的线来创建表面旋转。

② 选择线和闭合轮廓，如图 13.14（b）所示。

③ 单击"修改｜线"选项卡 ➤ "形状"面板 ➤ （创建形状），如图 13.14（c）所示。

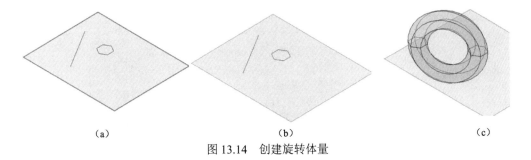

| (a) | (b) | (c) |

图 13.14 创建旋转体量

（3）放样

建模原理：先绘制放样路径，再在和路径垂直的工作平面中绘制封闭轮廓线，轮廓沿路径扫描后创建形状。步骤如下。

① 绘制一条或一系列连在一起的（模型）线来构成路径，如图 13.15（a）所示。

② "创建"选项卡 ➤ "工作平面"面板 ➤ （设置），选择线端点，作为工作平面，如图 13.15（b）和（c）所示；或单击"创建"选项卡 ➤ "绘制"面板 ➤ （点图元），然后沿路径单击以放置参照点，选择参照点，工作平面将显示出来。

③ 在工作平面上绘制一个闭合轮廓，如图 13.15（d）所示。

④ 选择线和轮廓。

⑤ 单击"修改 | 线"选项卡 ▶ "形状"面板 ▶ 🔧（创建形状），沿路径放样，如图 13.15（e）所示。

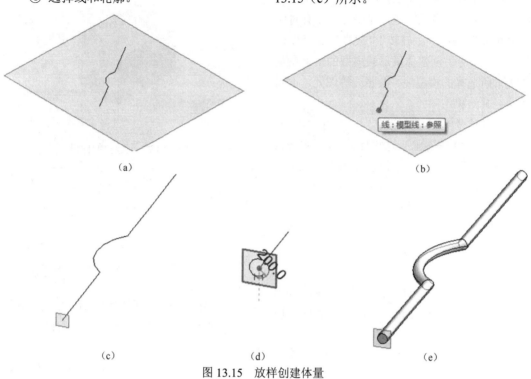

图 13.15　放样创建体量

（4）融合

建模原理：类似于构件族中的融合，可以在多个平行或不平行截面之间融合为一个复杂体量模型，步骤如下。

① 绘制线以形成路径，如图 13.16（a）所示。

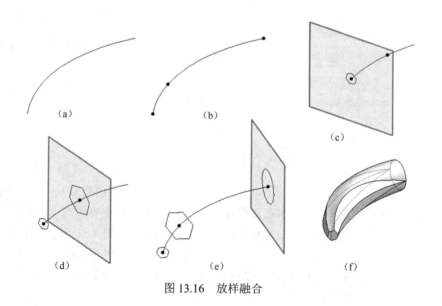

图 13.16　放样融合

② 单击"创建"选项卡 ➤ "绘制"面板 ➤ ⦿ （点图元），然后沿路径放置放样融合轮廓的参照点，如图 13.16（b）所示。

③ 选择一个参照点并在其工作平面上绘制一个闭合轮廓，如图 13.16（c）所示。

④ 绘制其余参照点的轮廓，如图 13.16（d）和（e）所示。

⑤ 选择路径和轮廓，按 Ctrl 键加选。

⑥ 单击"修改 | 线"选项卡 ➤ "形状"面板 ➤ ⤵（创建形状），结果如图 13.16（f）所示。

（5）表面

建模原理：上述拉伸、旋转、放样、融合的实体模型都是使用封闭轮廓创建的，如果选择开放模型线或参照线，然后再拉伸、旋转、放样、融合即可创建表面模型。步骤如下。

① 在绘图区域中绘制或选择模型线、参照线或几何图形的边，如图 13.17（a）所示。

② 单击"修改 | 线"选项卡 ➤ "形状"面板 ➤ ⤵（创建形状），线或边将拉伸成为表面，如图 13.17（b）所示。

> 注：绘制闭合的二维几何图形时，在选项栏上选择"根据闭合的环生成表面"以自动绘制表面形状。

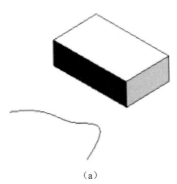

（a）　　　　　　　　　　　　（b）

图 13.17　创建表面形状

13.2.1.4　编辑实心形状

由模型线创建体量形状后，模型线即转化为形状的边、截面、路径等，不能再单独选择模型线编辑来调整形状。可通过以下方法编辑自由形状。

① "属性"选项板：选中形状，在体量属性选项板中可设置形状的图形、材质和装饰、标识数据相关参数，如图 13.18 所示。属性选项板中每项含义见表 13.3。

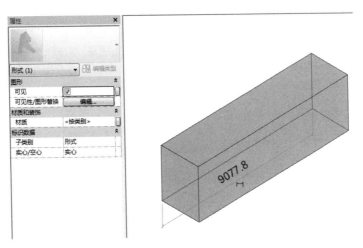

图 13.18　体量属性选项板

表 13.3　体量属性选项板参数含义

名　　称	说　　明
可见	选中后，形状为可见并访问"关联族参数"对话框，用以查看现有参数和添加新参数
可见性/图形替换	指定三维视图作为"视图专用显示"，将"详细程度"设置为"粗略""中等"或"精细"
材质	指定形状图元使用的材质
子类别	指定线的子类别为"形状 [投影]"或"空心"
实心/空心	指定形状是实心还是空心

② 透视：在体量环境中，透视模式将形状显示为透明，并显示所选形状的基本几何骨架（轮廓、路径、点和轴），使用户可以更直接地与组成形状的各图元交互。当用户需要了解形状的构造方式或者需要选择形状图元的某个特定部分进行操纵时，该模式非常有用。如图 13.19 所示。

> 注：透视模式一次仅适用于一个形状。如果显示了多个平铺的视图，当用户在一个视图中对某个形状使用透视模式时，其他视图中也会显示透视模式。

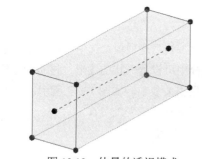

图 13.19　体量的透视模式

③ "添加边"：为选定的体量在特定的面上添加边，将选定的面拆分，如图 13.20 所示。

④ "添加轮廓"：为选定的体量添加轮廓，如图 13.21 所示。

图 13.20　体量添加边

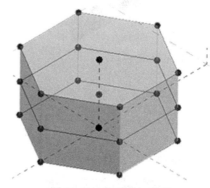

图 13.21　体量添加轮廓

⑤ 三维控制箭头：和参照点一样，选择体量的形状的每一个顶点、边、面都会出现一个红绿蓝三色坐标控制箭头，如图 13.22 所示。拖曳控制箭头可变化出各种异型形状。

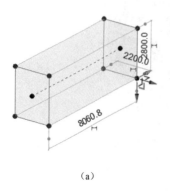

（a）

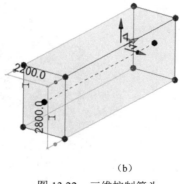

（b）

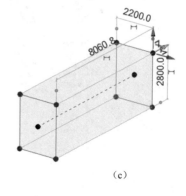

（c）

图 13.22　三维控制箭头

⑥ 临时尺寸：选择体量的顶点、边、面时，也会显示蓝色的临时尺寸，编辑尺寸值可以精确控制顶点、边和面的大小和位置，如图13.22 所示。

⑦ 锁定/解锁轮廓：使用三维控制箭头和临时尺寸，可以单独编辑形状的每个顶点、边和面，从而创建复杂形状。但有些时候，如拉伸形状，需要始终保持上下截面的完全一致，则可以使用该功能。

锁定轮廓后，形状会保持顶部轮廓和底部轮廓之间的关系，并且操纵方式受到限制。在操纵一个锁定轮廓时，也会影响另一个轮廓，进而影响整个形状。例如，如果选择顶部轮廓并将其锁定，所有轮廓会采用顶部轮廓的形状。

> 注：1. 建议使用透视模式访问形状轮廓。
> 2. 慎用锁定轮廓功能，一旦锁定轮廓，则前面手工添加的轮廓全部自动删除，仅剩下上下两个端面轮廓，且相互保持关联修改关系，即使用"解锁轮廓"功能也无法恢复锁定前的形状。特别是对多截面放样创建的形状，锁定轮廓后将以起点轮廓为准，解锁轮廓无法复原。
> 3. 参数控制：可像构件一样，给比较规则的形状自定义高度、半径等控制参数。
> 4. 可以用移动、复制、旋转、镜像、连接、剪切等编辑命令编辑形状。

13.2.1.5 创建和编辑空心形状

和构件族的空心形状一样，可以创建体量族的空心形状和实心形状进行布尔运算剪切实心体量。

空心形状的创建方法和实心形状完全一样：先设置工作平面、绘制模型线，然后选择模型线图元，单击"修改 | 线"选项卡 ➤ "形状"面板 ➤ 🔓 "创建形状"下拉菜单 ➤ 🗑 （空心形状）。

空心形状的编辑方法也同实心形状完全一样，可以透视、添加边、添加轮廓、拖曳顶点边和面、锁定/解锁轮廓、移动复制等。

> 注：选择实心或空心形状，在属性选项板中设置参数"实心/空心"可以在实心和空心形状之间互相转换。

13.2.1.6 受约束的形状（基于参照的形状）

（1）形状的创建

受约束的形状又称为基于参照的形状，其与自由形状（不受约束的形状）的区别见13.2.1 内建体量的分类。其创建思路和自由形状完全一样：先设置工作平面，绘制参照线，然后选择参照线图元，单击"修改 | 线"选项卡 ➤ "形状"面板 ➤ 🖼 "创建形状"下拉菜单选择实心形状或空心形状命令，即可创建实心和空心形状。

（2）形状的编辑

受约束的形状不能用移动、复制、镜像等编辑命令。不受约束的形状编辑，可参照自由形状的编辑。

（3）例1"仿央视大厦1"模型创建

题目：用体量创建图13.23 中的"仿央视大厦"模型，并将模型以"仿央视大厦"为文件名保存。

思路：先创建三维立方实体，用三维空心形状剪切，生成所需模型。步骤如下。

① 单击"体量和场地"选项卡 ➤ "概念体量"面板 ➤ 🏠 （内建体量），启动体量创建界面。

② 在立面和平面视图按图示尺寸做辅助线，如图13.24 步骤（a）所示。在平面视图创建长×宽×高=20m×20m×23.4m 的实心长方体，创建长×宽×高=15m×15m×17.3m 的空心长方体，单击面板剪切命令，用新建的空心体剪切前面创建的实心长方体，如图13.24 步骤（a）和（b）所示。

③ 同理在底面，创建空心实体，剪切实心长方体，如图13.24 步骤（c）和（d）所示。

（4）例2"仿央视大厦2"模型创建

题目：根据图13.25 给定数据，用体量方式创建模型，请将模型以"体量模型"为文件名保存。

思路：用空心形状剪切，生成所需模型，关键是通过平立面图，想象出三维形状。步骤如下。

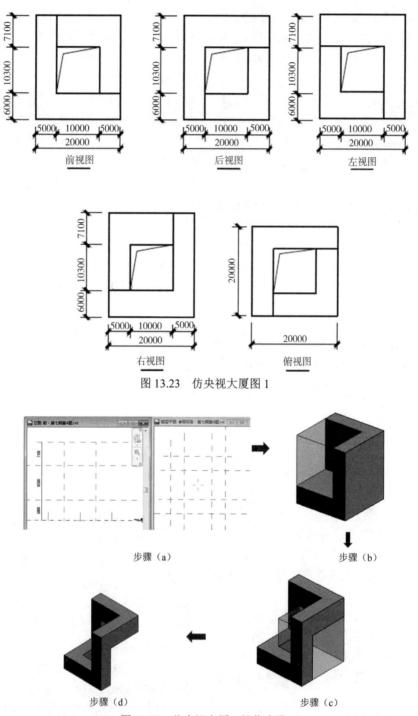

图 13.23　仿央视大厦图 1

前视图

后视图

左视图

右视图

俯视图

步骤（a）

步骤（b）

步骤（d）

步骤（c）

图 13.24　仿央视大厦 1 操作步骤

① 单击"体量和场地"选项卡 ▶ "概念体量"面板 ▶ 🗔（内建体量），启动体量创建界面。

② 在平立面图创建所需的参照平面，如图 13.26（a）所示。在平面视图用拉伸创建 L 形实体，如图 13.26（b）所示。

③ 在南立面创建空心剪切，如图 13.26（c）所示，同理在东立面（右视图）做同样的空心剪切。

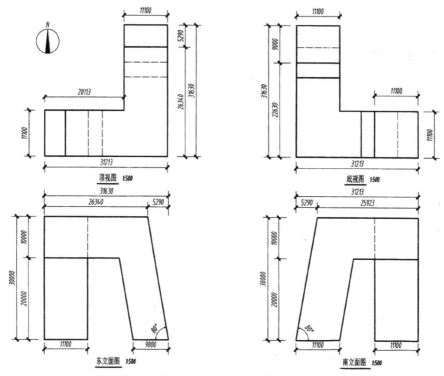

图 13.25　仿央视大厦图 2

④ 到东立面（右视图），创建三角形空　形空心体剪切实体，如图 13.26（e）所示。
心体剪切实体，如图 13.26（d）所示。　　　⑥ 结果如图 13.26（f）所示。

⑤ 同理到南立面（前视图），创建三角

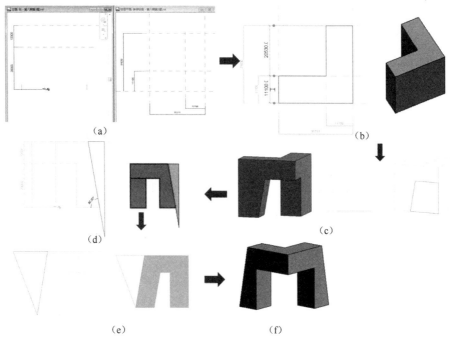

（a）

（b）

（c）

（d）

（e）

（f）

图 13.26　仿央视大厦 2 操作步骤

13.2.2 可载入体量的创建

13.2.2.1 概念体量界面介绍

概念体量是 Revit 中的一种特殊的族,其编辑器称为概念设计(体量)环境。概念体量族编辑器,不仅仅可以作为创建建筑构件的工具存在,在其中,还可以完成建筑整个形体的概念设计,而由此生成的族文件被称为体量族。

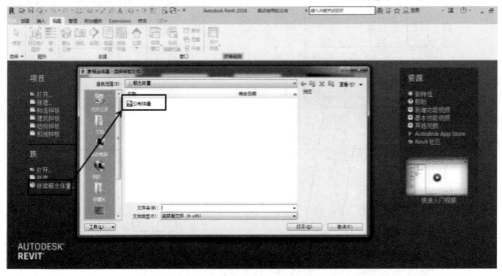

图 13.27　新建概念体量环境

进入概念体量环境,可通过 Revit 初始界面"族"区域,单击"新建概念体量"在弹出的界面选择"公制体量"族样板,单击打开,或双击"公制体量"族样板,如图 13.27 所示,即进入到概念体量环境,如图 13.28 所示。

① 进入概念体量环境,默认的是三维视图,右上角有视图方位显示导航工具(ViewCube),可以单击 ViewCube 的棱、角、面或通过下方的指南针来旋转模型并确定模型的"北"方向。体量中指南针只能随ViewCube 同时打开或关闭,而项目环境下指南针可以独自关闭或打开,如图 13.28 所示。

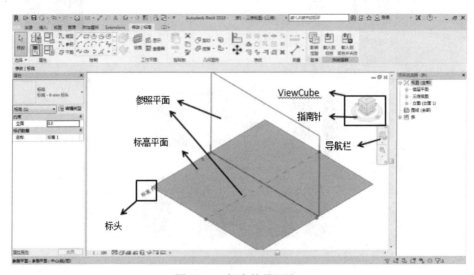

图 13.28　概念体量环境

② 标高线为浅灰色的单点画线，标头在三维视图中始终显示在左侧。参照平面为紫色的虚线且默认锁定，只在解锁以后才能移动。选中参照平面，四边的中间会有蓝色的实心圆点，在参照平面解锁后才可以拖动，以扩大该参照平面的显示范围。

③ 在创建选项卡下，没有"形状"面板，因为在概念体量环境里，形状的生成是先画线，再选择相应线，由软件根据用户所选定的图形自行判断的。如果能够生成的形状多于一个，软件会给出相应的缩略图，等待用户选择后再生成相应的形状。

在新建概念体量环境中，其界面与内建体量的默认界面不同，如图 13.29 所示，形状的创建同内建体量，具体操作可参照内建体量一节，本节主要讲体量的有理化处理表面，自适应构件族的制作。本节所述操作也适合内建体量。

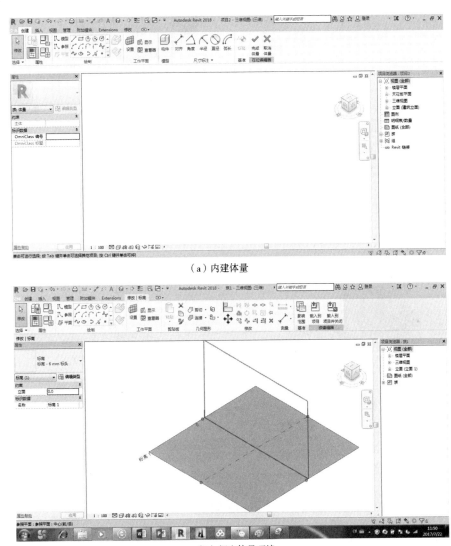

（a）内建体量

（b）概念体量环境

图 13.29 体量界面

13.2.2.2 有理化处理表面

概念设计环境中，可以通过分割一些形状的表面并在分割的表面中应用填充图案，包括平面、规则表面、旋转表面和二重曲面等，来将表面有理化处理为参数化的可构建构件。有理化处理表面，可以丰富形状的表面形态，使之满足建筑外立面对于玻璃幕墙和其他（立面）赋有重复机理效果的要求。

13.2.2.3　通过 UV 网格分割表面

由于表面不一定是平面，因此绘制位置时采用 UVW 坐标系。这在图纸上表示为一个网格，针对非平面表面或形状的等高线进行调整，UV 网格用在概念设计环境中，相当于 XY 网格，如图 13.30 所示。

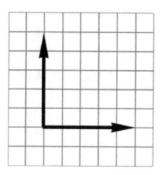

图 13.30　UV 网格

（1）创建 UV 网格

①　选择要分割的表面，如图 13.31（a）所示。如果无法选择曲面，请按 Tab 键切换，或启用"按面选择图元"选项，如图 13.31（b）所示。

②　单击"修改｜形状图元"选项卡 ▶ "分割"面板 ▶ 　（分割表面），如图 13.31（c）所示。

③　默认 UV 网格处于开启状态，如图 13.31（d）所示。

④　所选的面按默认的 UV 网格划分结果如图 13.31（e）所示。

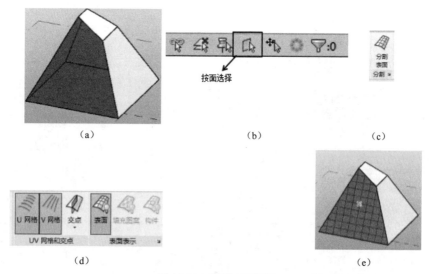

（a）　　　　　　　　　（b）　　　　　　　（c）

（d）　　　　　　　　　　　　　　（e）

图 13.31　创建 UV 网格

（2）启用和禁用 UV 网格

①　选择分割表面。

②　在功能区上，单击 U 网格或 V 网格即可实现：单击"修改｜分割的表面"选项卡 ▶ "UV 网格和交点"面板 ▶ 　（U 网格）或[　（V 网格）]，可启用/禁用 UV。

（3）通过选项栏调整 UV 网格

表面可以按分割数或分割之间距离进行分割。选择分割表面后，选项栏上会显示用于 U 网格和 V 网格的设置，如图 13.32 所示，这些内容可以彼此独立地进行设置。

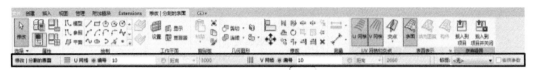

图 13.32　UV 网格选项栏

① 按分割数分布网格：选择"编号"选项，输入将沿表面平均分布的分割数。

② 按分割之间的距离分布网格：选择"距离"选项，输入沿分割表面分布的网格之间的距离。"距离"下拉列表中除"距离"外，还有"最小距离"或"最大距离"选项。

- "距离"代表的是固定距离，与实际分割的距离值一致。如表面为 20m×20m，此时设定"距离"为 3m，表面分割效果如图 13.33（a）所示。

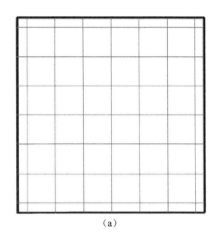

（a）

- "最大距离"和上限，实际被分割的距离不一定等于这个值，而只要满足这个范围即可。当指定了最大距离后，将确定在这个范围内的最多分割数；然后根据分割数最终确定网格距离值，每个网格的距离值相等。如表面为 20m×20m，此时设定"最大距离"为 3m，表面分割效果如图 13.33（b）所示，数量为 7×7，均分。

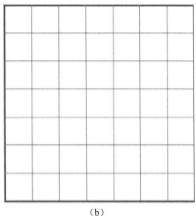

（b）

- "最小距离"指定了距离的下限，实际被分割的距离不一定等于这个值，而只要满足这个范围即可。当指定了最小距离后，将确定在这个范围内的最多分割数；然后根据分割数最终确定网格距离值，每个网格的距离值相等。如表面为 20m×20m，此时设定"最小距离"为 3m，表面分割效果如图 13.33（c）所示，数量为 6×6，均分。

（4）通过"属性"对话框调整 UV 网格

单击选择分割表面，在"属性"对话框各列表中调整 UV 网格参数值，如图 13.34 所示，并且大部分属性可以关联一个族参数来控制其参数，各参数的含义如表 13.4 所示。

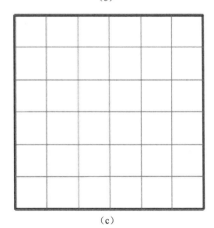

（c）

图 13.33　按距离分隔

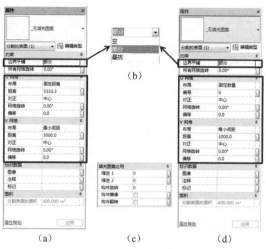

图 13.34　通过属性栏调整 UV 网格

表 13.4　网格的实例属性

名　称	说　明
边界平铺	确定填充图案与表面边界相交的方式：空、部分或悬挑，如图 13.35 所示
所有网格旋转	U 网格以及 V 网格的旋转
布局	UV 网格的间距单位："固定数量"或"固定距离"
数目	UV 网格的固定分割数
距离	UV 网格的固定分割距离
对正	用于测量 U 网格的位置："起点""中心"或"终点"
网格旋转	UV 网格的旋转
缩进 1	应用缩进时，填充图案偏移的 U 网格分割数
缩进 2	应用缩进时，填充图案偏移的 V 网格分割数
构件旋转	填充图案构件族在其填充图案单元中的旋转：0°、90°、180°或 270°
构件镜像	沿 U 网格水平方向镜像构件
构件翻转	沿 V 网格翻转构件
分割表面的面积	所选分割表面的总面积

注：1. 对"U 网格"或"V 网格"列表中的"网格旋转"参数的定义是在定义了"限制条件"中"所有网格旋转"参数的基础进行的。如定义"限制条件"列表下的"所有网格旋转"参数值为 20，UV 网格都被旋转了 20°；再定义"U 网格"或"V 网格"列表中的"网格旋转"参数值为-20，U 网格或 V 网格的旋转角度为 20+（-20）=0°。

2. 如果在选项栏中选择 U 或 V 网格分割形式为"编号"，那么在属性对话框中也会相应地出现编号参数；反之，如果分割形式为"距离"，则在属性对话框中也会相应地出现"距离"参数。

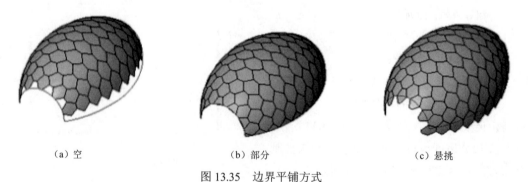

（a）空　　　　　　　（b）部分　　　　　　　（c）悬挑

图 13.35　边界平铺方式

（5）通过"面管理器"调整 UV 网格

"面管理器"是一种编辑模式，可以在选择分割表面后，通过在三维组合小控件的中心单击◇"面管理器"图标来访问，如图13.36（a）中所示。选择后，UV 网格编辑控件即显示在表面上，如图13.36（b）所示。通过"面管理器"，也可以调整 UV 网格的间距、旋转和网格定位等。面管理器功能见表13.5。

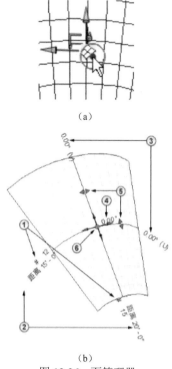

（a）

（b）
图13.36　面管理器

13.2.2.4　通过相交分割表面

除采用 UV 网格来分割表面，还可使用相交的三维标高、参照线、参照平面和参照平面上所绘制的模型线来分割表面。这种分割方式与 UV 网格分割表面的不同在于：使用 UV 网格可以为网格距离或者分割数关联一个参数控制参变；而使用相交分割方式，则不具备这样的功能。

（1）通过三维标高和参照平面分割表面

① 添加必要的标高和参照平面。如有必要，请在与形状平行的工作平面上绘制曲线。

表 13.5　面管理器功能

名　　称	功　　能
固定数量	单击绘图区域中的数值，然后输入新数量
固定距离	单击绘图区域中的距离值，然后输入新距离
网格旋转	单击绘图区域中旋转值，然后输入两种网格的新角度
所有网格旋转	单击绘图区域中的旋转值，然后输入新角度以均衡旋转两个网格
区域测量	单击并拖曳这些控制柄以沿着对应的网格重新定位带。每个网格带表示沿曲面的线，网格之间的弦距离将由此进行测量。距离沿着曲线可以是不同的比例
对正	单击、拖曳并捕捉该小控件至表面区域（或中心）以对齐 UV 网格。新位置即为"UV 网格"布局的原点。也可以使用"对齐"工具将网格对齐到边

注："选项栏"上的"距离"下拉列表也列出最小或最大距离，而不是绝对距离。只有表面在最初就被选中时（不是在面管理器中），才能使用该选项。

② 选择要分割的表面。如果无法选择曲面，请启用"按面选择图元"选项或按 Tab 键切换选择。

③ 单击"修改｜形状"➤"分割"面板➤▨（分割表面）。

④ 禁用 UV 网格，如图13.37（a）所示。

⑤ 单击"修改｜形状"➤"UV 网格和交点"面板➤◢（交点），如图13.37（a）所示。

⑥ 选择将分割表面的所有标高、参照平面及参照平面上所绘制的曲线，如图13.37（b）所示。

⑦（可选）除了在"交点"下拉表下选择"交点"选项，还可以单击选择"交点列表"。在交点列表对话框中可以勾选所要相交的参照平面或标高，如图13.37（d）所示。

⑧ 单击"修改｜形状"➤"UV 网格和交点"面板➤✔（完成）。否则，请单击✖（取消）以忽略选定的参照并退出"相交"工具。

注：1. 只有被命名的参照平面和标高才会出现在"交点列表"对话框中；

2. 使用"交点列表"命令，只能识别参照平面和标高。如果相交参照的图元是参照线或参照平面上的线，只能选择"交点"命令。并且一旦删除用于分割的参照图元，表面上相应的分割线也会消失。

（2）使用模型线或参照来分割表面

如果形状相交的分割线为弧形或为自由的形状，可以使用模型或参照线来分割表面。

① 添加模型线或参照平面。

② 选择要分割的表面。如果无法选择曲面，请启用"按面选择图元"选项或按 Tab 键切换选择。

③ 单击"修改 | 形状" ➤ "分割"面板 ➤ （分割表面）。

④ 禁用 UV 网格，如图 13.37（a）所示。

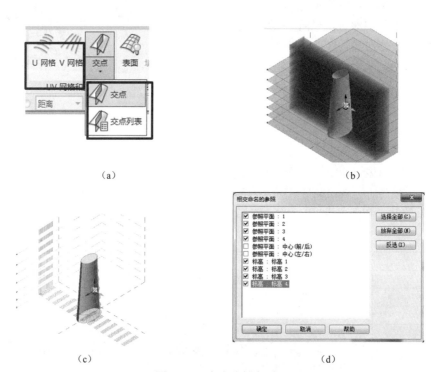

（a）　　　（b）

（c）　　　（d）

图 13.37　交点分割表面

⑤ 单击"修改 | 形状" ➤ "UV 网格和交点"面板 ➤ （交点），如图 13.37（a）所示。

⑥ 选择将分割表面的模型线和参照平面。

⑦ 单击"修改 | 形状" ➤ "UV 网格和交点"面板 ➤ （完成）。否则，请单击 （取消）以忽略选定的参照并退出"相交"工具。

13.2.2.5　在表面中填充图案

在概念设计环境中，将填充图案应用于表面以快速预览、编辑和定位已规划的填充图案构件的常规形状。填充图案以族的形式存在，

在应用填充图案前可以在 "类型选择器"中以图形方式进行预览。

在分割后的表面应用填充图案后，这些填充图案成为分割表面的一部分，填充图案的每一个重复单元（即在"类型选择器"中预览看到的图案）需要特定数量的表面网格单元，而具体数量取决于填充图案的形状。因而在设计表面的分割数时，必须考虑填充图案所需表面网格单元的因素，否则在分割的比例上就会产生偏差，进而影响设计效果，表 13.6 列出了 Revit 概念设计环境族样板文件中自带的 17 种填充图案的表面单元数及填充图案布局。

表 13.6　填充图案的表面单元数及填充图案布局

序　号	填充图案名称	需要的表面单元数	填充图案布局
1	无填充图案	0	从分割表面删除填充图案
2	1/2 错缝	2（1×2）	
3	1/3 错缝	3（1×3）	
4	箭头	12（3×4）	
5	六边形	6（2×3）	
6	八边形	9（3×3）	
7	八边形旋转	9（3×3）	
8	矩形	1（1×1）	

序　　号	填充图案名称	需要的表面单元数	填充图案布局
9	矩形棋盘	1（1×1）	
10	菱形	4（2×2）	
11	菱形棋盘	4（2×2）	
12	三角形（弯曲）	2（1×2）	
13	三角形（扁平）	2（1×2）	
14	三角形棋盘（弯曲）	2（1×2）	
15	三角形棋盘（扁平）	2（1×2）	

序 号	填充图案名称	需要的表面单元数	填充图案布局
16	三角形错缝（弯曲）	2（1×2）	
17	Z 字形	2（1×2）	

在填充图案中，有些预览图显示为全白，而有些显示为黑白相间。全白的填充图案表示分割表面的所有单元格将被全部填充上图案。而有黑白相间的填充图案，表示分割表面的单元格将被间隔地填充上图案，例如"矩形"和"矩形棋盘"填充图案，如图 13.38 所示。有些填充图案的名称里注明"扁平"，有些注明"弯曲"。在弯曲的分割平面上分别填充相同样式的"扁平"和"弯曲"填充图案，可以观察到"扁平"的填充图案在曲面上显示为直线连接，而"弯曲"的填充图案在曲面上显示为曲线连接，如图 13.39 所示。

（a）矩形

（b）矩形棋盘

图 13.38　矩形和矩形棋盘图案填充

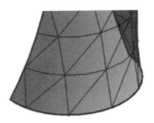
（a）三角形（弯曲）

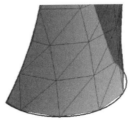
（b）三角形（扁平）

图 13.39　弯曲与扁平

13.2.2.6　修改已填充图案的表面

（1）通过"属性"对话框修改填充图案属性

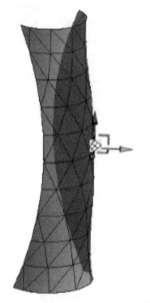

（2）通过"面管理器"修改填充图案属性

填充图案的间距、方向和定位等由分割表面的网格间距、方向和定位等来控制。可通过面管理器来调整图案的间距、方向和定位等，见图13.41。

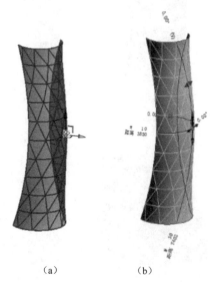

（a）　　　　　　（b）

图 13.41　面管理器调整填充图案

单击选择分割的表面，然后从其"属性"对话框的"类型选择器"下拉列表中选择新的填充图案样式，如图13.40所示。

图 13.40　通过属性对话框修改图案属性

（3）通过"属性"对话框修改填充图案属性

当表面填充了图案，选中填充图案，其属性对话框如图13.42（a）所示；无填充图案，选中时如图13.42（b）所示，对于UV网格的调整见前述。本节主要讲述边界平铺与缩进对填充图案的影响。

① 边界平铺：已填充图案的表面可能会沿与表面的边缘相交的边界平铺，它们可能并不是完全地平铺。这些边界平铺条件可以在已填充图案表面的"属性"对话框上"限制条件"列表中的"边界平铺"实例参数中设置为"部分""悬挑"或"空"。其填充效果对比如图13.35所示。

- 部分：填充图案完全贴合分割表面边界，自动切除或补齐不足一个填充单元的部分。
- 悬挑：在边界处填充不满一个单元的填充图案。
- 空：在边界处不填充不满一个单元的填充图案。

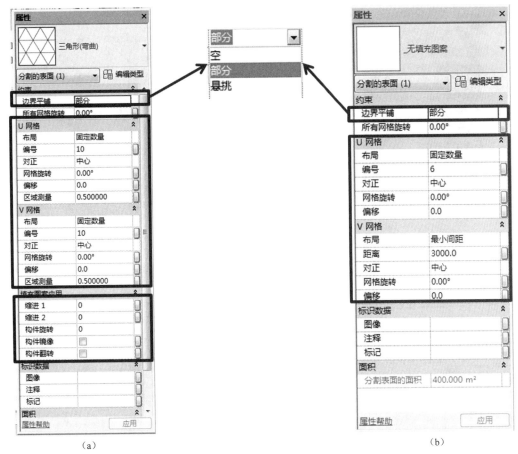

图 13.42　有无填充图案的属性对话框差别

注：默认边界平铺为"部分"，这也是最为常见的一种"边界平铺"方式；

此后将构件应用到表面，边界构件会继承在为表面填充图案时所设置的边界平铺条件。

② 缩进参数：应用"填充图案应用"列表下的"缩进 1"和"缩进 2"时，可分别控制填充图案偏移 V 网格（缩进 1）和 U 网格（缩进 2）分格数。这两个参数值必须为整数，可以是正值、负值或零。其填充效果对比如图 13.43 所示。

当缩进 1=0，缩进 2=0 时，如图 13.43（a）所示。

当缩进 1=1，缩进 2=0 时，如图 13.43（b）所示，分割表面在 V 网格（竖向）上正偏移一个网格。

当缩进 1=0，缩进 2=1 时，如图 13.43（c）

所示，分割表面在 U 网格（水平）上正偏移一个网格。

13.2.2.7　填充图案构件族

用"基于公制幕墙嵌板填充图案.rft"和"基于填充图案的公制常规模型.rft"的族样板，可以创建填充图案嵌板构件。这些构件可作为体量族的嵌套族载入概念体量族中，并应用到已分割或已填充图案的表面。同时也可以将这两个族样板文件创建的族作为幕墙嵌板类别加入明细表中。用这两个族样板构建构件时，也可以通过形状生成工具来创建各种形状。

将填充图案构件应用到分割表面后，可以统一对所有构件或单个构件进行修改。

本节以"基于公制幕墙嵌板填充图案.rft"为例，详细介绍如何创建填充图案构件族。

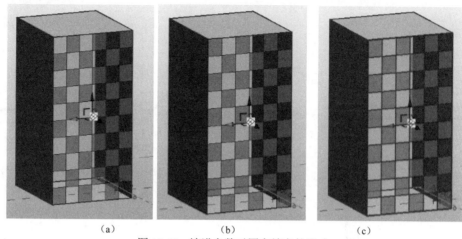

(a)   (b)   (c)

图 13.43 缩进参数对图案填充的影响

（1）填充图案构件族样板

单击"文件"选项卡 ▶ "新建" ▶ "族"

▶ 选择"基于公制幕墙嵌板填充图案.rft"，如图 13.44 所示。

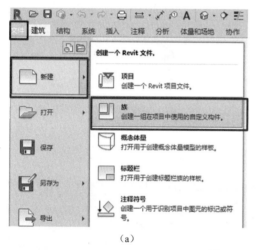

(a)

(b)

图 13.44 新建填充图案

"基于公制幕墙嵌板填充图案.rft"族样板由瓷砖填充图案网格、参照点和参照线组成，如图 13.45（a）所示。默认的参照点、参照线是锁定的，只允许在 Z 轴方向上移动，如图 13.45（b）、（c）所示。这样可以维持构件的基本形状，以便构件可严格按网格数据的分布应用到填充图案中去。

如图 13.45（d）所示，在此样板中只有一个楼层平面视图，且不能添加标高来生成一个新的楼层平面视图，也没有立面视图和默认的垂直参照平面；在创建族时，也不能添加三维参照平面。参照线和模型线工具可用。

（2）选择填充图案网格

设计填充图案构件前，首先需要选择一个符合填充表面的瓷砖填充图案网格。基于不同的填充图案网格创建三维形状，将形成不同的填充图案构件。

Revit 所支持填充图案网格见表 13.6，默认为"矩形"瓷砖填充图案网格，如要更改，在绘图区域中单击选择瓷砖填充图案网格，在"类型选择器"中，可重新选择所需的填充图案网格，如图 13.46 所示，此时绘图区域将会应用新的瓷砖填充图案网格。

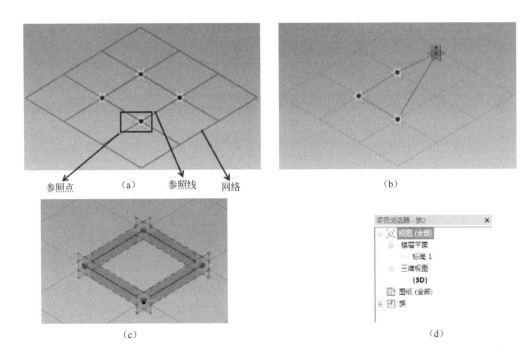

参照点　　　　（a）　　　参照线　　网络　　　　　　　　　（b）

（c）　　　　　　　　　　　　　　　（d）

图 13.45　基于公制幕墙嵌板填充图案.rft 界面

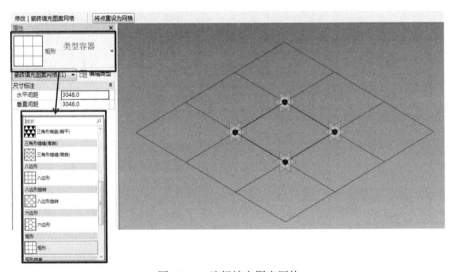

图 13.46　选择填充图案网格

注：如果修改某个填充图案网格上的参照点参照线的位置，之后又选择了其他的填充图案网格，那么再切换到修改过的那个网格图案之时，之前的修改将不做保留。

（3）创建填充图案构件族

下面举例说明如何创建一个基于公制幕墙嵌板填充图案的填充图案构件族。步骤如下。

① 单击"文件"选项卡 ➤ "新建" ➤ "族" ➤ 选择"基于公制幕墙嵌板填充图案.rft"，如图 13.44 所示，默认情况下会显示方形的瓷砖填充图案网格，如图 13.46 所示。

② 在绘图区域中选择瓷砖填充图案网格，如图 13.47（a）所示，在"类型选择器"中，选择距离设计的形状和布局最近的填充图案网格，如图 13.47（b）所示，将会应用新的瓷砖填充图案网格。

③ 修改平铺的几何图形，可以通过添加点、直线、其他几何图形并拉伸填充图案来设计新的构件，如图13.47（c）、（d）所示。

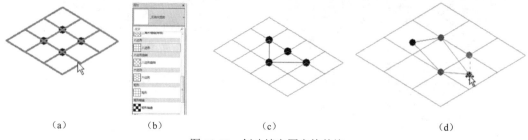

（a）　　　　　　（b）　　　　　　　　　（c）　　　　　　　　　　　（d）

图 13.47　创建填充图案构件族

（4）应用填充图案构件族

将填充图案构件应用到概念设计环境中的分割曲面的步骤如下。

① 选择已分割或已填充图案的表面，如图13.48（a）所示。

② 加载填充图案构件族。

③ 在"类型选择器"中，选择填充图案构件族，如图13.48（b）所示。其位置位于列表中原始平铺形状之下。构件将应用到已填充图案的表面，如图13.48（c）所示。

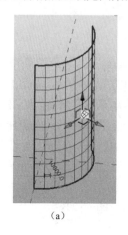

（a）　　　　　　　　　　（b）　　　　　　　　　（c）

图 13.48　应用填充图案

（5）修改所有填充图案构件

单击选择应用了填充图案构件的表面，通过 Ctrl 键加选，或通过过滤器选择所有应用了图案填充的构件表面，如图 13.49（a）所示，选中所有的分割表面后，在填充图案类型容器中，选择相应的填充图案，如图 13.49（b）所示，即可一次修改所有填充图案构件的表面。

（a）   （b）   （c）

图 13.49　过滤器选择分割表面

注：如果填充图案构件被应用到表面后，需要更换新填充图案，那么原先的填充图案构件会被新的填充图案替换，而不再与该填充图案共存。

单击应用了填充图案构件的表面后，再单击鼠标右键，在弹出的对话框中 Revit 提供了三种选择构件的方式，如图 13.49（c）所示，可选择所有或部分填充图案构件。通过这些选择项可以在表面边界或内部的填充图案构件之间作选择切换，并通过类型容器选择新的填充构件，进行更换填充构件。

此外，在填充图案构件族"属性"对话框上的"填充图案应用"列表中还提供了"构件旋转""构件镜像"和"构件翻转"三个参数用来辅助调整构件族。

注：如果填充图案构件被应用到表面后，需要更换新填充图案，那么原先的填充图案构件会被新的填充图案替换，而不再与该填充图案共存。

（6）修改单个填充图案构件

除了可统一修改所有的填充图案构件族，还可以用另一个填充图案构件来替换填充图案构件的单个实例。

单击选择单个填充图案构件。在"类型选择器"中选择新的填充图案构件，原填充图案构件将被替换。

注：如果要选择几个邻近填充图案构件中的任何一个，可使用 Tab 键切换。

（7）缝合分割表面的边界

填充图案构件除了作为重复构件单元用于填充外，还可以通过自适应的方式用来手动缝合表面的边界和解决在非矩形且间距不均匀的网格上创建和放置填充图案构件嵌板（三角形、五边形、六边形等）的问题。

下面以一个三点填充图案构件来填充未通过选定填充图案填充构件的边。步骤如下。

① 创建新的构件族。本例以幕墙嵌板族为样板，选"三角形（扁平）"（三点填充图案构件）的瓷砖填充图案网格。完毕后保存并将构件族载入到概念设计。

② 在概念设计中，该构件用来缝合如图 13.50（a）所示表面的开放边界。在概念设计中，从项目浏览器将该构件族拖曳到绘图区域中。

该构件族列在"幕墙嵌板"下,如图13.50(b)所示。

③ 将三个点放置在将用于创建新嵌板的表面上,如图13.51(a)所示,结果如图13.51(b)所示。

注:点的放置顺序非常重要。如果构件族是一个拉伸,当点按逆时针方向放置时,拉伸的方向将会翻转。

④ 根据需要继续放置嵌板以填充表面的边界,最后结果如图13.51(c)所示。

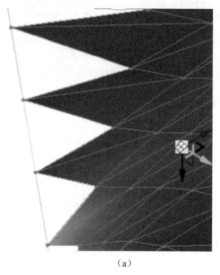
(a)

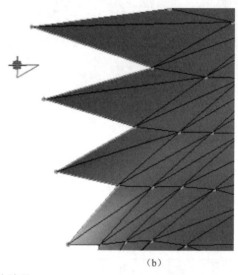
(b)

图13.50 缝合边界1

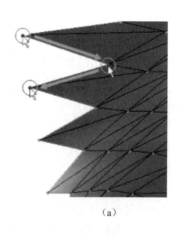
(a)

(b)

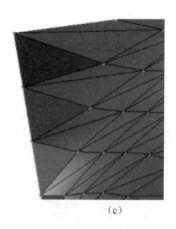
(c)

图13.51 缝合边界2

13.2.2.8 表面表示

在概念设计环境中编辑表面时,可以通过"表面表示"工具来选择要查看的表面图元。单击选择一个"分割的表面",然后单击功能区中"修改 | 分割表面"选项卡 ➤ "表面表示"面板 ➤ ◈(表面)、◈(填充图案)或◈(构件)工具,可在概念设计环境中显示或隐藏其表面图元,如图13.52(a)所示。

注:从"表面表示"面板所做的修改仅限于在族文件内部的显示,不会传递到项目中。要全局性地显示或隐藏表面图元,可以在项目文件中单击功能区中"视图"选项卡 ➤ "图形"面板 ➤ ▥(可见性/图形),在▥(可见性/图形)对话框中进行可见性设置。

在"表面表示"面板中,单击右下方◥(显示属性)按钮,如图13.52(a)所示,将显示带有"表面""填充图案"和"构件"选项卡的对话框，如图 13.52（b）、（c）和（d）所示。每个选项卡中都包含表面图元专有项目的复选框。勾选某个复选框后，绘图区域中会显示出相应的变化。单击"确定"，以确认任何修改。

（1）"表面"选项卡

选择概念体量的表面，激活"表面表示"面板上的"表面"，单击 ⊾（显示属性）按钮，

在弹出的对话框中可进行如下的操作。

- 原始表面：显示已被分割的原始表面，单击 □（浏览）以更改表面材质，如图 13.52（b）所示。
- 节点：显示 UV 网格交点处的节点。默认情况下，不启用节点，如图 13.52（b）所示。
- UV 网格和相交线：在分割的表面上显示 UV 网格和相交线，如图 13.52（b）所示。

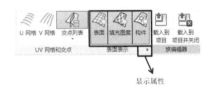

（a）

（b）

（c）

（d）

图 13.52　表面属性

当选中某个对话框复选框时，表面会立即更新。

（2）"填充图案"选项卡

选择概念体量填充图案的表面，激活"表面表示"面板上的"填充图案"，单击 ⊾（显示属性）按钮，在弹出的对话框中可进行如下的操作。

- 填充图案线：显示填充图案形状的轮廓。
- 图案填充：显示填充图案的表面填充。单击 □（浏览），以修改表面材质。

（3）"构件"选项卡

选择概念体量赋予填充构件的表面，激活"表面表示"面板上的"构件"，单击 ⊾（显示属性）按钮，在弹出的对话框中可进行如下的操作。

- 填充图案构件：显示表面应用的填充图案构件。

13.2.2.9　自适应构件

在建筑概念设计阶段，免不了需要时常地修改模型，同时又希望在修改时保持模型之间的相互关系。在 Revit 里，通过自适应功能就可以处理构件需要灵活适应独特概念条件的情况。这样的构件被称为自适应构件，它可以随着被定义的主体的变化而产生相应的变化。用"自适应公制常规模型.rft"的族样板，可以创建自适应构件族。其默认的族类别为"常规模型"，也可以为自适应构件重新指定一个类别。这些构件族类似于填充图案构件族，可作为嵌套族载入概念体量族和填充图案构件族中或直接载入项目文件中。同时被用来布置符合自定义限制条件的构件而生成的重复系统或作为灵活的独立构件被应用。用这个构件族样板创建构件时，同样

也可以通过形状生成工具来创建各种形状。

"填充图案构件"实际上也是一种自适应构件，只不过它受限制于分割表面网格的划分或是瓷砖填充图案的类型。用"基于公制幕墙嵌板填充图案.rft"或"基于填充图案的公制常规模型.rft"创建的填充图案构件族与用"自适应公制常规模型.rft"创建的自适应构件族相比，后者创建的灵活性更大、应用范围更广。

本节以"自适应公制常规模型.rft"为例详细介绍如何创建、应用和修改自适应构件族。

13.2.2.10　创建自适应构件族

（1）自适应点介绍及创建

创建自适应构件族，首先要创建自适应点。自适应点是用于设计自适应零构件的修改参照点，通过🔧（使自适应）工具可以将参照点转换为自适应点。通过普通"参照点"创建的非参数化构件族在载入体量族后的形状是固定的，不具备自适应到其他图元或通过参照点来改变自身形状的功能。而自适应点可以理解为自适应构件的关节，通过定义这些关节的位置，就可以随心所欲地确定构件基于主体的形状和位置。并且通过捕捉这些灵活绘制的几何图形来创建自适应构件族。

（2）创建自适应点

指定参照点作为自适应点以设计自适应构件。必须基于"自适应公制常规模型.rft"族样板进行建模以创建自适应点。步骤如下。

① 文件 ▶ 新建 ▶ 族 ▶ 选择"自适应公制常规模型.rft"族样板文件。

② 单击功能区中：创建 ▶ 绘制 ▶ ⊙（点图元），如图 13.53（a）所示。

③ 在绘图区域单击绘制四个参照点，如图 13.53（b）所示。

④ 选择所有参照点，单击功能区"修改参照点"选项卡 ▶ "自适应构件"面板 ▶ 🔧（使自适应）按钮。这些点即成为自适应点。要将该点恢复为参照点，请选择该点，然后再次单击🔧（使自适应）。

> 注：1. 自适应点按其放置顺序进行编号。
>
> 2. 将自适应转换为普通参照点后，基于点的三个参照平面将默认显示，见 13.1.7 参照点。
>
> 3. 某些点被恢复为参照点后也将同时影响其他自适应的编号。如将图 13.53（b）中的 1 号和 3 号点恢复为参照点，原来的 2 号点与 4 号点被重新调整编号为 1 号和 2 号。

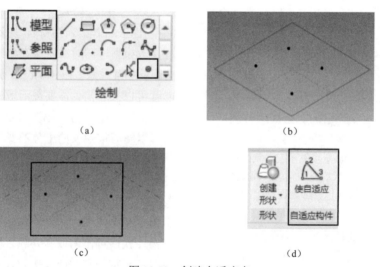

（a）　　　　　　　　　　（b）

（c）　　　　　　　　　　（d）

图 13.53　创建自适应点

（3）创建自适应构件形状

在创建完自适应点后，通过捕捉这些点和"创建形状"工具来创建一些形状。步骤如下。

① 单击功能区中创建 ➤ 绘制 ➤ 模型线按钮，如图13.54（a）所示，在选项栏上勾选"三维捕捉"，如图13.54（c）所示，在绘图区域中绘制一些模型线，如图13.54（b）所示。

② 单击功能区中创建 ➤ 绘制 ➤ ⊙（点图元）按钮，如图13.54（a）所示，在绘图区域的参照线上单击绘制一个基于主体的参照点，如图13.54（d）所示。

③ 单击选择该参照点，使工作平面切换到点所在平面。单击功能中修改 | 参照点 ➤ 绘制 ➤ ⊙（圆形）按钮，以参照点为圆心绘制一个圆，半径300mm，如图13.54（d）所示。

④ 选择周边线，与所绘制的圆，按Tab键切换选择，用Ctrl键实现加选，单击功能区中修改 | 选择多个 ➤ 形状 ➤ 创建形状 ➤ 实心形状，创建如图13.54（e）所示形状。

⑤ 同理，继续创建形状，结果如图13.54（f）所示。

注：1. 单击选择其中一个自适应点，拖动"三维控件"，如果形状随点的移动而移动，说明创建成功。

2. 自适应构件族被载入体量族或项目文件中后其形状需要用户自定义，不依赖于之前在构件族中的形状。因而在此构件族中创建的形状只需要确定相互之间的关系，不必像其他构件族那样做准确定位。

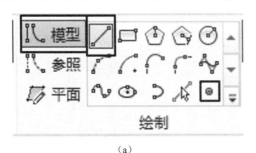

（a）

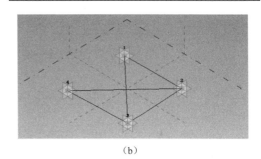

（b）

修改 | 放置 线　放置平面: 标高: 参照标高 ▾ | ☐根据闭合的环生成表面　☑三维捕捉　☑链　☐跟随表面　投影类型: 跟随表面 UV

（c）

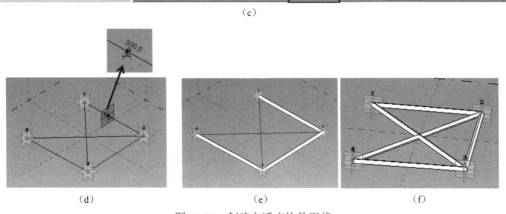

（d）　　　　　　　　（e）　　　　　　　　（f）

图13.54　创建自适应构件形状

13.2.2.11　应用自适应构件族

可将自适应模型放置在另一个自适应构件、概念体量、幕墙嵌板、内建体量和项目环境中。下面以将上面创建的自适应构件，放置到概念体量中为例，讲解自适应构件的应用。

（1）放置自适应构件

① 新建概念体量文件，在绘图区域创建如图13.55（a）所示两个标高，在两个标高上分别建两条样条曲线。

② 把前面创建的自适应构件载入到当前项目，如图13.55（b）所示。

③ 从项目浏览器中，拖动"自适应构件"到绘图区域，分别在四条线上拾取相应的点，即可创建自适应构件，如图13.55（c）所示。

④ 同理，可创建新的自适应构件，如图 13.55（d）所示。

> 注：1. 点的放置顺序非常重要，在体量族中定义不同的顺序生成的构件形状可能不同，如图 13.56（d）所示两个自适应形状，即为因放置点顺序不同，而产生的差异。
>
> 2. 放置时，可随时按 Esc 键，来基于当前的自适应点放置模型。如在放置两个点后按 Esc 键，模型将基于这两个点放置模型，另外两个没有被定义位置的自适应点将遵从原始自适应构件族中的相对位置来生成形状，并定义其位置。
>
> 3. 单击选择已添加好的自适应构件族，把鼠标放在选择的构件上，当出现 ✛（移动）图标后，按住鼠标左键可将构件沿主体移动；如同时按住 Ctrl 和鼠标左键，可将构件沿主体拖动复制。

（2）自动重复地布置构件

在分割路径上根据分割点的位置，重复布置自适应构件，可以使用 ⊞（重复）工具。步骤如下。

① 新建概念体量，创建如图 13.56（a）所示路径（模型线）。

② 将自适应构件加载到设计中。这些自适应构件将列在"项目浏览器"中的"常规模型"或"幕墙嵌板（按填充图案）"下。

③ 选择所创建的路径，单击功能区，分割路径，如图 13.56（b）所示。单击"路径"，如图 13.56（c）所示，则显示创建路径的控制点，否则为不显示；图 13.56（c）布局为启用和禁用是否启用分割节点的选项。

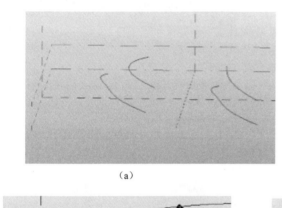

（a）

（b）

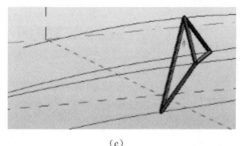

（c）

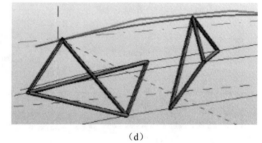

（d）

图 13.55　放置自适应构件

④ 单击"创建"选项卡 ▶ "模型"面板 ▶ ⬚（构件），然后从"类型选择器"中选择自适应构件。或者可以将自适应构件从项目浏览器拖到绘图区域中，在路径的分割点上放置构件，如图 13.56（f）所示。

⑤ 选中构件，单击"修改｜常规模型" ▶ "修改"面板 ▶ ⊞（重复）如图 13.56（e）

所示，结果如图 13.56（g）所示。

> 注：在放置构件时，必须选择"放置在面上"，而不能选择"放置在工作平面上"，如图 13.56（d）所示。

13.2.2.12　修改自适应点

自适应构件族受到自适应点的控制，因而修改自适应点，构件族也会发生相应变化。自适应点可作为"放置点"用于放置构件，它们将按载入构件时的编号顺序放置。将参照点设为自适应点的1，默认情况下，它将是一个"放置点"。自适应点也可以作为"造型操纵柄点"用来控制基于这些点的自适应构件的形状。

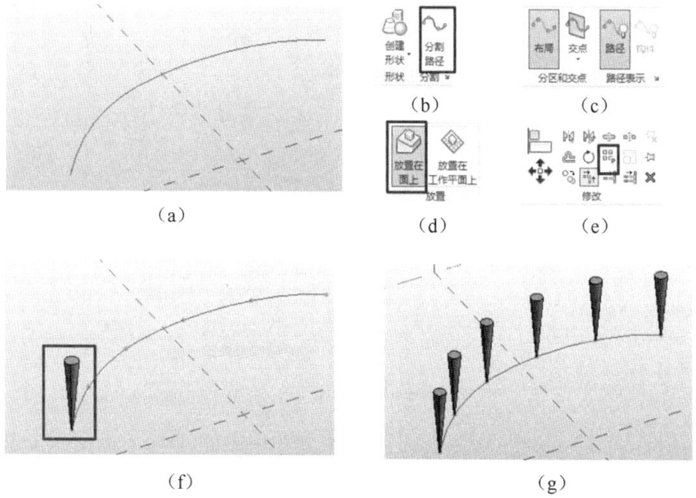

图 13.56　自动重复布置构件

（1）自适应点（放置点）、参照点和造型操纵柄点

自适应点是控制自适应构件族形状的点，通过修改自适应点来修改自适应构件族。自适应点可作为"放置点"用于放置构件，它们将按载入构件时的编号顺序放置，"放置点"用来指定概念设计环境 XYZ 工作空间中的位置，是带有顺序编号的，可以控制自适应构件；参照点可以在概念设计中帮助构建、定向、对齐和驱动几何图形，普通的"参照点"没有编号。造型操纵柄点为定义点，可以将自适应点用作造型操纵柄。造型操纵柄点与普通参照点一样，也没有编号信息。在放置构件时这些点将不会起到定义形状和位置的作用，仅在放置构件后通过这些点的移动来控制构件。

通过"使自适应"工具可以将参照点与放置点做相互转换；同时也可以在"属性"对话框的"点"参数下拉列表中执行这样的转换。

（2）修改"放置点"的属性

① 修改"放置点"的编号：只有"放置点"有编号，"参照点"与"造型操纵柄点"是没有编号的。修改"放置点"的编号顺序，对之后放置相应的自适应构件也会产生影响。指定点的编号，就能确定自适应构件每个点的放置顺序。

在绘图区域中单击"放置点"的编号，该编号会显示在一个可被编辑的文本框中。输入新的编号，按 Enter 键，或者单击文本框外面的区域退出。如果输入当前已使用的"放置点"编号，这两点的编号将互换。

② 修改"放置点"的方向：单击选择"放置点"，通过属性对话框上的"自适应构件"列表中"方向"参数，可为自适应点的垂直定向指定参照平面，如图 13.57（a）所示。在体量族中应用此自适应构件，不同的"方向"会有不同的表现效果。

（3）修改"造型操纵柄点"属性

指定点为"造型操纵柄点"后，在属性对话框上，将激活"受约束"参数，如图 13.57（b）所示。通过指定点的约束范围基于的工作平面来对其移动范围进行约束，包括：无、YZ 平面、ZX 平面、XY 平面。

13.2.2.13　在体量族中修改自适应构件

在体量族中修改自适应构件的方式方法，常见的有三种。通过调整主体的形状，自适应构件也会有相应的变化。再就是通过修改自适应点的属性改变自适应构件的形状，如修改图 13.58（b）的规格化曲线参数见图 13.58（a），当修改规格化曲线参数值为 0.8 时，结果如图 13.58（c）所示。

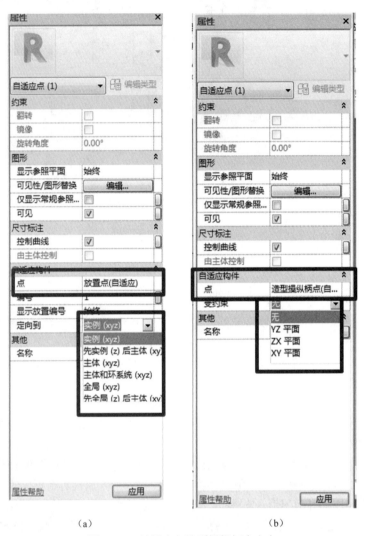

（a）　　　　　　　　　　（b）

图 13.57　放置点与造型操纵柄点方向

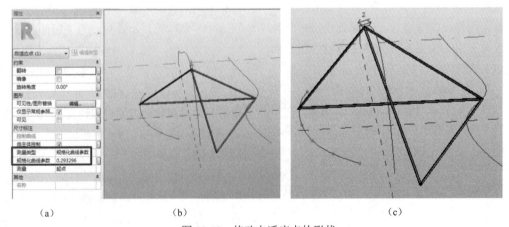

（a）　　　　　　　　（b）　　　　　　　　　　（c）

图 13.58　修改自适应点的形状

13.3　体量族在项目文件中的应用简介

在 Revit 项目环境中，可以通过内建体量族和载入体量族图元两种方式进行建筑概念设计。当概念设计就绪后，可以进行以下三方面的深化设计：创建体量楼层，提取体量楼层的参数信息（例如面积/体积和周长，用于概念设计分析）；从体量实例中创建建筑图元，（例如楼板、墙体、屋顶和幕墙系统），在体量变化时可以同步更新这些建筑图元。在项目环境中载入多个体量实例，这些实例可以指定单独的选项、工作集和阶段，同时可以通过设计选项来修改多个体量之间的材质、形式和关联。下面将对体量楼层的应用与从体量实例创建建筑图元做简单介绍。

13.3.1　体量楼层的应用

在概念设计期间，使用体量楼层划分体量以进行分析。体量楼层提供了有关切面上方体量直至下一个切面或体量顶部之间尺寸标注的几何图形信息，如周长、面积、体积等，软件自动计算相关信息，且根据体量的调整而自动变化。

13.3.1.1　创建体量楼层

思路为在标高处生成体量楼层，如图 13.59 所示，具体步骤如下。

① 将标高添加到项目中（如果尚未执行该操作）。

② 选择体量。可以在任何类型的项目视图（包括楼层平面、天花板平面、立面、剖面和三维视图）中选择体量。

③ 单击"修改 | 体量"选项卡 ▶ "模型"面板 ▶ 🗃️（体量楼层）。

④ 在"体量楼层"对话框中，选择需要体量楼层的各个标高，然后单击"确定"。

> 注：1. 如果您选择的某个标高与体量不相交，在此标高平面上不会为体量创建体量楼层。调整体量的高度，直至与指定的标高相交，创建才会成功。

> 2. 如果体量顶部与标高重合，则顶部不会生成体量楼层。

13.3.1.2　创建体量楼层明细表

体量楼层提供了切面上方直到下一个切面或者体量顶部之间尺寸标注的几何图形信息，其中包括：面积、外表体积、周长和体积。因此，在创建体量楼层后，可以创建这些体量楼层的明细表，使用这些明细表用于设计分析。体量的形状改变后，体量明细表会随之自动更新。下面将讲述明细表创建方法。

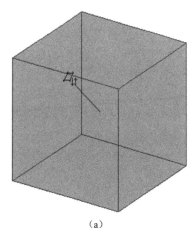

（a）

（b）

（c）

图 13.59　创建体量楼层

（1）体量楼层参数

选中项目中的体量与体量楼层，在属性

栏则会显示其相应的实例参数，如图 13.60 所示。参数说明详见表 13.7 和表 13.8。

（a）

（b）

图 13.60　体量与体量楼层的实例参数

表 13.7　体量实例参数——尺寸标注

参　　数	说　　明	只读
宽度、高度、深度	体量的长宽高，可以修改，修改后体量的尺寸也随之改变	否
体量楼层	单击"编辑"可打开"体量楼层"对话框。此对话框将显示项目中的所有标高，在选择标高时，Revit 会为与体量相交的各个选定标高生成体量楼层，会计算体量楼层的面积、周长、体积和外表面积	
总体积	该值为只读	是
总表面积	该值为只读。总表面积包括体量的侧面、顶部和底部	是
总楼层面积	在添加体量楼层后，该只读值将发生变化	是

表 13.8　体量楼层实例参数说明

参　　数	说　　明	只读
尺　寸　标　注		
楼层周长	体量楼层外边界的总线性尺寸标注	是
楼层面积	体量楼层的表面积，其单位为平方单位	是
外表面积	1. 从体量楼层周长向上到下一体量楼层的外部垂直表面（墙）的表面积，其单位为平方单位。对于最上方的体量楼层，外表面积包括其上方的水平表面（屋顶）的面积； 2. 单个体量中所有体量楼层的复合外表面积包括该体量的顶部和侧面，但它不包括该体量的底部； 3. 连接体量后，将从各个体量楼层的外表面积中扣除体量共享的内墙的面积	是

参　　数	说　　明	只读
楼层体积	体量楼层与其上方的表面之间以及这两者之间由外垂直表面包围起来的物理空间大小	是
标高	体量楼层所基于的标高（水平平面）	是
标　识　数　据		
用途	对体量楼层的预计用途的描述。可输入汉字，也可单击字段后选择现有的值	否
体量：类型	体量楼层所属的体量类型	是
体量：族	体量楼层所属的体量族	是
体量：族与类型	体量楼层所属的体量族和类型	是
体量：类型注释	体量楼层所属的体量族和类型	是
体量：注释	体量楼层所属的体量类型的注释	是
体量：说明	对体量楼层所属的体量的说明	是
图像	表示体量楼层的图像	否
注释	说明体量楼层的文字	否
标记	用户为体量楼层指定的标识符	否
阶　段　化		
创建的阶段	创建体量楼层的阶段	否
拆除的阶段	拆除体量楼层的阶段	否

（2）指定体量楼层的用途

在创建体量楼层后，可以指定其用途。然后可以在设计时执行各种类型的分析。指定体量楼层用途的常用方法如表 13.9 所示。

表 13.9　指定体量楼层用途的方法

方　法	功　　能
明细表	在体量楼层明细表中包含"用途"字段。然后在明细表中指定用途。打开明细表，单击某一行的"用途"列，然后输入文字。如果已经输入其他体量楼层的用途值，可以单击该字段，然后从列表中选择一个值
标记	要在视图中标记体量楼层，使用指定给每一种体量楼层的用途的体量楼层标记
属性	在视图中单击选择一个或通过 Ctrl 键加选多个体量楼层，在"属性"选项板"用途"参数中输入不同字段，如：零售、办公、住宅，用于表明不同体量楼层的建筑功能

注：在用途参数中输入某个字段后，该字段将出现在"用途"参数下拉列表中供选择。

（3）创建体量楼层明细表

创建体量楼层后，可通过明细表指定用途或分析设计。如果修改体量的形状，明细表会随之更新。

步骤如下。

① 为体量楼层指定用途，具体方法参见前述。

② 单击"视图"选项卡 ➤ "创建"面板 ➤ "明细表"下拉列表 ➤ ▦（明细表/数量），则弹出"新建明细表"对话框，如图 13.61（a）所示。

③ 在"新建明细表"对话框中，执行下列操作。

- 单击"体量楼层"作为"类别"，如图 13.61（a）所示。
- 指定明细表的名称作为"名称"，本例选择默认，如图 13.61（a）所示。
- 选择"建筑构件明细表"。
- 单击"确定"。

④ 在"明细表属性"对话框中，执行下列操作。

- "字段"选项卡上，选择所需的字段，双击或单击，如用途、标高、体量：类型、楼层面积，如图 13.61（b）所示。
- 单击"添加计算参数"，添加参数：楼层面积百分比，如图 13.61（b）和（c）所示。
- 使用其他选项卡指定明细表的排序设置，如图 13.61（d）所示。
- 格式设置如图 13.62（a）所示，分别选择楼层面积和楼层面积百分比，在右下角选择"计算总数"。
- 单击"确定"，生成明细表，如图 13.62（b）所示。

(a) (b)

(c) (d)

图 13.61　创建体量楼层明细表 1

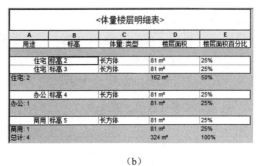

(a) (b)

图 13.62　创建体量楼层明细表 2

13.3.1.3　标记体量楼层

在创建体量楼层后，可以在二维视图和三维视图中对其进行标记。标记可以包含各个体量楼层的面积、外表面积、周长、体积和用途的相关信息。如果修改了体量的形状，标记也会随之更新，以反映该变化。

有两种方式可以进行体量楼层标记，"按类别标记"和"标记所有未标记的对象"。下面分别简述。

（1）按类别标记

① 单击"注释"选项卡 ➤ "标记"面板 ➤ （按类别标记），图 13.63（a）所示。

② 单击选项栏中"标记…"按钮，如图 13.63（b）所示，在"载入的标记"对话框中单击选择，也可以通过"载入族"按钮从标记族库中选择其他体量楼层标记，如图 13.63（b）所示。

(a)

(b)

（c）

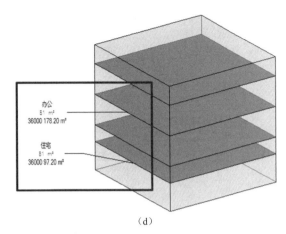

（d）

图 13.63 体量楼层按类别标记

③ 在绘图区域内选择"体量楼层"图元，可以用 Tab 键进行选择切换，创建属于该"体量楼层"的体量楼层标记，结果如图 13.63（d）所示。

（2）标记所有未标记的对象

① 单击"注释"选项卡 ➤ "标记"面板 ➤ 📌 "全部标记"。

② 在"标记所有未标记的对象"对话框中单击选择"体量标记"和"体量楼层标记"，见图 13.64，单击确定。

③ 所有未标记的体量楼层将全部被标记。

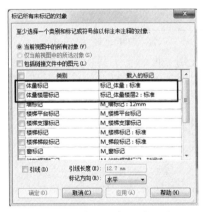

图 13.64 标记未标记的对象

13.3.2 从体量实例创建建筑图元

"体量楼层"虽然可以用来帮助作概念设计分析，但其与内建或可载入体量本身并不

具备任何建筑属性，必须把体量转化为真正的建筑图元才好进行下一步的设计工作。通过体量楼层和体量面，可以创建楼板、屋顶、墙和幕墙，下面将简要叙述其操作步骤。

13.3.2.1 从体量楼层创建楼板

① 打开显示概念体量模型的视图。

② 单击"体量和场地"选项卡 ➤ "面模型"面板 ➤ 🗄️（面楼板），如图 13.65（a）所示，或楼板、面楼板，如图 13.65（b）所示。

③ 在类型选择器中，选择一种楼板类型，如图 13.65（c）所示。

④ （可选）要从单个体量面创建楼板，请单击"修改 | 放置面楼板"选项卡 ➤ "多重选择"面板 ➤ ⬚️（选择多个）以禁用此选项（默认情况下，处于启用状态），如图 13.65（d）所示。

⑤ 移动光标以高亮显示某一个体量楼层。

⑥ 单击以选择体量楼层，如果已清除"选择多个"选项，则立即会有一个楼板被放置在该体量楼层上。

⑦ 如果已启用"选择多个"，请选择多个体量楼层，进行如下操作：

- 单击未选中的体量楼层即可将其添加到选择中。单击已选中的体量楼层即可将其删除。光标将指示是正在添加（+）体量楼层，还是正在删除（−）体量楼层；
- 要清除整个选择并重新开始，请单击"修改 | 放置面楼板"选项卡 ➤ "多重选择"

面板 ▶ （清除选择），如图 13.65（d）所示；

- 选中需要的体量楼层后，单击"修改 | 放

置面楼板"选项卡 ▶ "多重选择"面板 ▶ "创建楼板"，如图 13.65（d）所示。

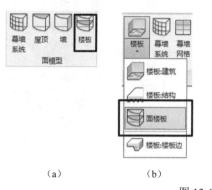

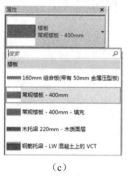

（a）　　　　　（b）　　　　　（c）　　　　　（d）

图 13.65　创建面楼板

13.3.2.2　从体量面创建屋顶

使用"面屋顶"工具在体量的任何非垂直面上创建屋顶。步骤如下。

> 注：1. 无法从同一屋顶的不同体量中选择面；
>
> 2. 如果修改体量面，使用"面屋顶"工具创建的屋顶不会自动更新。

① 打开显示体量的视图。

② 单击"体量和场地"选项卡 ▶ "面模型"面板 ▶ 🔲（面屋顶），或屋顶、面屋顶。

③ 在类型选择器中，选择一种屋顶类型，如果需要，可以在选项栏上指定屋顶的标高。

④（可选）要从一个体量面创建屋顶，请单击"修改|放置面屋顶"选项卡 ▶ "多重选择"面板 ▶ 🔲（选择多个）以禁用它（默认情况下，处于启用状态）。

⑤ 移动光标以高亮显示某个面，单击以选择该面。

> 注：1. 如果已清除"选择多个"选项，则会立即将屋顶放置到面上；
>
> 2. 通过在"属性"选项板中修改屋顶的"已拾取的面的位置"属性，可以修改屋顶的拾取面位置（顶部或底部）。

⑥ 如果已启用"选择多个"，请按如下操作选择更多体量面。

- 单击未选择的面以将其添加到选择中。单

击所选的面以将其删除。光标将指示是正在添加（+）面还是正在删除（-）面。

- 要清除选择并重新开始选择，请单击"修改|放置面屋顶"选项卡 ▶ "多重选择"面板 ▶ （清除选择）。

- 选中所需的面以后，单击"修改|放置面屋顶"选项卡 ▶ "多重选择"面板 ▶ "创建屋顶"。

> 注：1. 不要为同一屋顶同时选择朝上的面和朝下的面；
>
> 2. 如果希望生成的屋顶嵌板既包含朝上的面又包含朝下的面，请将体量拆分为两个面，以便每一面完全朝上或完全朝下。然后从朝下面创建一个或多个屋顶，从朝上面创建一个或多个屋顶。

13.3.2.3　从体量面创建墙体

使用"面墙"工具，通过拾取线或面从体量实例创建墙。此工具将墙放置在体量实例或常规模型的非水平面上。

> 注：1. 如果您修改体量面，使用"面墙"工具创建的墙不会自动更新。要更新墙，请使用"更新到面"工具。
>
> 2. 要在垂直的圆柱形面上创建非矩形墙，请使用洞口和内建剪切功能来调整其轮廓。

步骤如下。

① 打开显示体量的视图。

② 单击"体量和场地"选项卡 ▶ "面模型"面板 ▶ 🔲（面墙），或墙-面墙。

③ 在类型选择器中，选择一个墙类型。

④ 在选项栏上，选择所需的标高、高度、

定位线的值。

⑤（可选）要从一个体量面创建墙，请单击"修改|放置面墙"选项卡 ➤ "多重选择"面板 ➤ ▧（选择多个）以禁用它（默认情况下，处于启用状态）。

⑥ 移动光标以高亮显示某个面。

⑦ 单击以选择该面，如果已清除"选择多个"选项，系统会立即将墙放置在该面上。

⑧ 如果已启用"选择多个"，请按如下操作选择更多体量面。

- 单击未选择的面以将其添加到选择中。单击所选的面以将其删除，光标将指示是正在添加（+）面还是正在删除（−）面。
- 要清除选择并重新开始选择，请单击"修改|放置面墙"选项卡 ➤ "多重选择"面板 ➤ ▧（清除选择）。
- 选中需要的面后，单击"修改|放置面墙"选项卡 ➤ "多重选择"面板 ➤ "创建墙"。

13.3.2.4 从体量实例创建幕墙系统

使用"面幕墙系统"工具在任何体量面或常规模型面上创建幕墙系统。步骤如下。

① 打开显示体量的视图。

② 单击"体量和场地"选项卡 ➤ "面模型"面板 ➤ ▦（面幕墙系统）。

③ 在类型选择器中，选择一种幕墙系统类型。

④ 使用带有幕墙网格布局的幕墙系统类型。

⑤ （可选）要从一个体量面创建幕墙系统，请单击"修改 | 放置面幕墙系统"选项卡 ➤ "多重选择"面板 ➤ ▧（选择多个）以禁用它（默认情况下，处于启用状态）。

⑥ 移动光标以高亮显示某个面。

⑦ 单击以选择该面，如果已清除"选择多个"选项，则会立即将幕墙系统放置到面上。

⑧ 如果已启用"选择多个"，请按如下操作选择更多体量面。

- 单击未选择的面以将其添加到选择中。单击所选的面以将其删除，光标将指示是正在添加（+）面还是正在删除（−）面。
- 要清除选择并重新开始选择，请单击"修改 | 放置面幕墙系统"选项卡 ➤ "多重选择"面板 ➤ ▧（清除选择）。
- 在所需的面处于选中状态下，单击"修改 | 放置面幕墙系统"选项卡 ➤ "多重选择"面板 ➤ "创建面幕墙"。

> 注：将拾取框拖曳到整个形状上，将整体生成幕墙系统。

第14章 项目开始前的准备

项目开始前的准备内容比较多：团队组建、BIM 应用规划、共享方式、样板文件制作等。本节主要讲解软件操作层面的，主要包括共享方式、环境与信息配置、样板文件的制作，其中重点是样板文件的制作。

14.1 共享方式的选择

BIM 协同方法具有多样性，采用 Autodesk 系列 BIM 软件的协同方式有三种：文件链接、中心文件协同、文件集成。

（1）文件链接

文件链接方式也称为外部参照，该方式简单、便捷，参与人可根据需要随时加载模型文件，各专业之间的调整相对独立，是最容易实现的数据级协同方式，仅需要参与协同的各专业用户使用链接功能，将已有 RVT 数据链接至当前模型即可，如图 14.1 所示。适合大型项目、不同专业间或设计人员使用不同软件进行设计的情况。

- 优点：模型性能表现较好，软件操作响应快。
- 缺点：模型数据相对分散，协作的时效性差。

（a）

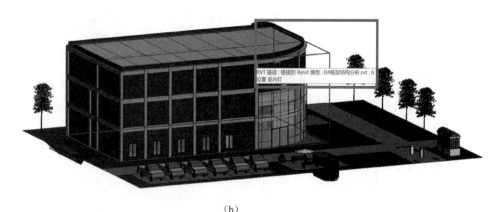

（b）

图 14.1 文件链接方式

（2）中心文件协同

中心文件协同的方式根据各专业参与人及专业特性划分权限，确定工作范围，各参与人独立完成相应设计工作，将成果同步至中心文件。同时，各参与人也可通过更新本地文件查看其他参与人的工作进度，如图 14.2（a）所示。从理论上讲，中心文件协同是最理想的协同工作方式，中心文件协同方式允许多人同时编辑相同模型，既解决了一模型多人同时划分范围建模的问题，又解决了同一模型被多人同时编辑的问题，还允许用户实时查看和编辑当前项目中的任何变化，但其问题是参与的用户越多，管理越复杂，对软硬件处理大量数据的性能表现要求很高，而且采用这种工作方式对团队的整体协同能力有较高要求，实施前需要详细专业策划，所以一般仅在同专业的团队内部采用。

- 优点：对模型进行集中存储，即时性强。
- 缺点：对服务器配置要求高，相关人员要用同一款软件。

中心文件的选取依据项目的规模而定，可以创建包含机电三个专业设计内容的中心文件，也可以创建包含某个或某几个特定专业设计内容的中心文件。通常有如下两种模式。

① 项目规模小，建立一个机电中心文件，水、暖、电各专业建立自己的本地文件，本地文件的数量根据各专业设计人员的数量而定，如图 14.2（b）所示。

② 项目规模大，水、暖、电各专业分别建立自己的中心文件，各专业间再使用链接模型进行协调，如图 14.2（c）所示。设计人员在本专业中心文件的本地文件上工作，如两个给排水设计人员在一个给排水中心文件上创建各自的给排水本地文件。

模式②中各专业模型是独立的，各专业中心文件同步的速度相对较快，如果需要做管线综合，可将三个专业的中心文件互相链接。

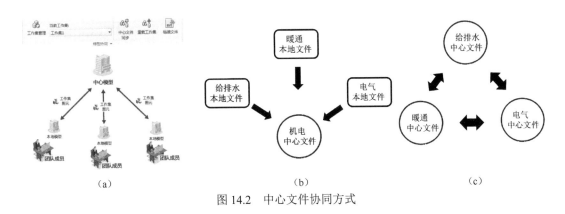

（a）　　　　　　　　　（b）　　　　　　　　　（c）

图 14.2　中心文件协同方式

（3）文件集成

文件集成方式指采用专用集成工具，将不同的模型数据文件都转成集成工具的格式，之后利用集成工具进行整合。集成工具如 Autodesk Navisworks、Bentley Navigator、Tekla BIMsig 都可用于整合多种软件格式设计数据形成统一集成的项目模型。文件集成把数据轻量化处理，在一些大型项目或是多种格式模型数据的整合上是常用的一种方式。缺点是不能对模型数据进行编辑，所有模型数据的修改都需要回到原始的模型文件中去进行。

三种方式各有优缺点，用户可根据项目大小、软硬件情况、团队的技术实力选择。

14.2　环境配置

（1）环境配置选项卡

为更方便地使用 Revit，有必要在项目开始前对 Revit 的应用环境进行设置，本节将讲述 Revit 选项卡中有关环境设置的主要页面与内容，步骤如下。

① 单击"文件"选项卡 ▶ 选项，打开选项卡页面，如图 14.3（a）和（b）所示。

② 选择相应页面进行设置，如图 14.3 所示。

（a）

（b）

（c）

（d）

图 14.3　选项卡页面

（2）常用环境配置及含义

下面对常规页面 [如图 14.3（a）所示]、用户页面 [如图 14.3（b）所示]、图形页面 [如图 14.3（c）所示]、文件位置页面 [如图 14.3（d）所示] 中的常用设置及含义做简单介绍。

① 常规页面选项中的"用户名"选项，如图 14.3（a）所示：与软件的特定任务关联的标识符。如 Revit 首次在工作站中运行时，使用 Windows 登录名作为默认用户名，用户可以更改用户名称。在网络中协作时，通过用户名来赋予编辑权限（不同用户赋予不同权限）。

② 用户页面 [如图 14.3（b）] 选项中的"工具和分析"选项如图 14.4（a）所示。选择或清除复选框，从而控制用户界面中可用的工具和功能。如图 14.4（a）所示不勾选钢和系统工具，则结果如图 14.4（b）所示，相应选项卡不出现在界面中，如需要出现，则直接勾选即可。

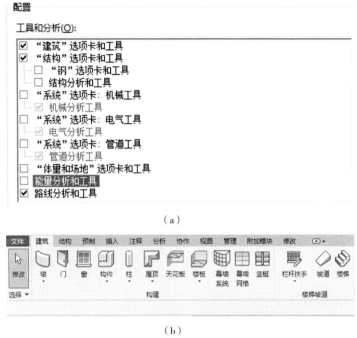

（a）

（b）

图 14.4　工具和分析选项对界面的影响

14.3　信息配置

项目信息配置包括项目信息、项目单位、项目参数、浏览器组织、项目位置等。

14.3.1　项目信息

单击"管理"选项卡 ➤ "设置"面板 ➤ 📖 "项目信息"，可打开项目信息设置对话框，如图 14.5（c）所示，设置相关信息后，

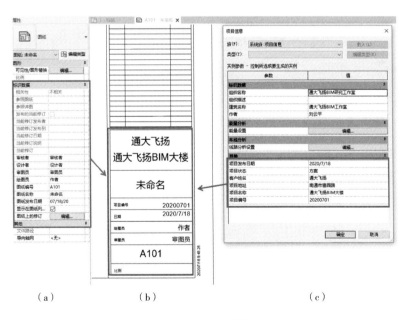

（a）　　　　　　　　（b）　　　　　　　　（c）

图 14.5　项目信息

在后续表格中即可读取。如图纸的标题栏如图 14.5（b）所示。图纸标题栏中相应信息在属性栏中也可输入，如图 14.5（c）所示。

能量分析属于绿色建筑的内容，目前 Revit 能对建筑的日光、照明和冷热负荷进行分析。在项目信息中可进行相关设置，如图 14.6 所示。

线路分析为 Revit2020 版本后提供的新功能，可用于计算从模型中的一个点行进到另一个点的距离和时间。可在项目信息中进行障碍物的设置，如图 14.7 所示。

（a）　　　　　　　　（b）　　　　　　　　（c）

图 14.6　能量设置

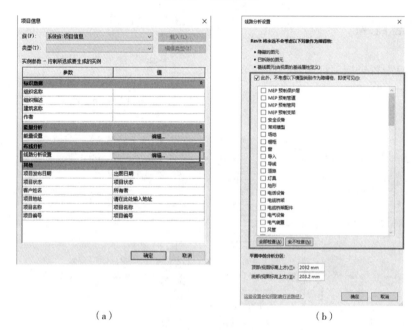

（a）　　　　　　　　（b）

图 14.7　障碍物设置

14.3.2　项目单位与参数

（1）单位设置

项目开始前要对项目中所用的度量单位进行设置，步骤如下。

① 单击"管理"选项卡 ▶ "设置"面板 ▶ （项目单位），打开"项目单位"对话框，如图 14.8（a）所示，选择规程，如图 14.8（a）①所示。

② 单击"格式"列中的值以修改该单位类型的显示值，此时显示"格式"对话框，如图 14.8（b）所示。

③ 如有必要，请指定"单位"，如图 14.8（b）②所示。

④ "舍入"设置，如图 14.8（b）③所示，如果选择了"自定义"，请在"舍入增量"文本框中输入一个值。

⑤ 从列表中选择合适的选项作为"单位"符号，如图 14.8（b）④所示。

⑥ 其他设置选项，如图 14.8（b）⑤所示。
- 消除后续零：选择此选项时，将不显示后续零（例如，123.400 将显示为 123.4）。
- 消除零英尺：如果选中该选项，则不再显示零英尺（例如，0'-4"显示为 4"）。该选项可

用于"长度"和"坡度"单位。
- 正值显示"+"：如选中该项，则正数数值前会显示"+"符号。
- 使用数位分组：选择此选项时，在"项目单位"对话框中指定的"小数点/数位分组"选项将应用于单位值。
- 消除空格：如果选中该选项，将消除英尺和分式英寸两侧的空格（例如，1' 2"显示为 1'-2"）。该选项可用于"长度"和"坡度"单位。

⑦ 单击"确定"。

> 注：　更改"项目单位"会更改项目中单位的显示，但不会更改已载入到项目中的族的名称。例如，当项目单位更改为公制时，名称为"4"砖石"的墙类型将不会更改。

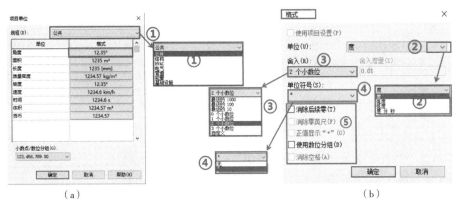

（a）　　　　　　　　　　　　　　　　（b）

图 14.8　单位设置

（2）参数添加步骤

参数化设计是将工程本身编写为函数与过程，通过修改初始条件并经计算机计算得到工程结果的设计过程。参数化设计实现了设计过程的自动化。Revit 参数化设计分为两个部分：参数化图元和参数化修改引擎。Revit 中的图元都是以构件的形式出现的，这些构件之间的不同是通过参数的调整反映出来的，参数保存了图元作为数字化建筑构件的所有信息。参数化修改引擎提供的参数更改技术使用户对建筑设计或文档部分做的任何改动都可以自动地在其他相关联的部分反映

出来。采用智能建筑构件、视图和注释符号，可以使每一个构件都通过一个变更传播引擎互相关联起来。构件的移动、删除和尺寸的改动所引起的参数变化会引起相关构件的参数产生关联的变化，任一视图下所发生的变更都能参数化地、双向地传播到所有视图，以保证所有图纸的一致性，而无须逐一对所有视图进行修改，从而提高了工作效率和工作质量。

Revit 参数目前有四种类型：项目参数、族参数、共享参数、全局参数。每种参数类型定义和功能见表 14.1。

表 14.1　参数类型表

参数类型	说明	示例
项目参数	项目参数特定于某个项目文件，用户可将项目参数指定给多个类别的图元、图纸或视图，系统就会将它们添加到相应图元。项目参数中存储的信息不能与其他项目共享。项目参数用于在项目中创建明细表、排序和过滤	项目参数可用于在项目中对视图进行分类
族参数	族参数控制族的变量值，如尺寸或材质。如将主体族中的参数关联到嵌套族中的参数，族参数也可用于控制嵌套族中的参数	族参数（例如"宽度"和"高度"）也可以在门族中用于控制不同门类型的尺寸
共享参数	共享参数通过把共享参数放在共享文件中，实现多个族或项目之间参数的共享。将共享参数定义添加到族或项目后，即可将其用作族参数或项目参数。共享参数还可添加到明细表中	如果需要标记一个族或项目中的参数或将其添加到明细表中，则该参数必须共享并载入到该项目（或图元族）以及标记族中。 当同时为两个不同族的图元创建明细表时，可使用共享参数。例如，如果需要创建两个不同的"独立基础"族，并且需要将这两个族的"厚度"参数添加到明细表的同一列中，此时"厚度"参数必须是在这两个"独立基础"族中载入的共享参数
全局参数	全局参数特定于单个项目文件，但未指定给类别。全局参数可以是简单值、来自表达式的值或使用其他全局参数从模型获取的值。还可使用全局参数值来驱动和报告值	如用全局参数把相同的值指定给多个尺寸标注。 还可通过另一图元的尺寸设定某个图元的位置。例如，可以驱动梁以使梁始终偏离其所支撑的楼板。如果楼板设计更改，梁会相应地响应

项目参数添加步骤如下：

① 单击"管理"选项卡 ▶ "设置"面板 ▶ 🗒（项目参数），如图 14.9（a）所示；

② 在"项目参数"对话框中，单击"添加"，如图 14.9（b）和（c）所示；

> 注：图 14.9（b）和图 14.9（c）为不同样板，可用于不同项目图元的参数不同。

③ 在"参数属性"对话框中，选择"项目参数"，如图 14.9（d）①所示。选择"类型"参数或"实例"参数，如图 14.9（d）②所示；

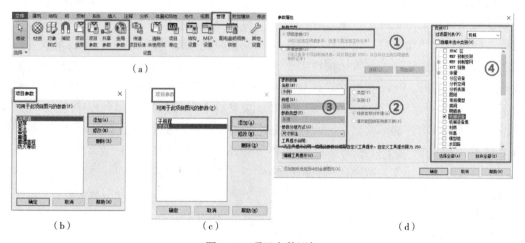

图 14.9　项目参数添加

④ 输入项目参数的名称,并选择参数所属规程、类型、分组方式,如图14.9(d)③所示;

注:请勿在参数名称中使用破折号(——)。

⑤ 选择参数所属的类别,可使用"过滤器"列表按规程过滤类别,选择要应用此参数的图元类别,如图14.9(d)④所示;

⑥ 单击确定,即添加了相应参数,如图14.9(c)所示。

(3)共享参数创建步骤

① 单击"管理"选项卡 ▶ "设置"面板 ▶ 🖐 (共享参数),如图14.9(a)所示;

② 将打开"编辑共享参数"对话框,单击"创建",或浏览到现有共享参数文件,如图14.10①所示;

③ 在"创建共享参数文件"对话框中输入文件名,并定位到所需的位置,单击"保存",如图14.10②所示;

④ 结果如图14.10③所示,单击组中的"新建",如图14.10④所示,输入新参数组名;

⑤ 如创建了多个组,先选择要添加参数的组,如图14.10⑤所示,选择相应的参数组;

⑥ 为相应参数组添加参数,如图14.10⑥所示,单击"新建";

⑦ 在参数属性对话框中输入参数名称,设置规程、参数类型,如图14.10⑦所示;

⑧ 单击"确定",结果如图14.10⑧所示;

⑨ 依次可创建不同参数组和新的参数。

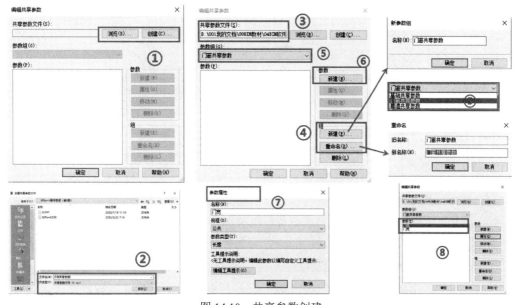

图14.10 共享参数创建

(4)全局参数创建

全局参数可用于在项目中创建明细表、尺寸、排序和过滤等,创建步骤如下。

① 单击"管理"选项卡 ▶ "设置"面板 ▶ 🖐 (全局参数),打开"全局参数"对话框,如图14.11(a)所示。

② 在"全局参数"对话框中,单击 🗂 (新建全局参数),如图14.11(a)①所示。

③ 在"全局参数属性"对话框中,设置参数名,给其选择规程、参数类型、参数分组方式,如图14.11(b)②所示,设置好后单击"确定",结果如图14.11(c)④所示。

注:1.全局参数在"全局参数"对话框中是按名称的字母顺序进行排序的,若要将参数组合到一起,请在创建这些参数时在名称中添加前缀。

2.指定全局参数的组用于在"全局参数"对话框中排列全局参数。

④ 如果想要使用某个参数从几何图形

条件中提取值，然后使用它向公式报告数据或将其关联到明细表参数，请选择"报告参数"，如图 14.11（b）③所示。

⑤（可选）在"工具提示说明"下，单击"编辑工具提示"；在"编辑工具提示"对话框中，输入工具提示文本（最多 250 个字符），然后单击"确定"。

⑥ 可通过如下操作对全局参数在其指定的编组中排序或移动，如图 14.11（c）⑤所示：

- ⬆️ 在组内对话框参数列表中将参数上移

一行；

- ⬇️ 在组内对话框参数列表中将参数下移一行；
- ↕️ 在每组中按字母顺序排序对话框参数列表；
- ↕️ 在每组中按字母逆序排序对话框参数列表。

⑦ 若要在"全局参数"对话框中删除选定参数，单击 ❌（删除全局参数），如图 14.11（c）⑤所示。

⑧完成后，单击"确定"，退出对话框。

（a）　　　　　　　　（b）　　　　　　　　（c）

图 14.11　全局参数

14.3.3　项目位置

（1）指定地理位置

① 单击"管理"选项卡 ▶ "项目位置"面板 ▶ 🌐（地点），如图 14.12（a）所示。

② 在"位置"选项卡中，在"定义位置依据"下，选择以下选项之一，如图 14.12（b）①所示：

- 默认城市列表：允许用户从列表中选择主要城市，或输入经纬度。
- Internet 地图服务：允许用户使用交互式地图选择位置，或输入地址（需要 Internet 连接）。

③ 如选择 Internet 地图服务，在搜索框中输入地点，单击"搜索"，如图 14.12（b）②所示。

④ 单击"确定"，完成设置。

（2）测量点和项目基点的设置

① 测量点，项目在世界坐标系中实际测量定位的参考坐标原点，需要和总图专业配合，从总图中获取坐标值，在 Revit 视图中，其外观为 🔺。

② 项目基点，项目在用户坐标系中测量定位的相对参考坐标原点，需要根据项目特点确定其合理位置（项目的位置是会随着基点的位置变换而变化，也可以关闭其关联状态，一般以左下角两根轴网的交点为项目基点的位置，所以链接的时候一定是原点到原点的链接）。在 Revit 视图中，其外观为 ⊗。

③ 图形原点：默认情况下，在第一次新建项目文件时，测量点和项目基点位于同一个位置点，此点即为图形原点，此点无明显显示标记。

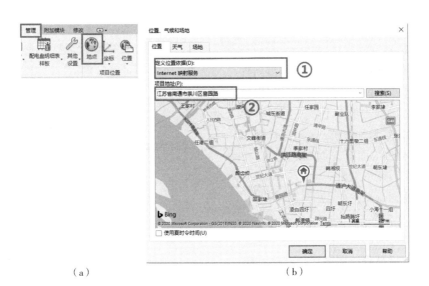

（a） （b）

图 14.12 地理位置指定

注：当项目基点、测量点和图形原点不在同一个位置的时候，用高程点坐标可以测出三个不同的值来，当然在高程点的类型属性里面要把测量点改一下看是相对于哪一个。

（3）测量点和项目基点的调整

① 如图 14.13（a）所示，默认测量和项目基点重合。把测量点从 B 点移动到 O 点，把项目基点从 B 点移动到 A 点。

② 在场地平面视图或显示测量点的其

他视图中，选择测量点，按住鼠标左键拖动到 O 点，如图 14.13（b）所示。

注：1.若要相对于模型移动测量坐标系，请移动已剪裁的测量点，如图 14.13（b）所示，定义新零点位置。

2.若要将测量点更改到测量坐标系中的另一位置，请移动未剪裁的测量点，如图 14.13（c）所示。

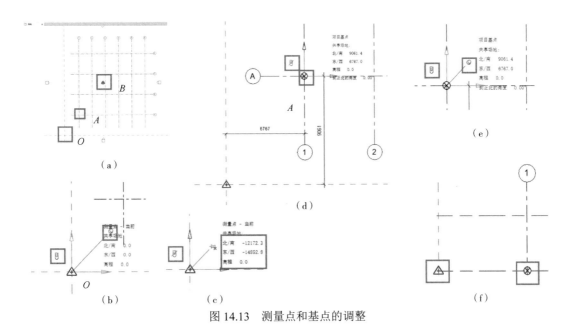

图 14.13 测量点和基点的调整

③ 同理可移动项目基点，如图 14.13（d）和（e）所示。

④ 到立面视图，移动可改变基点高程，如图 14.13（f）所示。

建议：要确保测量点不会在无意中被移动，请将其锁定在原地，方法是单击"修改"选项卡 ▶ "修改"面板 ▶ ⬒（锁定），如图 14.13（b）和（e）所示。

> 注：固定测量点将会禁用"旋转正北""获取坐标""指定坐标"工具。

（4）项目北和正北设置

若要更改模型到绘图区域顶部的方向，请使用"旋转项目北"工具。

"旋转项目北"会影响"方向"属性被定义为"项目北"的平面视图。绘图视图、平面视图详图索引或其他类型视图则不受影响。

图 14.14 说明了使用"旋转项目北"工具之前（a）和之后（b）的模型。

14.4 样板文件

Revit 的浏览器有两种：系统浏览器和项目浏览器，系统浏览器是一个用于高效查找未指定系统的构件的工具，如图 14.15（a）所示，项目浏览器是显示当前项目中所有视图、明细表、图纸、族、组和其他部分的逻辑层次工具，用于导航和管理复杂项目，如图 14.15（b）所示。

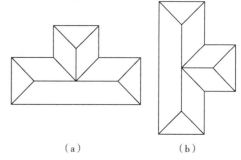

图 14.14　旋转项目北示例

系统/项目浏览器可通过"视图"选项卡 ▶ "窗口"面板 ▶ ▦"用户界面"下拉菜单 ▶ "系统浏览器"打开/"项目浏览器"打开，如图 14.15（c）所示。

对于制作模型的 BIMer（BIM 使用者），Revit 默认的浏览器组织方式通常是够用的。但对出施工图者，默认的浏览器架构方式显得结构臃肿，使用不便。对全专业协同者，为了链接的方便，默认样板使用也不便。为了提高出图效率和建模效率，有必要对项目浏览器架构进行组织。下面将对浏览器的组织结构和设置方法做简单介绍。

图 14.15　浏览器

Revit 样板文件做了很多预设，如族的载入、线样式、视图样板等，选择合适的样板会提高效率。Revit 自带的 MEP 样板有四个，如表 14.2 所示。

表 14.2　Revit 自带的 MEP 样板文件

序号	样板名称	设置针对对象
1	Systems-DefaultCHSCHS.rte（系统样板）	针对暖通、给排水和电气专业
2	Mechanical-DefaultCHSCHS.rte（机械样板）	针对暖通专业
3	Plumbing-DefaultCHSCHS.rte（给排水样板）	针对给排水专业
4	Electrical-DefaultCHSCHS.rte（电气样板）	针对电气专业

用户根据自己的专业选择相应的样板创建项目。当然，用户也可以创建自己的样板。下面讲解样板文件的制作，包括常见的设置和项目浏览器组织。

14.4.1　项目浏览器个性化设置

14.4.1.1　项目浏览器视图组织结构

浏览器视图组织结构的原理或架构为：按照视图或图纸的任意属性值对项目浏览器中的视图和图纸进行排序，如按规程（专业）、阶段和视图类型为排序顺序组织。"视图"分支的顶层也显示了当前所应用的排序组的名称（在本示例中为"规程"）。

通过右键单击项目浏览器中的视图，选择打开浏览器组织进行设置，如图 14.16（a）所示，或通过视图 ➤ 用户界面 ➤ 浏览器组织，如图 14.16（a）所示，打开浏览器组织界面，如图 14.16（b）所示。

（a）

（b）

图 14.16　浏览器组织

在如图 14.16（b）所示的几种组织结构中，"全部""专业""类型/规程"是最常用的组织方法，区别在于属性值的组织和排序方式不同。

（1）全部

如图 14.17 所示，默认显示所有的项目视图，并按视图类型进行分类放置的排序方式。系统默认使用"全部"组织结构。不能对"全部"组织结构进行编辑。

（a）　　　　　　　　　　（b）　　　　　　　　　　（c）

图 14.17　浏览器组织——全部

（2）专业

成组和排序方式可按照专业（图 14.18）

和视图类型分组组织视图，该排序方式适用于如下情况。

- 在设计过程中,需要给其他专业提条件的图纸,为此可以复制一个视图出来,在该视图中只创建其他专业需要的设计信息,同时希望把该视图单独放置到项目浏览器

一个单独的节点下(如协调)统一管理。
- 有多个专业进行工作集协同设计时,希望项目浏览器中的视图按专业分类放置。

(a)

(b)

图 14.18　浏览器组织——专业

（3）类型/规程

如图 14.19 所示,该组织结构和专业的排序规则正好相反:先按"族与类型"(视图类

型)分组,再按"规程"(专业)分组,然后每个视图按"视图名称"的升序排序。

(a)

(b)

图 14.19　浏览器组织——类型/规程

通过对上述三个浏览器视图组织的了解可以看出不同组织方式的区别:视图或图纸的属性值按不同的方式排序。

下面将讲述如何对其进行组织排序。

14.4.1.2　浏览器组织

"项目浏览器"用于显示当前项目中所

有视图、明细表、图纸、组和其他部分的逻辑层次。展开和折叠各分支时,将显示下一层项目。用户可通过排序、过滤和自定义项目浏览器来支持用户的工作流。浏览器组织的步骤如下。

① 单击"视图"选项卡 ▶ "窗口"面板

▶ "用户界面"下拉列表 ▶ ▓▓（浏览器组织）。

> 注：1.也可在"项目浏览器"视图上单击鼠标右键，然后"浏览器组织"打开浏览器组织界面，如图14.20（a）①所示。
> 2.若要打开"项目浏览器"，请单击"视图"选项卡▶"窗口"面板▶"用户界面"下拉列表▶"项目浏览器"。
> 3.也可在应用程序窗口中的任意位置单击鼠标右键，然后单击"浏览器"▶"项目浏览器"，打开"项目浏览器"。

② 在"浏览器组织"对话框中,单击选项卡以获得所需的列表：视图、图纸或明细表的组织方式，如图14.20（b）、（c）和（d）所示。

③ 单击视图选项卡，单击"新建"，如图14.21①和②所示。

④ 输入组织方案的名称，然后单击"确定"，如图14.21③所示。软件创建了浏览器的组织方案名称，如图14.22（a）所示，同时打开浏览器组织属性对话框。

⑤ 在"浏览器组织属性"对话框中，单击"过滤"选项卡，如图14.21④所示。

⑥ 为组织方案指定过滤规则，如图14.21⑤所示。

> 注：满足过滤规则的项目在"项目浏览器"中会显示，不符合规则的项目不会在"项目浏览器"列表中显示。

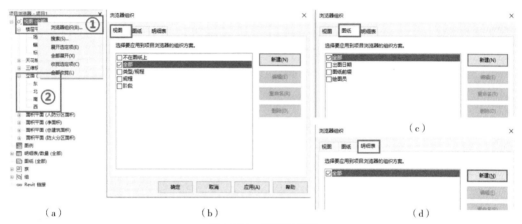

图 14.20 浏览器组织

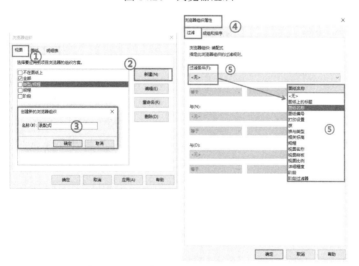

图 14.21 浏览器组织——创建新规则1

⑦ 单击"成组和排序"选项卡，如图14.22（b）①所示。

⑧ 为组织方案指定分组和排序规则，如图14.22（b）②所示，单击"确定"。

注：这些规则用来确定项目如何组织到组以及如何在项目浏览器的这些组中进行排序。

⑨ 若要立即将新的组织方案应用到项目浏览器，请在浏览器组织对话框中单击"应用"，如图 14.22（a）所示。

（a）

（b）

图 14.22　浏览器组织——创建新规则 2

14.4.1.3　创建排序组

可以为项目视图或图纸创建排序组，步骤如下。

① 单击"视图"选项卡 ➤ "窗口"面板 ➤ "用户界面"下拉列表 ➤ "浏览器组织"，如图 14.23（a）所示。

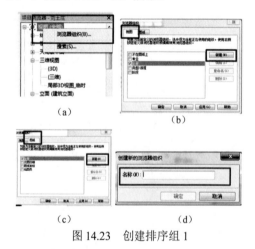

（a）　　　　　　（b）

（c）　　　　　　（d）

图 14.23　创建排序组 1

② 在"浏览器组织"对话框中，单击"视图"选项卡可为项目视图创建排序组，或单击"图纸"选项卡为图纸创建排序组，见图 14.23（b）。

③ 单击"新建"，见图 14.23（c），输入排序组的名称，然后单击"确定"，如图 14.23（d）所示。

④ 在第一个"成组条件"列表中，选择作为成组条件的视图或图纸属性，见图 14.24（a）。

注：为了使排序能正常进行，必须为各个视图或图纸定义所选属性的值。要编辑视图或图纸属性，请在项目浏览器中的视图或图纸名称上单击鼠标右键，然后选择"属性"。

⑤ 如果只想考虑属性值的前几个字符，请选择"前导字符"，然后指定一个值，见图 14.24（b）。

⑥ 在"排序方式"列表中，选择相应的方式，然后选择升序或降序，见图 14.24（c）。

⑦ 单击"确定"。

14.4.1.4　为排序组添加过滤器

过滤器可以根据设置来显示，如只显示与标高 1 关联的项目视图。步骤如下。

① 单击"视图"选项卡 ➤ "窗口"面板 ➤ "用户界面"下拉列表 ➤ "浏览器组织"。

② 在"浏览器组织"对话框中，单击"视图"选项卡以将过滤器应用于项目视图，或单击"图纸"选项卡以将过滤器应用于图纸。

③ 在"浏览器组织属性"对话框中，单击"过滤器"选项卡，如图 14.25（a）所示。

（a）

（b）

（c）

图 14.24　创建排序组 2

④ 选择下列项目，可添加一个或多个过滤器。

- 视图或图纸属性；
- 过滤器运算符；
- 过滤器运算符的值。

举例：如仅显示与标高 1 关联的项目视图，可以按"相关标高""等于""标高 1"创建过滤器达到此目的，如图 14.25 所示。

⑤ 单击"确定"，如图 14.25（b）所示，只显示标高 1 的视图。

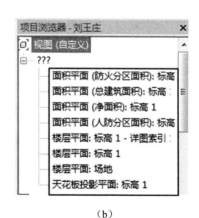

（a）

（b）

图 14.25　浏览器过滤器

14.4.2　其他设置

项目浏览器设置可以方便用户建模和管理视图，除此外还需要其他的设置，如线型、线宽、线样式、文字与标注样式、填充样式与材质、剖面标记、视图标题等，限于篇幅，本节只做简单介绍。在具体项目中，用户可根据项目的 BIM 实施指南，结合国家相关标准进行设置。

材质与对象样式等的设置如图 14.26 所示。

图 14.26　材质与对象样式等的设置

在其他设置中，有关于线样式、线型和线图案的设置，如图 14.27 所示。

图 14.27　线型、线宽和图案设置

下面以对象样式的设置为例讲解，单击图 14.26 中的对象样式，打开设置对话框，如图 14.28 所示，设置步骤如下。

① 选择相应的选项卡，如图 14.28① 所示。

② 单击图 14.28②所示"新建"，打开新建子类别对话框。

③ 选择"子类别属于"的具体项，并输入名称，如图 14.28③④所示；

④ 创建完成相应的样式，如图 14.28④ 和⑤所示。

文字与标注样式的设置，要在启动文字或进行标注时创建类别及进行相应的设置，可参见第 5 章。剖面标记、视图标题的设置可参见第 4 章。

14.4.3　族载入

制作样板或在建模过程都可以载入相应的族，如果样板文件载入了过多的族，项目中用不到，则会使样板文件过大。因此样板文件中可载入常用的族，其他族在建模过程中根据需要载入。载入步骤如下。

① 单击"插入"选项卡▶"从库中载入"面板▶📷（载入族）。

② 在"载入族"对话框中，双击要载入的族的类别。

③ 选择要载入的族，然后单击"打开"。

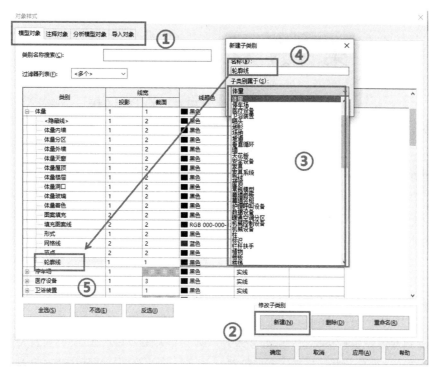

图 14.28 对象样式对话框

14.5 样板文件的应用

制作好的样板文件，要使用时，有两种方法。一是新建项目时，点击"浏览"找到相应的样板文件，选择"新建项目"，单击"确定"，如图 14.29（a）①和②所示。或文件选项卡▶选项中进行设置，如图 14.29（c）

所示，单击④添加，找到自制样板文件所在位置，选择，如图 14.29（c）⑤所示，单击"打开"，确定设置后，在新建项目时，选择添加的样板即可，如图 14.29（b）③所示。添加后，可在样板文件下拉中进行选择，如图 14.29（b）③所示。

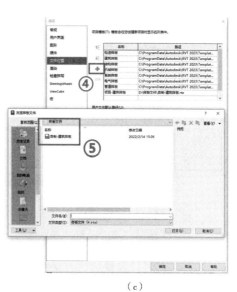

（c）

图 14.29 样板文件应用

第 **15** 章　出图简介

出图是属于 Revit 软件操作与规范结合的综合应用。由于 Revit 软件是 BIM 软件，在有些方面和 CAD 软件不同。如 Revit 的字体为 TrueType，CAD 为单线体。所以在字体在宽度系数的设置上，Revit 不能完全等同 CAD 软件，应首先选择 TrueType 的长仿宋字，然后在 0.7 上下的范围内进行调整宽度系数。在出图深度和制图要求上要参照《建筑制图标准》（GB/T 50104—2010）、《房屋建筑制图统一标准》（GB/T 50001—2017）、《总图制图标准》（GB/T 50103—2010）、《建筑工程设计文件编制深度规定》等规范与标准要求。关于 Revit 软件方面的操作，大部分内容已在前面进行了阐述。

出图是软件操作与专业知识结合的应用。出图基本流程为创建出图视图，进行注释如文字、符号和尺寸等的标注，载入图框，创建图纸。本章主要介绍出图时的一些设置及图纸的导出与打印。

15.1　视图样板

出图时要结合出图的要求进行相应设置，与建模或分析时不同，所以要根据不同需求创建不同的视图如出图视图、面积分析视图、建模视图等。不同需求其设置不同，对于同类型的视图的各立面图，其视图设置基本相同，如每次都对不同视图等进行相同的设置，如可见性、比例、图形替换等，则工作量较大，Revit 软件通过视图样板来减少设置的工作量。

视图样板，可以快速将许多可见性和图形属性一次性应用于视图，其设置是基于项目级别的。同一视图样板应用于多个视图时，更容易使模型的视图看起来一致和相同。

打开视图样板设置界面的方式通常用两种：

一种是在"视图"选项卡上单击下拉式"视图样板" ▶ 管理视图样板，如图 15.1（b）所示；另一种是打开相应视图如平面视图 ▶ 单击属性栏中"标识数据中的视图样板"，如图 15.1（a）所示。

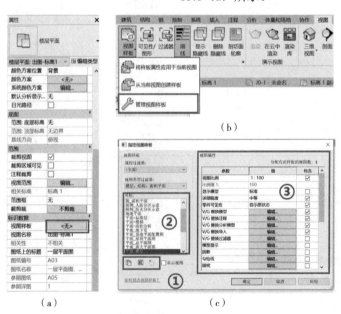

（a）　　　　　（b）　　　　　（c）

图 15.1　视图样板指定或管理

打开视图样板管理或指定界面，如图 15.1（c）所示。在图 15.1（c）界面，单击①所示按钮，可以复制、新建视图样板、对选中样板重命名或删除指定样板，选中②所示的样板的名称，单击确定可指定给当前视图，③中相关选项与设置可更改视图样板的相关参数与设置。

如果其他项目文件中已设置了符合要求的视图样板，可通过传递项目标准工具，将视图模板从一个项目传递到另一个项目，步骤如下。

① 在目标项目中，单击"管理"选项卡 ▶ "设置"面板 ▶ 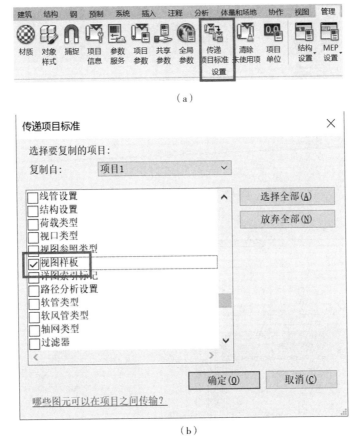（传递项目标准），如图 15.2（a）所示。

② 在传递项目标准对话框中，选择视图样板，单击确定即可，如图 15.2（b）所示。

（a）

（b）

图 15.2　视图样板传递

15.2　图纸创建

下面以平面图创建为例讲解出图的流程，所用知识前面已讲述的，在本节注明位置，不再详述。

① 以创建的样板创建项目，创建样板参照第 14 章。

② 创建出图视图与明细表，方法参照第

4 章，本例创建的视图与标准如图 15.3（a）和（b）所示。

③ 打开出图-标高 1 视图进行标注，如图 15.3（c）所示，标注与注释参见第 5 章，视图范围、剪裁设置见第 4 章。

④ 在属性栏中设置并应用相应的视图样板，如图 15.3（d）所示，视图样板设置参见 15.1 节。

⑤ 载入所需图框并创建图纸，把相应出

图-视图、明细表等拖入到图纸中并调整,示例如图 15.4 所示。

⑥ 创建多张图纸时,可右键相应的图纸进行编号或命名。

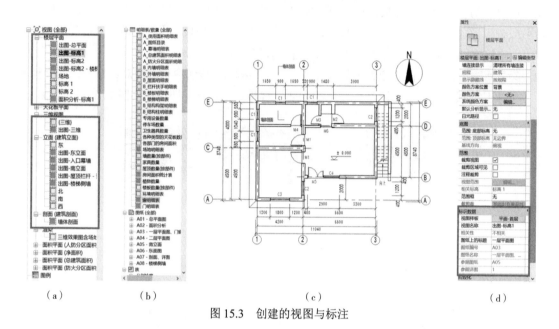

<table>
<tr><td>(a)</td><td>(b)</td><td>(c)</td><td>(d)</td></tr>
</table>

图 15.3　创建的视图与标注

一层平面图　1:100

门明细表

族与类型	类型标记	洞口尺寸		成本
		高度	宽度	
单扇 - 与墙齐: 1000 x 2150mm	M1	2150	1000	1600.00
单扇 - 与墙齐: 0850 x 2150mm	M2	2150	850	800.00
单扇 - 与墙齐: 0750 x 2150	M3	2150	750	800.00
单扇 - 与墙齐: 900 x 2100mm	M4	2100	900	800.00
子母门: 1350 x 2100mm	M5	2025	1375	1500.00
门洞: 1040 x 2150mm	M6	2150	1040	200.00
总计: 7				5700.00

窗明细表

族与类型	类型标记	合计	洞口尺寸		成本
			高度	宽度	
双扇平开 - 带贴面: 900 x 1200mm	C1	4	1200	900	3400.00
双扇平开 - 带贴面: 1200 x 1200mm	C2	2	1200	1200	2400.00
组合窗 - 双层三列平开+固定(平开) - 上部三扇固定: 1800 x 1800mm	C3	1	1800	1800	2800.00
窗联板 70-90 系列双扇推拉铝窗: 70 系列	C4	1	1350	1375	1200.00
总计: 8		8			9800.00

建筑信息模型技术应用实操试卷	考生姓名		自建房		图次	初 级
	考　号		一层平面图、门窗表		考试时间	06/20/22
					图 号	A03

图 15.4　图纸示例

15.3 图纸导出与打印

为便于分享和传阅，Revit 提供了多种格式的导出，如表 15.1 所示，下面简要阐述有关图纸的 DWG 格式和 PDF 格式的导出及如何在 Revit 中打印图纸。

表 15.1　Revit 导出格式

导出格式	功能或应用
CAD 格式	有多种，如 DWG、DXF、DGN、SAT、OBJ、STL，相应 CAD 软件可打开导出文件，常用的为 DWG 格式
PDF格式	将 Revit 视图和图纸导出为 PDF 文件
DWF 格式	Autodesk 公司采用的是一种新型文件格式，可将丰富的设计数据高效率地分发给需要查看、评审或打印这些数据的任何人。DWF 文件高度压缩，因此比设计文件更小，传递起来更加快速
数据库格式	ODBC（open database connectivity），即开放数据库互联
图像文件	支持 BMP、JPEG、PNG 等多种格式
TXT 格式	明细表可导出为 TXT 格式，再通过表格软件（WPS 或 Excel）来打开，转化为表格
IFC	用于导出 Revit 三维模型，通过专门的软件打开
gbXML	导出用于能量分析，主要是绿色建筑分析
3ds Max	用 3ds Max 软件打开，进行后期处理，以生成高端渲染效果并添加最后的细节

15.3.1 导出为 DWG 格式

可以将一个或多个视图或图纸导出为 DWG 格式，其步骤如下。

① 单击"文件"选项卡 ➤ 导出 ➤ CAD 格式 ➤ （DWG），如图 15.5（a）所示。

② 在"DWG 导出"对话框的"选择导出设置"下，选择所需的设置。若要修改选定的设置或创建新设置，请单击 ... （修改导出设置），如图 15.5（b）①所示。

③ 在导出设置对话框中进行新建、复制、重命名、删除，如图 15.6（a）①所示。对（图）层、线、字等进行设置，如图 15.6（a）②所示，选择"导出图层选项（E）："或"根据标

准加载图层（S）："，如图 15.6（a）③所示，确定，返回到 DWG 导出对话框。

④ 在"导出（E）"选择导出选项，如图 15.5（b）②所示，如选择"任务中的视图/图纸集"，则出现下面的"按列表显示（S）："选项，如图 15.5（b）②下所示。

⑤ "按列表显示（S）："选项选择了"模型中的图纸"，则勾选需要导出的图纸，如图 15.5（b）③所示。

⑥ 单击图 15.5 中"下一步（N）…"，导出图 15.6（b）所示对话框，给文件命名，选择 DWG 版本及命名格式，如图 15.6（b）所示，单击确定即保存。

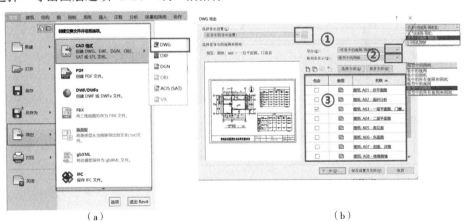

（a）　　　　　　　　　　　　（b）

图 15.5　导出 DWG 格式

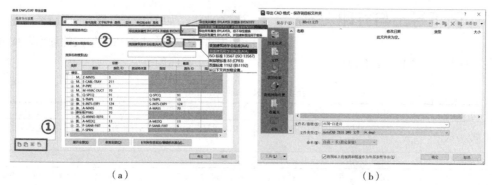

（a） （b）

图 15.6 修改 DWG 导出设置

15.3.2 导出为 PDF 格式

软件支持将一个或多个视图或图纸导出为 PDF 格式，软件也支持把视图打印成 PDF 格式文档。下面讲述导出为 PDF 文档的步骤。

① 依次单击"文件"选项卡 ▶ "导出" ▶ 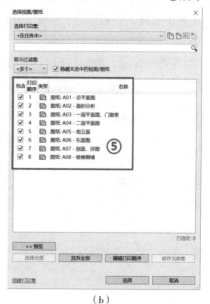（PDF 导出）。

> 注：直接导出 PDF 功能为 Revit2022 或更高版本才有的功能，如为低版本可用"打印到 PDF 文档"，参见后面的图纸打印。

② 在"导出范围"选项设置中进行选择，如图 15.7（a）①所示。

- 当前窗口：导出当前活动视图的全部内容。
- 当前窗口的可见部分：导出当前活动视图的可见范围。
- 所选视图/图纸：选择多个视图和/或图纸以进行导出。使用下拉列表选择以前保存的一组要导出的视图和/或图纸，或单击 ✏ 以选择视图和/或图纸，如图 15.7（b）⑤所示。

③ 选择"导出设置"，使用下拉列表选择以前保存的导出设置，或单击 ⋯ 以保存当前设置。

> 注：导出设置中会保存"大小""方向""外观""输出处理""命名规则"和"选项"。

④ 在"文件"选项设置中，为导出的 PDF 提供文件名，在"文件名"下，进行文件命名。当不勾选"将选定视图和图纸合并为单个 PDF 文件后，可单击 📄 以设置命名规则，此时不支持手动命名，如图 15.7（a）②所示。

（a） （b）

图 15.7 导出 PDF 设置

⑤ 浏览并选择要导出 PDF 文件到的位置。

⑥ 在尺寸中设置页面大小及缩放，在外观中设置导出质量，如图 15.7（a）③和④所示。

⑦ 单击"导出"以将视图和图纸导出为 PDF，Revit 会导出选定的视图和图纸，并将文件放置在目标文件夹中。

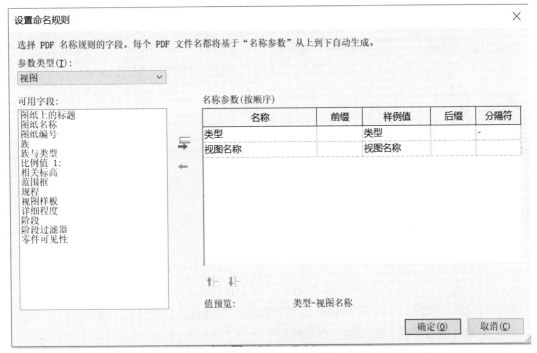

图 15.8　设置命名规则

15.3.3　图纸打印

在软件中也可直接对图纸及视图进行打印，如没有连接打印机，也可以打印到 PDF 文档，下面对其操作步骤作简单介绍。

15.3.3.1　通过打印机打印

如用户安装了打印机，可直接通过这种方式打印图纸或其他视图的内容，步骤如下。

① 单击"文件"选项卡 ▶ 🖨（打印），打开"打印"对话框，选择打印机，如图 15.9（a）①所示。

② （可选）单击"属性"，可配置打印机相关的设置，如纸张、版面、水印等。

③ 在"打印范围"下，指定要打印的是当前窗口、当前窗口的可见部分，还是所选视图/图纸，如图 15.9（a）③所示。若勾选"所选视图和图纸"，如图 15.9（a）③所示，可单击"选择"，选择要打印的视图和图纸，然后单击"确定"，如图 15.8（b）所示。

④ 在"选项"下指定打印份数以及进行打印顺序的设置。

⑤ 要修改打印设置，请在"设置"下，单击"设置"，如图 15.9（a）④所示，在弹出打印设置对话框时进行设置，如图 15.9（b）

所示。

⑥ 设置好后，做好打印准备，单击"确定"打印。

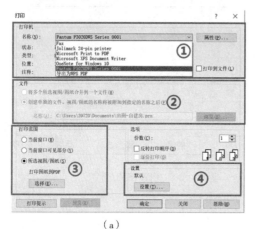
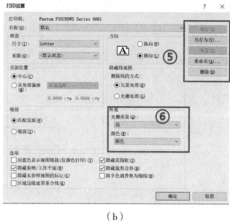

（a）   （b）

图 15.9　用打印机打印图纸

15.3.3.2　打印到 PDF 文档

① 单击"文件"选项卡 ▶ 🖶（打印），在"打印"对话框中，选择 PDF 打印驱动程序作为"名称"，如图 15.10（a）①所示。

② 单击打印机右侧"属性"，在"属性"对话框中，设置 PDF 打印的参数。

③ 在"文件"选项中，设置合并所选视图或是单独打印,指定生成的 PDF 文件的名称和位置，可单击"浏览"并改变文件夹，如图 15.10（a）②所示。

④ 在"打印范围"下，选择打印视图或图纸，如图 15.10（a）③所示，含义可参见打印到打印机。

⑤ 要修改打印设置，请在"设置"下，单击"设置"，如图 15.10（a）④所示，在打印设置对话框进行相关设置，如图 15.10（b）所示，可参见打印机打印。

⑥ 如果已准备好打印，请单击图 15.10（a）中"确定"，要取消单击"关闭"。

（a）   （b）

图 15.10　打印到 PDF

附 录

附录 **1** 常用快捷键

附表　1Revit 常用快捷键

命　令	快 捷 键	命　令	快 捷 键	命　令	快 捷 键	命　令	快 捷 键
墙	WA	图元属性	PP 或 Ctrl+1	捕捉远距离对象	SR	区域放大	ZR
门	DR	删除	DE	象限点	SQ	缩放配置	ZF
窗	WN	移动	MV	垂足	SP	上一次缩放	ZP
放置构件	CM	复制	CO	最近点	SN	动态视图	F8 或 Shift+ W
房间	RM	旋转	RO	中点	SM	线框显示模式	WF
房间标记	RT	定义旋转中心	R3 或空格键	交点	SI	隐藏线显示模式	HL
轴线	GR	阵列	AR	端点	SE	带边框着色显示模式	SD
文字	TX	镜像-拾取轴	MM	中心	SC	细线显示模式	TL
对齐标注	DI	创建组	GP	捕捉到云点	PC	视图图元属性	VP
标高	LL	锁定位置	PN	点	SX	可见性图形	VV/VG
高程点标注	EL	解锁位置	UP	工作平面网格	SW	临时隐藏图元	HH
绘制参考平面	RP	匹配对象类型	MA	切点	ST	临时隔离图元	HI
按类别标记	TG	线处理	LW	关闭替换	SS	临时隐藏类别	HC
模型线	LI	填色	PT	形状闭合	SZ	临时隔离类别	IC
详图线	DL	拆分区域	SF	关闭捕捉	SO	重设临时隐藏	HR
		对齐	AL			隐藏图元	EH
		拆分图元	SL			隐藏类别	VH

续表

命　令	快　捷　键	命　令	快　捷　键	命　令	快　捷　键	命　令	快　捷　键
		修剪/延伸	TR			取消隐藏图元	EU
		偏移	OF			取消隐藏类别	VU
		在整个项目中选择全部实例	SA			切换显示隐藏图元模式	RH
		重复上上个命令	RC 或 Enter			渲染	RR
		恢复上一次选择集	Ctrl+←			快捷键定义窗口	KS
						视图窗口平铺	WT
						视图窗口层叠	WC

附录 2 场地的创建

Revit 场地创建功能操作简单，易上手，能满足规划、方案及施工总平的需求，本章以创建附图 2.1 所示场地为例，讲解 Revit 场地创建功能。

附图 2.1 场地示例

附录 2.1 地形创建

打开场地视图，Revit 在创建场地，无法对点进行精确的定位，要通过参照平面或轴网对地形控制点进行定位或数据点导入的方式。

① 场地平面视图，做参照平面或轴网，对地形控制点进行定位，如附图 2.2（a）所示。

② 单击"体量和场地"选项卡 ▶ "场地建模"面板 ▶ 📶（地形表面），如附图 2.2（b）所示，默认情况下，功能区上的"放置点"工具处于活动状态，如附图 2.2（c）所示。

③ 在选项栏上，设置"高程"的值，

如附图 2.2（d）所示，在"高程"文本框旁边，选择下列选项之一。

- 绝对高程：点显示在指定的高程处（从项目基点），可以将点放置在活动绘图区域中的任何位置。
- 相对于表面：通过该选项，可以将点放置在现有地形表面上的指定高程处，从而编辑现有地形表面。要使该选项的使用效果更明显，需要在着色的三维视图中工作。

④ 在绘图区域中单击以放置控制点。再放置其他点时可以修改选项栏上的高程，如附图 2.2（e）所示。

⑤ 单击 ✔（完成表面）。

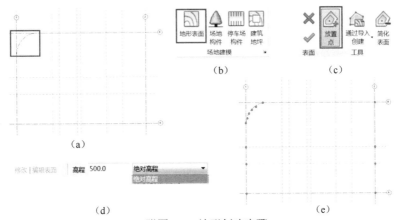

附图 2.2 地形创建步骤

对于表面的不同材质，如添加道路图元，如停车场、转向箭头和禁用标记，可通过子面域功能创建。

① 打开场地平面视图。

② 单击"体量和场地"选项卡 ▶ "修改场地"面板 ▶ 📄（子面域），Revit 将进入草图模式，如附图 2.3（a）所示。

③ 单击 📐（拾取线）或使用其他绘制工

具在地形表面上创建一个子面域，如附图 2.3（b）所示。

④ 单击 ✔（完成编辑模式），结果如附图 2.3（b）所示。

> 注：使用单个闭合环创建地形表面子面域。如果创建多个闭合环，则只有第一个环用于创建子面域；其余环将被忽略。

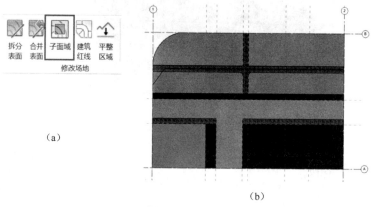

（a）

（b）

附图 2.3　子面域

附录 2.2　建筑地坪创建

如果场地需要开挖，再修建建筑、道路及其他设施，则可以用建筑地坪功能完成。本例中添加主干道路，则用建筑地坪

功能完成。

① 打开一个场地平面视图。

② 单击"体量和场地"选项卡 ▶ "场地建模"面板 ▶ 📋（建筑地坪），如附图 2.4（a）所示。

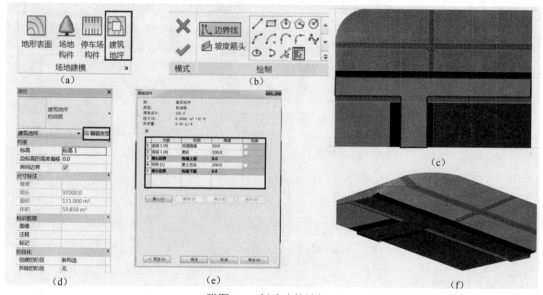

附图 2.4　创建建筑地坪

③ 使用绘制工具绘制闭合环形式的建筑地坪，如附图 2.4（c）红线所示。

④ 在"属性"选项板中，根据需要设置"相对标高"和其他建筑地坪属性，如附图 2.4（d）所示。

⑤ 材质与做法设置，单击实例属性"编辑类型"，单击构造，进入编辑部件对话框，如附图 2.4（e）所示，像墙体一样设置层次与厚度。

⑥ 单击✔（完成编辑模式），结果如附图 2.4（f）所示。

附录 2.3　添加场地构件

场地构件是可载入族，先要把插入的族载入到项目中，拖动添加到相应位置，准确定位一是借助参照平面，二是临时尺寸，三是工作平面及属性设置。本例所涉及的构件有植物、体育设施、停车构件、消防设备等。

① 单击"插入"选项卡 ➤ "从库中载入"面板 ➤ ⬇（载入族），或直接从第三方云族库中直接下载，如附图 2.5（a）所示。

② 打开显示要修改的地形表面的视图。

③ 单击"体量和场地"选项卡 ➤ "场地建模"面板 ➤ ⬆（场地构件）。

④ 从"类型选择器"中选择所需的构件，如附图 2.5（b）所示。

⑤ 在绘图区域中单击以添加一个或多个构件，最终结果如附图 2.1 所示。

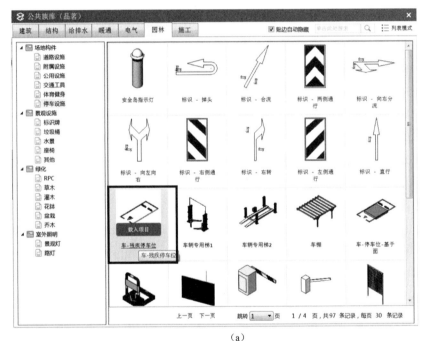

（a）

（b）

附图 2.5　添加场地构件

主要参考文献

1. 刘云平，解复冬，瞿海雁. BIM 技术与工程应用. 北京：化学工业出版社，2020.

2. 刘云平. 建筑信息模型 BIM 建模技术（初级）. 北京：化学工业出版社，2020.

3. 胡仁喜，刘昌丽. Revit Structure2020 中文版建筑结构设计从入门到精通. 北京：人民邮电出版社，2020.

4. 胡仁喜，刘昌丽. Revit MEP2020 中文版管线综合设计从入门到精通. 北京：人民邮电出版社，2020.

5. 秦军. Autodest Revit Architecture 201X 建筑设计全攻略. 北京：中国水利水电出版社，2010.

6. 广东省城市建筑学会. Revit 族参数化设计宝典. 北京：机械工业出版社，2020.

7. 全国 BIM 技能等级考评工作指导委员会. BIM 技能等级考评大纲. 北京：中国标准出版社，2013.

8. 祖庆芝. 全国 BIM 技能等级考试一级考点专项突破及真题解析. 北京：北京大学出版社，2021.

9. 李建成. BIM 应用导论，上海：同济大学出版社，2015.

10. 黄亚斌，胡林. Revit 技巧精选应用教程. 北京：机械工业出版社，2020.